Volker Lüderitz | Uta Langheinrich | Christian Kunz (Hrsg.)

Flussaltwässer

Volker Lüderitz | Uta Langheinrich | Christian Kunz (Hrsg.)

Flussaltwässer

Ökologie und Sanierung

STUDIUM

VIEWEG+
TEUBNER

Bibliografische Information der Deutschen Nationalbibliothek
Die Deutsche Nationalbibliothek verzeichnet diese Publikation in der Deutschen Nationalbibliografie; detaillierte bibliografische Daten sind im Internet über <http://dnb.d-nb.de> abrufbar.

1. Auflage 2009

Lektorat: Ulrich Sandten | Kerstin Hoffmann

Vieweg+Teubner ist Teil der Fachverlagsgruppe Springer Science+Business Media.
www.viewegteubner.de

Umschlaggestaltung: KünkelLopka Medienentwicklung, Heidelberg
Druck und buchbinderische Verarbeitung: STRAUSS GMBH, Mörlenbach
Gedruckt auf säurefreiem und chlorfrei gebleichtem Papier.
Printed in Germany

ISBN 978-3-8351-0224-8

Geleitwort

Flussauen sind Lebensadern der Landschaft und das Rückgrat der Artenvielfalt. Ihr biologischer Reichtum gleicht dem tropischer Regenwälder. Sie sind unersetzlich im europäischen Biotopverbund.

Eine besondere Rolle für die Artenvielfalt nimmt in Auen die Vielzahl der Gewässer ein, die in unterschiedlichster Form vom Grund- oder Flusswasser abhängen und mit diesem in unterschiedlichem Ausmaß in Verbindung stehen. Die Vielfalt der Auengewässer ist einmalig. Auengewässer sichern die Quernetzung von Fluss und Aue, sie durchfließen die Aue wie ein fein verzweigtes Adernetz. In ihnen pulsiert das Leben. Altwässer sind eine besonders bedeutender Lebensraum der Auengewässer, in ihnen zeichnen sich noch Jahrhunderte lang alte Flussläufe ab. Sie sind die großen Adern, die vom Fluss in die Aue abzweigen. Je nach Alter und Entstehungsgeschichte können sie ganz vielfältig gestaltet sein. An ihnen lässt sich Flussgeschichte ablesen – auch weit außerhalb heutiger überschwemmter Auen. Sie geben der gesamten historischen Aue ein charakteristisches Kleinrelief, ein Gesicht.

Die verschiedenen Stadien der Altwässer sind unersetzbarer Lebensraum für viele daran gebundene Arten. Auch natürlicherweise würde ein durch Flussverlagerung abgetrennter Flusslauf im Laufe der Zeit verlanden, während anderswo ein neuer Arm entsteht. Die natürliche Dynamik in der Aue ist charakteristisch für jeden einzelnen Fluss, das ständige Werden und Vergehen sichert die Artenvielfalt.

Doch heute hat der Mensch einseitig in die Aue und ihre Gewässer eingegriffen und die natürliche Dynamik weitgehend zerstört bzw. verhindert. Neue Altwässer können natürlicherweise nicht mehr entstehen, so dass die natürlichen Prozesse nur noch in eine Richtung, nämlich Verlandung ablaufen. Damit geht Artenvielfalt verloren. Ziel im Naturschutz muss es daher sein, die gesamte Bandbreite der Auengewässer und Altwässer in typischer Zusammensetzung zu erhalten. Dafür setzt sich der BUND in vielen seiner Naturschutzprojekte ein. Das fordert auch die Erhaltung der Natura 2000-Gebiete und die Wasserrahmenrichtlinie und die Biodiversitätsstrategie des Bundes. Wichtig ist daher das Wissen um ein Altwasser-Management, welches in diesem Buch hervorragend zusammengestellt ist.

Allerdings können durch menschliche Eingriffe die komplexen dynamischen Vorgänge und ökologischen Zusammenhänge in Flussauen niemals ersetzt oder nachgeahmt werden. Sanierungen sind deshalb mehr als technische Maßnahmen. Vorrangiges Ziel ist daher immer die Reaktivierung der natürlichen Flussdynamik durch Anbindung der Altwässer an die Flüsse und ausreichend Raum für Fluss und Aue, damit der Fluss selbst wieder die Aue gestalten kann und damit auch die Altwasser-Dynamik bringt. Auen sind prädestinierte Räume für mehr Wildnis. Die korrigierenden Eingriffe und das Management des Menschen sollten sich daher immer nur auf das unbedingt Nötige beschränken und nur „Hilfe zur Selbsthilfe“ sein.

Intakte Auen drohen zu verschwinden. In den letzten 100 Jahren wurden fast alle Flüsse ausgebaut und Auen in großem Umfang beseitigt. Wir brauchen wieder mehr intakte Auengewässer in intakten Auen, nicht nur für den Artenschutz, sondern auch für den Hochwasserschutz, für nachhaltige Nutzung (Fischerei), die Erholung oder das Naturerleben. Es gibt viele Gründe, sich dafür einzusetzen – helfen Sie mit, dass die Empfehlungen dieses Buches eine breite Anwendung finden.

Prof. Dr. Hubert Weiger
Vorsitzender des BUND (Bund für Umwelt- und Naturschutz Deutschland)

Berlin, Februar 2009

Vorwort der Herausgeber

Das vorliegende Buch ist Resultat von 20 Jahren Forschung zur Ökologie und Sanierung von Flussaltwässern insbesondere im Gebiet der Elbe. Von der Gewässertypologie und Gewässerklassifizierung wurden diese Gewässer bisher eher vernachlässigt – wohl deshalb, weil sich weder Fließ- noch Standgewässerspezialisten angesprochen fühlten. In der Tat können Altwässer hydrologisch und ökologisch weder mit Flüssen noch mit Seen verglichen werden. Aus historischer Sicht sind sie Momentaufnahmen im dynamischen System von Fließgewässer und Aue; in diesen Momenten kommt ihnen jedoch eine herausragende Rolle im Wasserhaushalt und als Hort der biologischen Vielfalt zu.

Im Unterschied zu Flüssen und viel schneller als große Seen durchlaufen Altwässer eine Sukzession, die innerhalb von Jahrhunderten zu ihrem Verlanden und damit Verschwinden führt. Dieser natürliche Vorgang ist in einer Naturlandschaft nicht problematisch, denn Altwässer entstehen dort ständig neu. In einer intensiv genutzten Aue jedoch, an einem durch Buhnen und Leitwerk in seinem Lauf dauerhaft festgelegten Fluss entstehen keine neuen Altwässer, somit ist dieser Lebensraum vom Verschwinden bedroht. So befinden sich z. B. an der Elbe über 80% der Altwässer inzwischen in der Terminal- und Postterminalphase, Gewässer in der Initialphase sind demgegenüber zur absoluten Ausnahme geworden.

Jegliche Forschung an Altwässern muss also den Erhaltungs- und Sanierungsbedarf von vornherein mit berücksichtigen. Sanierung wiederum ist ohne Leitvorstellungen über den angestrebten ökologischen Zustand nicht möglich. Bei der Entwicklung dieser Ziele geht es ausdrücklich weder um den Aufbau von Wunschvorstellungen noch um die alleinige Orientierung auf wenige bekannte und gut untersuchte Arten bzw. Artengruppen, sondern um biozönotische Leitbilder, die die ökologische Komplexität in ihrer räumlichen und zeitlichen Entwicklung soweit widerspiegeln, wie das in der Ökologie überhaupt möglich ist.

Die hier vorgelegte Arbeit geht folglich zunächst auf die Entstehung und Entwicklung von Altwässern aus hydrologisch-hydromechanischer Sicht ein, sie charakterisiert sodann die Ökologie der verschiedenen Entwicklungsphasen unter Berücksichtigung zahlreicher Organismengruppen. Auf dieser Grundlage wird ein komplexes System zur vorrangig ökologischen Bewertung von Altwässern entwickelt, welches allerdings auch hydromorphologische und chemische Aspekte nicht vernachlässigt. Die Plausibilität des Bewertungssystems wird unter Anwendung auf einige in den letzten Jahren intensiv untersuchte Altwässer nachgewiesen und erläutert.

Der leitbildorientierten Bewertung müssen fast zwingend Aussagen zur leitbildorientierten Sanierung folgen. Während sich bisherige Projekte der Altwassersanierung fast ausschließlich auf Entschlammungen und Wiederanschluss an den Hauptstrom konzentrierten, muss eine nachhaltige Revitalisierung dafür Sorge tragen, dass Aspekte der Umfeldgestaltung, der Gewässerpflege sowie vor allem der Erhaltung und Förderung vielfältiger und reichhaltiger Lebensgemeinschaften durch sehr differenziertes Vorgehen zunehmend Berücksichtigung finden. Entsprechende Projekte werden demzufolge in diesem Buch vorgestellt und – dort wo es schon möglich ist – hinsichtlich ihrer Effizienz untersucht.

Es versteht sich von selbst, dass ein Buch über bisher wenig beachtete Ökosysteme wie eben die Altwässer besonders unter dem praktischen Aspekt ihrer Sanierung nicht ohne externe fachliche Unterstützung auskommen kann. Stellvertretend für alle, die uns mit Hinweisen, unveröffentlichter Fachliteratur, Fotos und kritischen Anmerkungen weiterhalfen, seien Frau Dr. Antje Bischoff, Frau Antje Weber sowie die Herren Dr. Alfons Henrichfreise, Prof. Dr. Bernd Ettmer, Prof. Dr. Robert Jüpner, Prof. Dr. Ulrich Braukmann, Dr. Guntram Ebel, Dr. Lutz Reichhoff, Karl-Heinz Jährling, Dietmar Spitzenberg, Falko Heidecke, Guido Puhlmann, Dr. Hans Pellmann und Dr. Christian Damm dankend erwähnt.

Technisch-laborative Unterstützung erhielten wir von unseren Mitarbeiterinnen Christine Göhler, Dr. Annett Maue und Mandy Borkowski. Stefan Müller und Toni Beneke trugen maßgeblich zum Gelingen der umfänglichen Vermessungsarbeiten bei. Ihnen allen sei herzlich gedankt.

Für die finanzielle Unterstützung unserer Arbeiten durch Förderung und Zuschüsse gilt unser Dank dem Bundesamt für Naturschutz und der Lotto Toto Sachsen-Anhalt GmbH. Das Management der finanziell geförderten Vorhaben übernahmen in vorbildlicher Weise Julia und Oliver Wendenkampf.

Posthum haben wir uns bei Prof. Dr. Peter Hentschel zu bedanken, durch dessen Initiative und langjährige Unterstützung unsere Projekte zur Ökologie der Altwässer erst zustande gekommen sind.

Im Namen der Autoren

Volker Lüderitz, Uta Langheinrich, Christian Kunz

Magdeburg, Februar 2009

Inhaltsverzeichnis

1 Einleitung – Entstehung und Entwicklung von Altwässern

Volker Lüderitz und Dominique Remy

1.1 Was sind Altwässer?

Altgewässer werden durch ihre Strömungsverhältnisse charakterisiert. Sie entstehen durch Abtrennung von Flussarmen vom Fluss und deren nachfolgender Isolierung. Besteht zwischen dem Fluss und dem abgetrennten Flussarm noch eine direkte Verbindung, die zur Durchströmung des Gewässers führt, so spricht man von einem Altarm. Wird diese Verbindung unterbrochen, so dass das Gewässer nur noch temporär, z.B. im Hochwasserfall, durchströmt wird, entsteht das Altwasser, also ein Stillgewässer. Ein Totarm wird nur noch vom Qualm- bzw. Grundwasser gespeist.

Die offene Verbindung von Altarmen mit dem Fluss wird durch natürliche Sedimentationsvorgänge geschlossen. Mit ihrer Abtrennung und Isolierung vom Fluss durchlaufen sie natürliche Entwicklungsphasen (Abb.1.1), die von der Besiedlung des Gewässers durch Tiere und Pflanzen der Stillgewässer (Initialphase) über eine Optimal- und Terminalphase bis zur totalen Verlandung (Postterminalphase) gehen. Das Nebeneinander dieser Entwicklungsphasen bewirkt, dass Altwässer hoch differenzierte und spezialisierte Lebensgemeinschaften von Pflanzen und Tieren beherbergen, die standörtlich-räumlich und funktional-zeitlich in die verschiedenen Entwicklungsphasen der Altwässer eingenischt sind und charakteristische Zonierungen aufweisen.

Abbildung 1.1: In der Optimalphase der Entwicklung – die Dornburger Alte Elbe bei Magdeburg (Foto: C. Kunz)

1.2 Das Verschwinden der Altwässer

Altgewässer unterliegen analog den meisten Stillgewässern einem natürlichen Alterungsprozess. Durch Eintrag mineralischer Sedimente über das Oberflächenwasser bzw. durch autochthone Bildung von organischem Schlamm und Niedermoortorf, verlandet der Wasserkörper sukzessive mehr oder weniger schnell. Diesem völlig natürlichen Verlust von wasserführenden Altgewässern steht in einer Naturlandschaft die ständige Neubildung durch Erosions- und Akkumulationsprozesse gegenüber, wodurch ein Nebeneinander unterschiedlich alter und unterschiedlich ausgebildeter Altgewässer in den Auen garantiert war. Allerdings muss im Flachland, in Abhängigkeit von der Bindigkeit der Substrate, mit Bildungszyklen von mehreren hundert Jahren gerechnet werden (vgl. Kern 1994). Besonders lange Zyklen sind bei Fließgewässern mit schwachen Hochwasserabflüssen in Kombination mit bindigen Auelehmen zu erwarten, während ausgeprägte Hochwasserabflüsse in Kombination mit Sanden und Kiesen rascher eine Neubildung von Altgewässern erwarten lassen. Die relative Langlebigkeit von Mäanderschlingen in den pleistozänen Sandlandschaften, die sich zwar im Raum leicht verlagern, aber nicht unbedingt abgeschnürt werden, belegt exemplarisch eine Auswertung kartographischer Darstellungen der Unteren Hase (Abb.1.2) (vgl. Remy 2007).

Durch die natürliche Flussdynamik, d. h. durch die Verlagerung der Mäanderbögen, können in der rezenten Aue stetig Altarme entstehen, so dass die Biotop- und Artenvielfalt erhalten bleibt. Diese Dynamik ist jedoch im Falle der Elbe wie fast aller mitteleuropäischer Flüsse nicht mehr gegeben, denn durch den vorhandenen Ausbau- und Unterhaltungszustand (Deiche, Buhnen, Uferlängsverbau an Prallhängen, Staustufen im Oberlauf) wird der Flusslauf festgelegt, die natürliche Morphodynamik (Seitenerosion, Uferabbrüche, Sand- und Kiesbänke, Auskolkungen, Mäanderbildung, Laufverlagerung) eingeschränkt und die Sohlerosion erhöht. Die Retentionsfläche ist im Fall der Elbe auf etwa 16 % des Landschaftsraumes beschränkt; damit ist auch die natürliche Überflutungsdynamik eingeschränkt und der Raum für eine Flussbewegung nicht mehr gegeben. Der Vernetzungsgrad von Fließgewässern und Altwässern ist gering; dadurch findet eine beschleunigte Sukzession statt. Zudem ist das Kontinuum der Altwässer durch unsachgemäßen Brückenbau (Schüttdämme) oft zerstört.

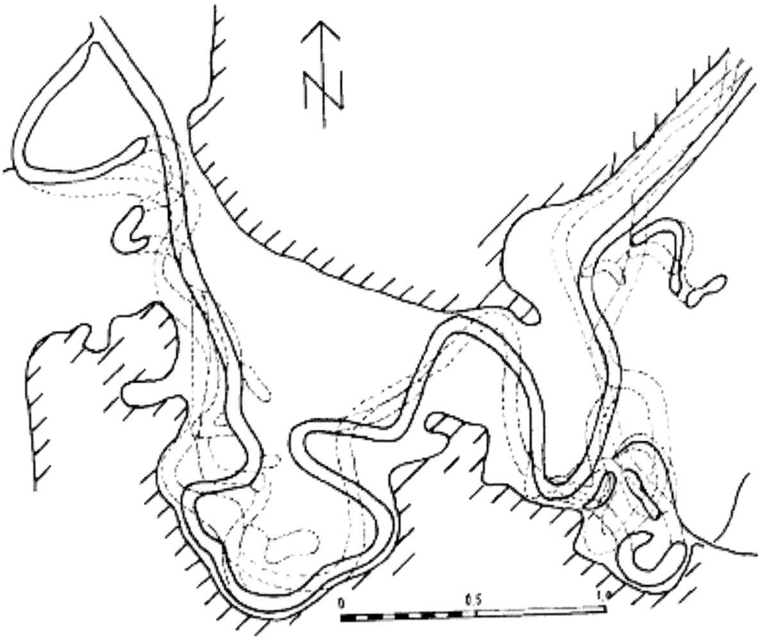

Abbildung 1.2: Details der Laufverlagerung und Laufverkürzung eines ca. 7 km langen Teilstücks der Hase unterhalb von Haselünne im Zeitraum von 1773 bis 1989 auf Basis historischer Karten und der TK 50 (aus Remy u. Zimmermann 2004); aktueller Lauf und aktuelle Altwasser: durchgezogene Linien, Lage der Terrassenkante schraffiert).

Tabelle 1.1: Übersicht über die Gefährdung der höheren Pflanzenarten und Pflanzengesellschaften der Altwässer Sachsen-Anhalts (nach Reichhoff 2003)

Gefährdungsgrad	**Pflanzenarten**		**Pflanzengesellschaften**	
	Anzahl	**%**	**Anzahl**	**%**
ausgestorben, verschollen, erloschen	1	1,1	3	5,1
vom Aussterben bedroht, vom Verschwinden bedroht	6	6,6	2	3,4
wegen Seltenheit gefährdet, potenziell gefährdet	2	2,2	2	3,4
stark gefährdet	15	16,5	8	13,8
gefährdet	20	22,0	20	33,9
Summe	**44**	**48,4**	**35**	**59,4**
ungefährdet	47	51,6	24	40,6
Gesamtzahl	**91**	**100**	**59**	**100**

Unter der Prämisse, dass keine neuen Altgewässer mehr entstehen und die bestehenden einem durch Nährstoffeintrag v. a. aus diffusen Quellen noch beschleunigten Verlandungsprozess unterliegen, ist davon auszugehen, dass in absehbarer Zeit der Gewässertyp „Altgewässer" aus den Auen weitgehend verschwunden sein wird. Untersuchungen zum Zustand der Altwässer im Mittelelbegebiet (Lüderitz et al. 1994, Lüderitz et al. 2000, Reichhoff 2003) ergaben, dass sich über 80% der Altwässer bereits im Terminal- oder Postterminalstadium befinden. Folge der Verlandung ist u. a., dass Pflanzen und Tiere, die ganz oder überwiegend auf den Lebensraum Altwasser angewiesen sind, in ihren Beständen zunehmend bedroht sind. Schon heute sind beispielsweise fast 50% der altwassertypischen höheren Pflanzenarten und Pflanzengesellschaften gefährdet (Tab.1.1).

1.3 Warum Altwassersanierung?

Auenaltwässer in frühen und mittleren Sukzessionsstadien gehören zu den artenreichsten aquatischen Ökosystemen in Europa überhaupt (Lüderitz et al. 2000; Hentschel et al. 2002; Langheinrich et al. 2002). Sie sind in der Auenlandschaft unersetzbar.

Aus Sicht des Natur- und Landschaftsschutzes, aber auch aus Sicht des Erholungswertes einer vielgestaltigen Landschaft muss der anthropogen verursachte und beschleunigte Verlust von typischen Gewässern der Auen deshalb verlangsamt bzw. rückgängig gemacht werden. Die Revitalisierung bzw. Rückführung in frühere Entwicklungsphasen verlandeter Altgewässer ist außerdem unter dem Gesichtspunkt der Erhaltung und Förderung von FFH-Lebensräumen und als sinnvolle Maßnahme im Zusammenhang mit der Umsetzung der EU-Wasserrahmenrichtlinie (WRRL) zu sehen. Allerdings ist jeweils abzuwägen, ob dem Prozessschutz, also der endgültigen Verlandung, oder dem Erhalt durch Entlandung der Vorzug gegeben wird.

Hentschel et al. (2002) geben in diesem Zusammenhang eine komplexe Begründung für die Sanierung von Altwässern.

1. Grundsätzliche landschaftsgenetische Begründung

Altwässer entstehen infolge der morphologischen Dynamik des natürlichen Flusslaufes. Durch Eindeichung und den Ausbau des Flusses wird die natürliche Dynamik unterbunden und es entstehen (so gut wie) keine Altwässer mehr. Mit der Verlandung der Altwässer würde dieser Lebensraumtyp aus der Aue verschwinden. Nur durch Sanierung bestehender Altwässer kann er als essenzieller Bestandteil des Ökosystems Aue erhalten werden.

2. Ökologische Begründung

Unter der Voraussetzung, dass Altwässer in der Aue erhalten bleiben, kann die volle ökologische Ausschöpfung des Lebensraums Altwasser nur erfolgen, wenn die einzelnen Phasen seiner Existenz - die Initial-, die Optimal- und die Terminalphase - nebeneinander in ausreichender Fläche und Verteilung vorhanden sind. Heute befinden sich die Altwässer vorwiegend in der Terminalphase. Hinzu tritt die anthropogene Eutrophierung, die eine vorzeitige Alterung der Gewässer auslöst. Da in polytrophen Gewässern nur noch eine geringe Anzahl von Arten Lebensmöglichkeiten findet, müssen Sanierungsmaßnahmen neben morphologischen Verbesserungen auch immer die Zielstellung des Nährstoffentzugs haben.

3. Landschaftsästhetische Begründung

Viele Altwässer sind Bestandteil eines Mosaiks aus Natur- und historisch gewachsener Kulturlandschaften. Infolge flächigen Gehölzaufwuchses auf den ufernahen Verlandungsflächen wird die erlebbare Beziehung zwischen See und umgebenden Landschaft nahezu völlig unterbunden.

4. Wasserwirtschaftlich - fischereiwirtschaftliche Begründung

Infolge von Verschlammung und Verlandung ist die fischereiliche Nutzung vieler Altwässer zum Erliegen gekommen. Mit ihrer Sanierung wird eine solche Nutzung in Abstimmung mit den Anforderungen des Naturschutzes wieder ermöglicht.

1.4 Bewertung als wissenschaftliche Grundlage erfolgreicher Sanierungen oder Revitalisierungen

Der Erhalt von Altgewässern in der heutigen Kulturlandschaft ist vielfach nur unter Einsatz von technischen Mitteln und damit unter Einsatz öffentlicher Gelder möglich. Um Altgewässer nachhaltig und kostengünstig unter Nutzung vorhergegangener Erfahrungen zu sanieren und zu bewirtschaften, müssen derartige Maßnahmen einer Bewertung bzw. Erfolgskontrolle unterzogen werden. Maßstab dabei können und müssen die Anforderungen der WRRL sein.

Die WRRL fordert für jeden Gewässertyp die Definition von Referenzbedingungen, sprich Leitbildern, als Basis für ein Klassifizierungssystem, das auf Abweichungen von diesem Status höchster Qualität beruht. Auch die Art und Weise, in der Altgewässer zu erhalten oder wiederherzustellen sind, erfordert prinzipiell eine solche Diskussion über Leitbilder. Die Frage ist, welche Stadien der Sukzession von Altgewässer für den jeweiligen Landschaftsraum besonders wichtig und daher zu erhalten bzw. wiederherzustellen sind. Letztendlich ist eine Bewertung von Altgewässern erforderlich. Eine solche Bewertung kann sich allerdings nicht unbesehen auf bestehende Bewertungsschemata, wie die der WRRL für Fließ- und Stillgewässer stützen, da Altgewässer einem auenspezifischen Regime unterliegen. Bei mittleren Abflussmengen sind die Altgewässer weitgehend vom aktiven Fließgewässer entkoppelt, während sie bei Hochwasserabflüssen in unterschiedlichem Umfang in die allgemeine Auendynamik eingebunden sein können. Diese Situation wird außerdem lokal noch durch wasserbauliche Maßnahmen modifiziert, wenn durch Deiche, Schöpfwerke, Wehre der Wasserhaushalt der Altgewässer gesteuert wird.

Eine ausschließliche Bewertung nach der WRRL ist allerdings auch nicht sinnvoll, da Gesichtspunkte der Biotopvielfalt und Landschaftsgestaltung in dieser Richtlinie nicht direkt berücksichtigt werden, aber in einer konsistenten Bewertung trotzdem unbedingt eine Rolle spielen müssen.

Als Grundlage der Bewertung existieren bereits unterschiedliche Altwasser-Typisierungen. So werden nicht mehr aktive Fließgewässerstrecken u. a. im Rahmen der Biotoptypenkartierung in Niedersachsen nur hinsichtlich großer oder kleiner naturnaher Altgewässer unterschieden (Drachenfels 1994), ohne auf die aktuelle Anbindung an ein Fließgewässer einzugehen. Eine weitergehende Typisierung bietet die Biotopkartierung Brandenburg (Zimmermann 1994; Zimmermann et al. 2003), die zusätzlich den trophischen Zustand, den Ausbaugrad und die Beschattung berücksichtigt. Weiterhin zu betrachten sind die verschiedenen Phasen der Sukzession, die ein Altarm durchläuft (DVWK 1991). Eine andere, gängige Gliederung berücksichtigt die Art der Verbindung zwischen Altgewässern und aktivem Gerinne (s. a. MURL NRW 1999). Altgewässer können demnach auf Grund ihres hydraulischen Anschlusses vier Kategorien mit diversen Unterkategorien (z.B. Größe, Sukzessionsstadium) zugeordnet werden, die sich auch jeweils in einer mehr oder weniger typischen Zusammensetzung der Vegetation widerspiegeln.

2 Genese von Altwässern

2.1 Entstehung und Sukzession von Altwässern

Gerhard Böttge

2.1.1 Das Phänomen der Altwasserentstehung

Die natürliche Abtrennung von Flussarmen ist eine durch die Dynamik der Flüsse begründete Erscheinung. Infolge Erosion und Sedimentation verlagert der frei fließende Fluss fortwährend seinen Lauf. Bei flach geneigtem Untergrund erfolgt eine Mäandrierung, bei stärker geneigtem Untergrund eine Furkation. Im Mittelelbegebiet tritt nahezu ausschließlich die Mäandrierung auf.

Die charakteristische Dynamik eines Mäanders besteht darin, dass dieser sich an seinem Scheitel durch Erosion ausweitet. Auch an den Mäanderschenkeln tritt Erosion auf. Die Überdehnung des Mäanderbogens führt letztlich zum Durchbruch des Flusses an den Mäanderschenkeln, der Mäanderbogen wird als Altlauf abgeschnürt. Durch diesen Durchbruch verkürzt sich der Flusslauf, das belebt seine Erosionskraft, so dass erneut die Ausbildung eines Mäanders einsetzt. Auf diese Weise entstehen ganze Folgen von Altwässern in der Aue. Eine Flusslaufverlagerung und die Abtrennung von Flussarmen kann auch im Zuge von Hochwasserereignissen durch Flussspringen erfolgen. Mit solch einem Flussspringen verlängert der Fluss spontan seinen Lauf. Als Beispiel für diesen Prozess der Entstehung eines Altarmes und späteren Altwassers kann der Elbverlauf bei Schönebeck angeführt werden. Im Zusammenhang mit starken Hochwässern verließ die Elbe hier zwischen 1016 und 1600 ihren ursprünglichen Lauf, der durch die Elbaue bei den Orten Pretzien, Plötzky, Randau, Calenberge führte, und verlagerte sich unter Ausbildung einer großen Flussschlinge an den Rand des Stadtgebietes von Schönebeck (Abb.2.1). Vergleichbare Prozesse führten zwischen 1314 und 1352 zur Entstehung des Kühnauer Sees bei Dessau infolge eines starken Muldehochwassers.

Die offene Verbindung eines Altarmes mit dem Fluss wird durch natürliche Sedimentationsvorgänge geschlossen. Es entsteht das vom Fluss separierte Altwasser. Dieses unterliegt infolge der Besiedlung durch Wasser- und Röhrichtpflanzen naturbedingt der Verlandung. Durch absterbende Vegetation kommt es zur Ablagerung von Schlamm und zur Niedermoortorfbildung. Hinzu tritt der Eintrag von Sedimenten bei Hochwasser. Das Altwasser wird damit in seiner Flächigkeit und Tiefe ständig verringert, sein Nährstoffgehalt nimmt stetig zu. Im Zuge dieser Verlandung entsteht aus dem Gewässer ein Erlenbruchwald. Die Existenz eines Altwassers ist demzufolge aufgrund der natürlichen Verlandung zeitlich begrenzt. In Abhängigkeit von der Tiefe und dem Nährstoffstatus eines Altwassers misst sich dessen Lebensdauer ohne menschlichen Einfluss auf etwa 500 bis 800 Jahre. Von der Entstehung bis zur vollständigen Verlandung durchläuft ein Altwasser verschiedene Alterungsphasen.

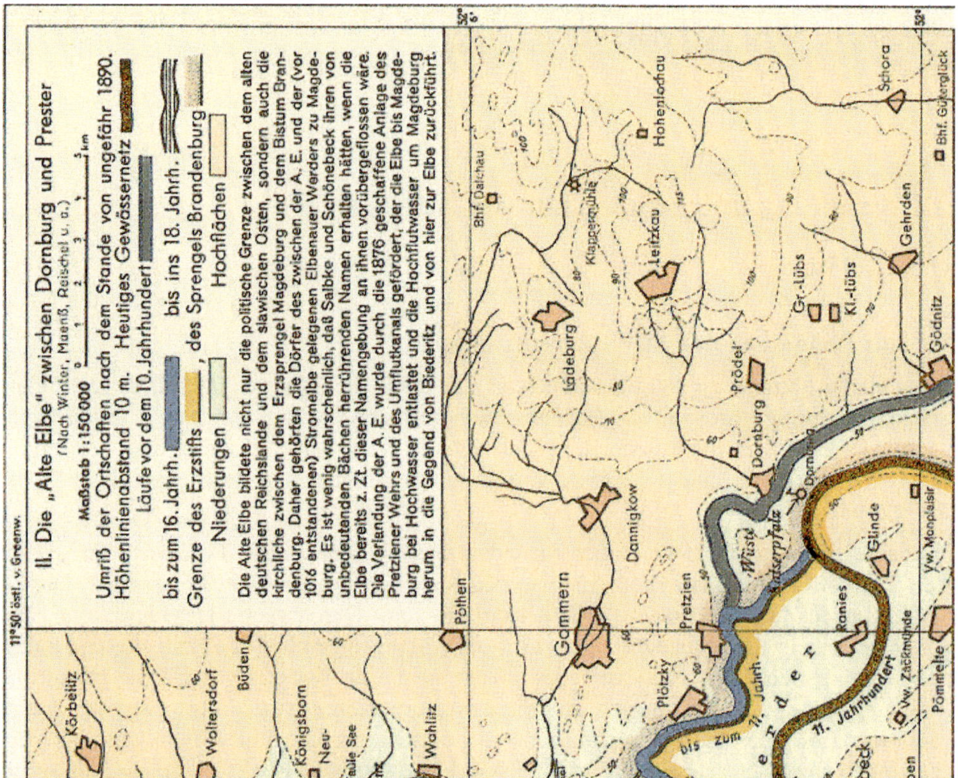

Abbildung 2.1: Altwasserentstehung durch Gewässerbettverlagerung (Schlüter, August 1957)

Die Initialphase mit mesotrophen bis schwach eutrophen Nährstoffverhältnissen, fehlenden Schlamm- und Torfablagerungen und Wassertiefen von über 2 m ist charakterisiert durch die

Ansiedlung artenarmer, meist durch wenige Arten dominierter Vegetation. Freiwasserbereiche herrschen vor, die Röhrichte sind schütter und schmal.

In der Optimalphase herrschen eutrophe Verhältnisse. Hier bildet sich die charakteristische Zonierung artenreicher Vegetationseinheiten heraus. Die Optimalphase ist geprägt von Freiwasserzonen mit Wassertiefen von drei bis vier Metern über die submerse Zone der Laichkrautrasen mit zwei bis drei Metern Wassertiefe und die Zone der Schwimmblattvegetation mit ein bis zwei Metern Wassertiefe bis zur Zone der Wasserschweber, die bereits eng mit der Röhrichtzone verbunden ist (Reichhoff 2003).

In der Terminalphase mit polytrophen Nährstoffverhältnissen haben die Gewässer oft nur noch eine geringe Tiefe. Der Gewässergrund wird von mächtigen nährstoffreichen Schlammschichten bedeckt. Es herrschen die Wasserschwebergesellschaften vor. Das Gewässer ist größtenteils verlandet und wird von Großröhrichten geprägt. Die Ausbildung von Erlen- und Grauweidenbrüchen kann als Postterminalphase beschrieben werden.

2.1.2 Ursachen der Gewässerbettverlagerung

2.1.2.1 Flussmorphologie

Natürliche Fließgewässer zeichnen sich durch eine vielfältige Dynamik aus. Gefälleverhältnisse, geologische und vegetative Gegebenheiten sowie Größe und Art des Einzugsgebietes mit seiner charakteristischen Wasserspende bestimmen die Veränderung des Gewässers maßgeblich. Die Fließgewässermorphologie beschränkt sich auf die Betrachtung der örtlichen Erosions- und Akkumulationsprozesse. Die Gerinnebildungsdynamik hängt vor allem von den Kraftwirkungen des abfließenden Wasserkörpers und von den mitgeführten beziehungsweise anstehenden Feststoffen ab. Art und Dichte der Gewässervegetation hemmen die Verlagerung der Sedimente im Uferbereich und beeinflussen somit die Geschwindigkeit der Dynamik direkt. Schröder und Römisch (2001) haben die Einflüsse auf die Fließgewässer zusammengefasst (Abb.2.2).

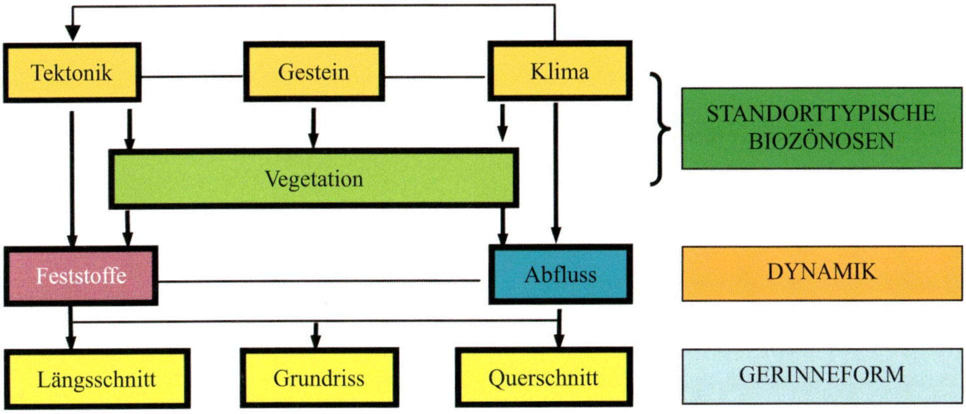

Abbildung 2.2: Einflüsse auf die Gerinneform von Fließgewässern (angelehnt an Schröder u. Römisch 2001)

2.1.2.2 Talformen - Erosion und Akkumulation

Gefälleverhältnisse, Niederschläge, Grundwasserzutritte sowie sich bewegendes Gesteinsmaterial bestimmen die Erosion. Das von Verwitterung gelockerte Material des anstehenden Gesteins im Rhithralbereich wird vom Abfluss transportiert. Dieser Abtrag erfolgt je nach Vegetation, Gesteinsart und Relief mehr oder weniger gleichmäßig. Die Witterung zermürbt die Gesteinsoberfläche. Der oberflächlich abfließende Niederschlag macht feine Teilchen aus dem Gesteinsverband für den oberirdischen Abfluss transportabel.

Die entstehenden Rinnsale vereinigen sich zu Bächen, Flüssen und Strömen in denen zusätzlich Materialen durch Ufer- und Sohlerosion transportiert werden. Bei sehr standfesten Gesteinen entsteht so eine **Klamm** durch ausschließliche Tiefenerosion oder **Schlucht** mit zusätzlicher, aber geringer Seitenerosion. Rutschen Hänge durch große Eintiefungen oder Unterspülungen nach, entsteht ein **Kerbtal** (Abb.2.3).

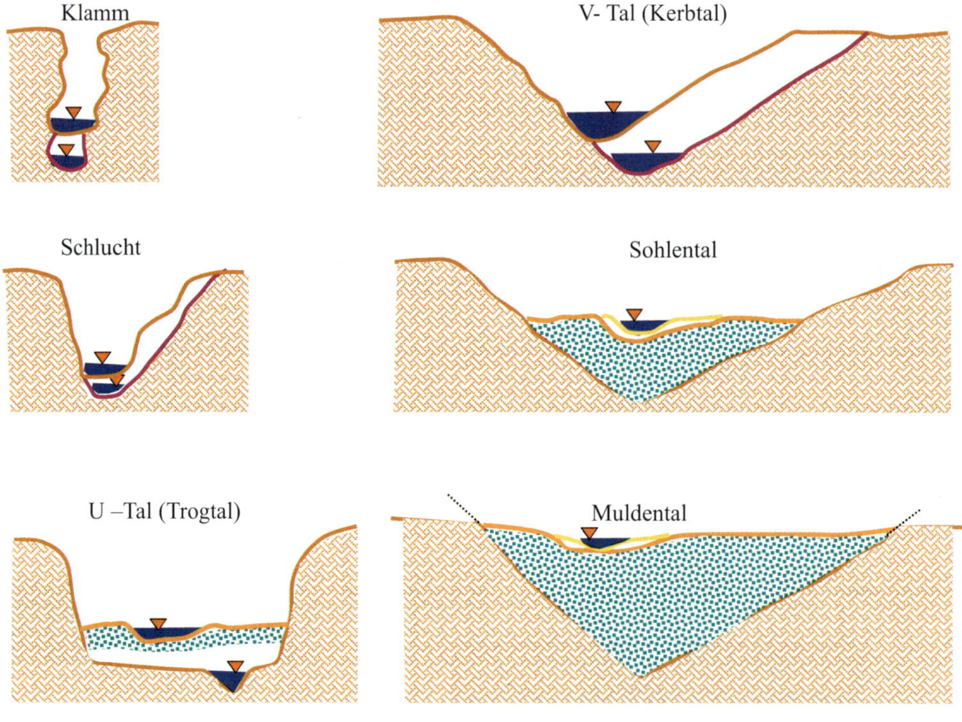

Abbildung 2.3: Talformen, deren früherer Zustand und deren mögliche Entwicklung (nach Schröder u. Römisch 2001)

Ist der Feststoffeintrag größer als das Transportvermögen der Strömung, so bilden sich durch Ablagerungen **Auen** (aufsedimentiertes Neuland). Ein ehemaliges V-Tal kann sich, wenn das Einzugsgebiet plötzlich mehr Feststoffe liefert, unter Umständen zu einem **Sohlental** und in einem noch späteren Stadium eventuell zu einem **Muldental** entwickeln (Abb.2.3). Ein von eiszeitlichen Gletschern geschaffenes U-Tal (**Trogtal**) kerbt sich entweder (bei Feststoffmangel) entlang der tiefsten Linie des breiten Talbodens ein, oder es bildet sich darin (bei Feststoffüberschuss) eine Aue (Schröder u. Römisch 2001).

Tabelle 2.1: Talformen und ihre Merkmale (angelehnt an Schröder u. Römisch 2001)

<table>
<tr><th>Talform</th><th>Landschaft</th><th>Vorherrschende Sohlenveränderung</th><th>Bemerkung</th></tr>
<tr><td>Klamm</td><td rowspan="4">Gebirge</td><td rowspan="3">Erosion</td><td rowspan="3">Tiefenschurf</td></tr>
<tr><td>Schlucht</td></tr>
<tr><td>Kerbtal</td></tr>
<tr><td>Sohlental</td><td rowspan="2">Akkumulation</td><td rowspan="2">seitliche Verlagerung</td></tr>
<tr><td>Muldental</td><td rowspan="2">Flachland</td></tr>
<tr><td>Trogtal</td><td>Erosion und Akkumulation</td><td>durch glazigene Kräfte geformt</td></tr>
</table>

2.1.2.3 Morphologie und Dynamik verschiedener Fließgewässerabschnitte

Die Eigendynamik und Veränderlichkeit des Fließgewässers hängt also vom anstehenden Gestein und den Gefälleverhältnissen ab, die Geologie hat direkten Einfluss auf das Erscheinungsbild des Gewässers in einem bestimmten Abschnitt.

Im Rhithralbereich eines Fließgewässers, also im Gebirge, sorgt das große Sohlgefälle für tiefe Einschnitte in das Gelände und für nur sehr geringe seitliche Auslenkungen, der Verlauf ist gestreckt, die beschriebenen Talformen Klamm (Abb.2.4), Schlucht, Kerb- und Sohlental dominieren und lösen sich vom Epirhithral über das Metarhithral bis in das Hyporhithral ab.

Aus reinen Erosionsstrecken werden dann im Potamalbereich dynamischere Gewässer. Aus verästelten Gewässerabschnitten (Abb.2.5) des Hyporhithrals entwickeln sich die verzweigten im Epipotamal. Mit fortschreitendem Gewässerverlauf nehmen auch die Stabilität und Beständigkeit der vorhandenen Strukturen zu (Hütte 2000). Die stabilsten, überdauernsten Verhältnisse erreicht das Fließgewässer, wenn Erosion und Akkumulation sich die Waage halten, im Metapotamal verändern sich die Fließgewässer sehr langsam, dann aber deutlich. Die Veränderungen eines Zustandes sind sehr lange sichtbar – Altwässer bezeugen die verschiedenen Verläufe des Flusses, der Verlandungsgrad der Altwässer gibt Auskunft über zeitliche Abfolgen der Flusslaufveränderung.

Abbildung 2.4: Eine Klamm - Im Epirhithralbereich schneiden sich Fließgewässer tief ein - Daberklamm bei Kals am Großglockner (Foto: C. Kunz)

Abbildung 2.5: Verästelungen in breiten Tälern des Rhithrals – Gletscherabfluss im Innergeschlößl - Geschlößbach, Osttirol (Foto: C. Kunz)

Abbildung 2.6: Im Epipotamal ist die Verschiebung von Erosion zu Gunsten der Akkumulation deutlich erkennbar – Main bei Schönbrunn, renaturiert (Foto: C. Kunz)

Die zu erwartende Abfolge der Verhältnisse im Fließgewässer von der Quelle bis zur Mündung kann jedoch von Natur aus stark variieren. Ein schwerwiegender Variationsfaktor ist der Mensch mit seinen Eingriffen in die Gewässermorphologie und das Gewässerumfeld. Rodungen, Aufforstungen, Ufer- und Sohlbefestigungen verändern die Geschiebeverhältnisse maßgeblich. In Stauräumen werden die Feststoffe weitgehend zurückgehalten. Nach der Errichtung von Talsperren verwandelt sich in aller Regel eine unterhalb gelegene Akkumulationsstrecke in eine Erosionsstrecke (Schröder und Römisch 2001).

2.2 Altgewässer als ökologische Sukzessionsstadien oder „Was beeinflusst den Sukzessionsverlauf?“

Dominique Remy

Altgewässer unterliegen naturgemäß einer Verlandung. Die sukzessiven Veränderungen betreffen neben den Zoozönosen im Wesentlichen die Gewässermorphologie, die Trophie und die Vegetation (Thienemann 1939; Ellenberg 1996). Die drei letztgenannten Faktoren beeinflussen sich gegenseitig und führen zu unterschiedlich rasch verlaufenden Formen der Verlandung. Der natürliche Alterungsprozess, die Verlandungsdynamik, kann daher in einem sehr unterschiedlichen Zeitrahmen erfolgen. Bei Gewässern mit relativ großer Sedimentfracht kann der Vorgang in wenigen Jahrzehnten abgeschlossen sein. Bei großen, tiefen Altgewässern ohne nennenswerten Eintrag anorganischer Sedimente und/oder bei periodischer Ausräumung durch Hochwasserabflüsse kann der Prozess Jahrhunderte dauern. Die Initial-, Optimal-, Terminal- und Postterminalphasen entsprechen in ihrer Abfolge dem Alterungs- bzw. Verlandungsprozess eines Altgewässers, von der Entstehung bis zu dessen faktischem Verschwinden.

2.2.1 Gewässermorphologie

Die primäre Morphologie eines Altgewässers entspricht anfangs, also in der Initialphase, der des vormalig aktiven Fließgerinnes. Mit dem Funktionswandel setzt eine sukzessive Veränderung ein. Umfang und Geschwindigkeit der Veränderung der Gewässermorphologie hängen wesentlich von der Ausgangssituation ab, wobei tiefe Gerinne langsamer als flache verlanden. In Altgewässerstrecken größerer Flüsse werden sich die dort häufig anzutreffenden, deutlich über 5 m tiefen Kolke vor den Prallhängen am längsten als offene Wasserkörper erhalten. Am Ende der Terminalphase steht immer ein sehr flacher Wasserkörper.

Art, Umfang und Tempo des Eintrags mineralischer Sedimente in Altgewässer („mineralische Verlandung") hängt vom Umfang der jeweilige Zuflüsse und des damit verbundenen Transportvermögens aus den aktiven Fließgewässern bzw. aus Nebengewässern ab (Remy 2006). Altgewässer, die unmittelbar an der Terrassenkante verlaufen, können darüber hinaus durch den Eintrag von Oberflächenmaterial (Oberflächenerosion) verfüllt werden. Die Ablagerung organischen Materials („organische Verlandung") ist dagegen weitgehend von der Trophie abhängig. Beide Verlandungsprozesse können durch Erosionsprozesse verlangsamt, weitgehend unterbunden oder rückgängig gemacht werden.

Die Ufer- und Auenmorphologie hat auch Auswirkungen auf Art und Umfang der Ausbildung der Weich- und Hartholzaue. Die uferbegleitenden Gehölze haben ihrerseits starken Einfluss auf das Lichtklima der Altgewässer und damit auf die Ausbildung der Röhricht- und Wasservegetation. Außerdem beeinflusst der herbstliche Laubeintrag durch die uferbegleitenden Gehölze wesentlich den Verlandungsprozess. Kleine Altgewässer mit angrenzendem Baumbestand werden relativ rasch durch Laubdetritus verfüllt. Für die Altarme der Müggelspree ist Verlandung durch Muddeablagerungen und Torfbildung bis über das bordvolle Abflussniveau hinaus zu beobachten (Engelhardt 2004).

2.2.2 Trophie

Die Trophie, also die Versorgung mit Nährstoffen, hat entscheidenden Einfluss auf die Verlandung, da sie über die Primärproduktion die Bildung von pflanzlicher Biomasse wesentlich beeinflusst. Natürliche Fließgewässersysteme und ihre Auen sind, geprägt von ihrem jeweiligen Einzugsgebiet, fast nur in den Oberläufen nährstoffarm (oligotroph), wenige sind von Natur aus mäßig nährstoffreich (mesotroph), wie beispielsweise das weitgehend sandgeprägte Einzugsgebiet der Ems. Besonders die Standorte in den breiten Auen der größeren Flüsse sind dagegen von Natur aus nährstoffreich (eutroph) und gleichzeitig, aufgrund der großen geologischen Vielfalt ihrer Einzugsgebiete überwiegend basenreich. Eher selten finden sich daher in der heutigen, mit Nährstoffen überfrachteten Landschaft noch mesotrophe bis schwach eutrophe Ausprägungen, während eutrophe Altgewässer sowie Auen überwiegen und bereits seit rund 3000 Jahren nachweisbar sind (Hilt et al. 2007).

Auch hydraulisch weitgehend abgeschlossene Altgewässer unterliegen bei jedem Hochwasser, von dem sie erreicht werden, periodischen Nährstoffeinträgen. Durch Nährstoffakkumulation erhöht sich sukzessive der trophische Status eines Altgewässers, so dass spätestens in der Terminalphase, meist aber schon in der Optimalphase, ein eutropher Status erreicht wird.

In der Kulturlandschaft wird dieser Prozess durch anthropogene Nährstoffeinträge beschleunigt. Dabei wird nicht selten ein poly-/hypertrophes Niveau erreicht, das zumindest in der jetzigen Häufigkeit in der Natur nicht vorkommen würde. Besonders kleinere Altgewässer reagieren auf diese erhöhte Nährstoffzufuhr sehr empfindlich mit beschleunigter Akkumulation von Phytomasse. Sie können innerhalb weniger Jahre ihren ursprünglichen Charakter verlieren. Maßnahmen zur Reduzierung der Nährstoffbelastung sind deshalb unabdingbar (vgl. MURL NRW 1999). An und in Altgewässern kann eine Akkumulation von pflanzenverfügbarem Stickstoff auch direkt oder indirekt durch Symbionten, wie sie mit dem Actinomyceten *Frankia alnus* im Wurzelsystem der Schwarzerlen (*Alnus glutinosa*) vorkommen, oder durch im Freiwasser lebende Cyanobakterien, sogenannte „Blaualgen“ beschleunigt werden.

Die Vegetation folgt Veränderungen der Trophie mit einer mehr oder weniger deutlichen, zeitlichen Verzögerung. Nach Weyer (o.J.) führte der Übergang des Xantener Altrheins von einem eutrophen zu einem stark polytrophen Gewässer zum Verlust sämtlicher submerser Pflanzengesellschaften. In der Regel geht eine Zunahme der Nährstoffbelastung mit einer Abnahme der Sichttiefe einher, wodurch der Gewässergrund für Gefäßpflanzen unbesiedelbar wird.

Da es sich bei natürlichen Altgewässern überwiegend um flache, polymiktische Wasserkörper handelt, können die im Gewässer vorhandenen Nährstoffe nicht in größere Tiefen gelangen und dort dem Nährstoffkreislauf entzogen werden, wie es bei dimiktischen Seen mit einem Wasserkörper von mehr als 6 m Wassertiefe der Fall ist. Nur sehr tiefe Altgewässer der großen Ströme (Elbe, Oder, Rhein, Weser) oder durch Kiesgewinnung übertiefte Altgewässer bauen partiell eine seentypische Schichtung auf. Nur in diesem Fall können durch Ablagerung gebundener Nährsalze dem Wasserkörper Nährstoffe entzogen werden. Die im System „Altgewässer“ vorhandenen Nährstoffe sind deshalb in der Regel in vollem Umfang trophisch wirksam und tragen direkt zur Phytomasseproduktion bei. Dabei fördern hohe Phosphor-Konzentrationen den Chlorophyll-a-Gehalt und reduzieren die Sichttiefe, wodurch das Vorkommen submerser Makrophyten stark eingeschränkt wird (Pott u. Remy 2000). Andere Arten, wie *Myriophyllum verticillatum* oder viele Characeen haben, unabhängig von der Sichttiefe, generell eine geringe Toleranz gegenüber erhöhten Gesamt-P-Konzentrationen (Päzolt 2007). Untersuchungen an Altwässern der unteren Havel zeigen einen Zusammenhang zwischen Phosphatverfügbarkeit, Phytoplanktonblüte / Chlorophyllgehalt und dem Vorkommen von *Ceratophyllum demersum*. Demnach verhindert eine frühzeitige Ausbildung dichter Bestände von *Ceratophyllum* (Abb.2.7) eine Trübung durch Phytoplankton und erzeugt ein Klarwasserstadium (Knösche 2003)

Abbildung 2.7: Massenentwicklung von *Ceratophyllum demersum* (Foto: C. Kunz)

In hyper-/polytrophen Gewässern beschleunigt die Sauerstoffarmut der abgelagerten organischen Sedimente die Verlandung, da die Mineralisation stark verringert ist und die anfallende organische Substanz weitgehend erhalten bleibt. Der sich bildende Faulschlamm lässt den Gewässerboden entsprechend rasch aufwachsen. Typische Pflanzenarten poly-/hypertropher Gewässer sind *Ceratophyllum demersum*, *Lemna gibba* und großflächige Grünalgenmatten sowie Cyanobakterien-Blüten. Schwach eutrophe bis eutrophe Stillgewässer werden u.a. durch *Stratiotes aloides* und *Salvinia natans* gekennzeichnet.

2.2.3 Vegetation und Sukzession

Die phytogene Verlandung erfolgt sukzessiv. Sie ist in Art und Umfang stark von der Trophie, der vorherrschenden Strömungsgeschwindigkeit und der umgebenden Vegetation abhängig. Zu Beginn der Vegetationsentwicklung sind in bzw. an einem neu entstandenen Altgewässer noch die fließgewässertypischen Vegetationstypen, wie Rohrglanzgrasröhricht (Phalaridetum arundinaceae) oder Pfeilkrautröhricht ausgebildet, zu denen sich strömungstolerante Hydrophyten gesellen. Mit dem Rückgang oder der Verringerung der Strömung bzw. mit der abnehmenden Häufigkeit ausgeprägter Strömungsspitzen bildet sich die Vegetation um. Eine mit der Sukzession verbundene Verlandung durch organisches Material kann aber erst dann erfolgen, wenn die periodisch oder episodisch auftretenden erosiven Kräfte nicht mehr in der Lage sind, die zwischenzeitlich gebildete Phytomasse und deren organischen Sedimente komplett auszuräumen.

Die Vegetation der Altgewässer ist, wie die Gewässervegetation ganz allgemein, azonal (Ellenberg 1996). Die Sukzession von Altgewässern verläuft im Allgemeinen weitgehend gesetzmäßig wie die „normaler“ Stillgewässer als typische Verlandungsserie. Die Verlandungsserie wird durch eine räumliche und zeitliche Abfolge charakteristischer Artenkombinationen bestimmt. Welche Artenkombinationen nacheinander auftreten, hängt weitgehend von Standortfaktoren wie Trophie, Wasserbewegung und Gewässermorphologie ab. In gewissem Rahmen können Zufälle bei der Erstbesiedlung eines Gewässers eine entscheidende Rolle spielen, zum Beispiel durch die Verfügbarkeit von Diasporen. Wichtige

Röhrichtbildner wie *Phragmites* oder *Typha* haben die Tendenz, aufgrund raschen, klonalen Wachstums große, zusammenhängende und weitgehend einartige Bestände auszubilden, in die andere Arten kaum einzudringen vermögen.

In den mitteleuropäischen Auen wird die Sukzession der schwach bis nicht durchströmten Altgewässer in der Regel mit schwach eutrophen bis eutrophen Verlandungsserien einsetzen, die aus einer typischen, artenreichen Abfolge von untergetauchten Wasserpflanzen, Schwimmblattpflanzen oder Krebsscheren, Röhrichtgürtel, Weide-Faulbaum-Gebüsch und Erlenbruchwald besteht. Die Tauchblattzone, jener Bereich, der nur von submersen Wasserpflanzen besiedelt wird, fehlt allerdings an unbeeinflussten Altarmen, wenn sie eine zu geringe Wassertiefe aufweisen (vgl. LfU BW 2004). In poly-/hypertrophen Gewässern ist das Artenspektrum im aquatischen Bereich dagegen stark eingeschränkt und besteht überwiegend aus monotonen *Ceratophyllum demersum*-Beständen, die *Typha*-reichen Röhrichten vorgelagert sind. Letztendlich wird aber bei ungestörtem Sukzessionsverlauf jede Verlandungsserie in einem Bruchwald münden. Die umgebenden, regelmäßig überfluteten Bereiche der mitteleuropäischen Auen werden natürlicherweise durch den (Eschen-)Eichen-Ulmen-Auwald (Querco-Ulmetum) eingenommen. Veränderungen im ober- und unterirdischen Wasserhaushalt wie abnehmende Häufigkeit der Überflutung und fallende Grundwasserstände können eine allmähliche Vegetationsveränderung in Richtung auf Eichen-Hainbuchenwald-Gesellschaften hervorrufen (Seibert 1962).

2.2.4 Zoogener Einfluss auf Vegetation und Sukzession

Der Besatz mit Fischen kann sich auf das Wachstum der Wasserpflanzen auswirken. Bei Anwesenheit karpfenartiger Fische kann es zu direkten Einwirkungen über Fraß oder zu indirekten Einflüssen über Wassertrübung kommen. In beiden Fällen werden Schwimmblattpflanzen positiv selektiert, während submerse Makrophyten weitgehend ausfallen und damit für eine Bewertung (vgl. Kap. 4.4) entfallen.

In Gebieten mit Biberpopulationen, wie sie u.a. an der Mittleren Elbe vorhanden sind, kann die Sukzession in Altgewässern durch Biberdämme beeinflusst werden. Die zoogene Steuerung des Wasserstandes kann die Sukzession durch Verringerung der Strömung und eine damit einhergehende verstärkte Sedimentation einerseits beschleunigen. Andererseits kann ein Anstau auch bereits erreichte Sukzessionsstadien, wie Waldstadien, zerstören und auf ein Röhricht- oder Offenwasserniveau zurück werfen (Verbücheln et al. 1995).

Beweidung und Mahd der Verlandungsröhrichte können den Umfang des herbstlichen Eintrags von Phytomasse reduzieren und damit den Verlandungsprozess von Altgewässern verlangsamen. Extensive Beweidung der Ufer fördert auch natürliche, aber konkurrenzschwache Röhricht-Gesellschaften, wie das niedrigwüchsige Tannenwedel-Röhricht. Entfällt die Beweidung, setzt die Sukzession in Richtung Wasserschwadenröhricht, Schlankseggenried bzw. Grauweidengebüsch ein.

2.2.5 Zustrom von Grund- , Qualm- und Oberflächenwasser

Der meist punktuelle bzw. räumlich begrenzte unterirdische Zustrom von qualitativ besserem Wasser macht sich in unterschiedlicher Weise in der Vegetation von Altgewässern bemerkbar. Bereiche, in denen kühles, CO_2-reiches Grundwasser zuströmt, werden häufig durch Vorkommen von Wassermoosen wie *Fontinalis antipyretica* gekennzeichnet. Wo Auen direkt mit sandgeprägten, oligotrophen Terrassensedimenten in Kontakt stehen, führt der Zutritt nährstoffarmen Grundwassers im Uferbereich von Altgewässern zu einem lokalen Ausfall nährstoffliebender Arten und insgesamt zu einer verringerten Produktion von Phytomasse (vgl. Hagemann et al. 2000).

Altgewässer, die durch Flutdeiche vom unmittelbar benachbart verlaufenden aktiven Fließgewässer abgetrennt sind, können bereits bei mittleren Hochwasserlagen mit nährstoffärmerem Qualmwasser (Druckwasser) versorgt werden, das leicht zeitverzögert unter den Deichen hindurch in das Altgewässer drückt. Das Qualmwasser hat durch die Bodenpassage in der Regel eine bessere Qualität als das originäre Oberflächenwasser, da es weniger Nährstoffe enthält und fast immer nahezu schwebstofffrei ist. Wenn es dadurch in einem Altgewässerabschnitt zu einer Verbesserung der Wasserqualität und zu einer Vergrößerung der Sichttiefe kommt, dann lässt sich dies häufig an der höheren Diversität der Vegetation und am Auftreten anspruchsvollerer Wasserpflanzen erkennen. Ein entsprechendes Beispiel liefert die Dornburger Alte Elbe im Bereich Mönchsgraben (Abb.2.8), die an ihrem nördlichen Ende direkt vom Hochwasserschutzdeich abgeschlossen wird. Im Vergleich zu angrenzenden Gewässerabschnitten ist hier ist die pflanzliche Artenvielfalt höher - bei gleichzeitig geringerer Phytomasseproduktion.

Abbildung 2.8: Der qualmwasserbeeinflusste Abschnitt eines vollständig vom Hauptstrom abgeschlossenen Altwassers bei Magdeburg (Foto: C. Kunz)

Der Wasserkörper unbeschatteter, flacher und strömungsarmer Altgewässer erwärmt sich im Sommer besonders rasch, wenn auch noch ein durch organische Ablagerungen dunkelgefärbter, nicht reflektierender Gewässergrund hinzukommt oder das Wasser durch Huminstoffe dunkel gefärbt ist. In windgeschützten Lagen ist die rasche sommerliche Erwärmung noch ausgeprägter und begünstigt das Auftreten wärmeliebender Arten, wie *Nymphoides peltata* oder *Trapa natans*, wobei letztere erst ab einer Wassertemperatur >20°C zur Blüte kommt (Hegi 1975; Dister 1980).

Durchströmte, sommerkalte, klare Altgewässer treten als Sonderform in kiesigen Alluvionen bei starkem Grundwasserzutritt auf. Diese Altgewässer werden im süddeutschen Raum als Gießen bezeichnet, in denen u.a. *Groenlandia densa* siedelt. In Norddeutschland fehlen inzwischen derartige, natürliche, klare, grundwassergeprägte Altgewässer weitgehend. Als vergleichbare Ersatzstandorte in der Aue kommen Auskiesungsgewässer in Betracht, wie der Auesee bei Wesel (LUA NRW 2005).

Der Wasserstand von Altgewässern, die vom aktiven Gerinne hydraulisch entkoppelt sind, wird wesentlich vom Grundwasserstand und sonstigen oberirdischen Zuflüssen geprägt (vgl. Jährling 1993; Hartung 2002). Durch Hochwasser induzierte Schwankungen des Grundwasserstandes nehmen dabei mit zunehmender Entfernung vom Fluss ab. Häufig kommt es durch Melioration zu einer Absenkung des Grundwasserstandes im Umfeld von Altgewässern und zu einer dauerhaften Absenkung des Wasserspiegels im Altgewässer. In der Folge beschleunigt sich so die Verlandung und es können sich die betroffenen auentypischen Wälder in ihrer Struktur und Artenkombination langfristig deutlich verändern.

Der oberirdische Zustrom von Wasser kann sich einerseits über die Qualität des Wassers und andererseits über den Eintrag von Diasporen auf die Vegetationszusammensetzung auswirken. Außerdem können durch oberirdische Zuflüsse, die in strömungsarme Altgewässer münden, lokal strömungsreichere Zonen entstehen. Hier können sich dann räumlich begrenzt rheobionte Lebensgemeinschaften ausbilden, womit eine lokale Erhöhung der Diversität verbunden ist. Es bleibt allerdings anzumerken, dass eine Vielzahl oberirdischer Zuflüsse eher zu einer Verschlechterung der Qualität der Altgewässer durch Nährstoffeinträge führt.

2.2.6 Wechselnde Wasserstände und Rohbodenstandorte

Altgewässer mit stark wechselnden Wasserständen, bei denen periodisch die Ufer trocken fallen, bieten durch die damit verbundene höhere Standortsdiversität einer größeren Anzahl von Pflanzen- und Tierarten Lebensraum. Geringe Wasserstände im Spätsommer begünstigen auf trocken gefallenen schlammigen oder sandig-kiesigen Ufern das Auftreten von nährstoffliebenden Zwergbinsen-Gesellschaften, von Zweizahnfluren und von anderen Amphiphyten. Typische Rohbodenstandorte entstehen auch im Uferbereich von Altgewässern, die in die Hochwasserdynamik der aktuellen Aue eingebunden sind, durch Erosions- und Akkumulationsprozesse, wenn die Ufervegetation zerstört oder Schlamm, Sand und Kies abgelagert werden. Solche primären Rohbodenstandorte sind auch eine Voraussetzung für die natürliche Verjüngung der Weichholzaue. Außerdem entstehen im Uferbereich durch anthropozoogene Trittschäden, so bei Viehtränken und Badestellen, dauerhafte Rohbodenstandorte (vgl. Barth et al. 2000).

Mit fortschreitender Verlandung nimmt der Anteil von Rohbodenstandorten sukzessive ab, da einerseits der Einfluss von Erosion rückläufig ist und sich zunehmend geschlossenere Vegetationsdecken ausbilden. Rohbodenstandorte sind also in der Initialphase eher häufig, während sie in der Terminalphase in der Regel fehlen.

2.2.7 Fragmentierung von Altgewässern

Werden Altgewässer durch Querbauwerke fragmentiert, so entwickeln sich einzelne Gewässerabschnitte zum Teil völlig unterschiedlich. Je kleiner die entstandenen Kompartimente sind, desto divergenter können sie sich entwickeln und desto rascher auch verlanden, da die Randeffekte im Verhältnis zur Größe des verbleibenden Wasserkörpers stark zunehmen. Besteht zwischen weitgehend getrennten Abschnitten ein hydraulisches Gefälle, so kommt es im Bereich von Durchlässen lokal zu strömungsreicheren Zonen und zu einer punktuellen Erhöhung der Diversität.

Eine Durchgängigkeit innerhalb größerer Altgewässer und zum aktiven Flusslauf ist auch aus vegetationsökologischer Sicht zu fordern, da nur auf diese Weise ein ausreichender Diasporenaustausch mit aktiven Fließgewässerabschnitten sichergestellt wird. So schränkt die räumliche Isolation von Gewässern die Besiedlung durch Hydro- und Helophyten ein, da deren generative und vegetative Diasporen sich vorwiegend hydrochor, also auf dem Wasserwege, ausbreiten, wie z.B. die der Gelben Teichrose (*Nuphar lutea*), des Pfeilkrautes (*Sagittaria sagittifolia*), der Wassernuss (*Trapa natans*) oder des Schwimmenden Laichkrautes (*Potamogeton natans*) (vgl. Henry et al. 1996; Garniel 2000).

2.2.8 Exposition

Die Ausrichtung eines Altgewässers in Bezug auf Schatten und Wind kann erhebliche Auswirkungen auf die Ausbildung der Vegetation und Geschwindigkeit der Sukzession bzw. Verlandung haben. Gehölzgesäumte Altgewässerabschnitte, die in Nord-Süd Richtung verlaufen, haben die günstigste Versorgung mit Sonnenlicht und den geringsten Lichtverlust durch Schattenwurf. Dies fördert die autochthone Phytomassebildung und spielt auch eine wichtige Rolle für den Wärmehaushalt der Gewässer und ist eine Voraussetzung für das Auftreten einiger typischer wärmeliebender Arten. Die „Lebenserwartung“ beschatteter Altgewässer ist theoretisch höher, da sich weniger autochthone Phytomasse im Wasserkörper bildet. Andererseits kann allochthones Falllaub diese Minderproduktion ausgleichen oder sogar deutlich übersteigen.

Bei überwiegenden Westwindlagen, wie sie für Norddeutschland häufig sind, wird am östlichen Uferbereich eines Stillgewässers üblicherweise mehr Phytomasse abgelagert, wodurch hier der Sukzessionsprozess beschleunigt werden kann. In Nord-Süd Richtung verlaufenden, schmalen Altgewässerabschnitten mit uferbegleitenden Gehölzen wird die windinduzierte Wasserbewegung reduziert. Knösche (2003) weist auf den Zusammenhang zwischen verminderter Wasserzirkulation, Sauerstoffmangel und erhöhter Phosphat-Remobilisation in kleinen, schmalen und vegetationsumsäumten Altgewässern hin.

2.3 Heutiger Zustand von Altwässern – Sanierungsbedarf

Christian Kunz

2.3.1 Altwässer in der Kulturlandschaft

Ernährung, Wohnen, Verkehrsinfrastruktur, Erholung sind grundlegende Ansprüche einer Gesellschaft, die spezifische Anforderungen an Landschaft erheben. Die Umwandlung von einer Natur- hin zu einer Kulturlandschaft ist die logische Konsequenz. Die ständige Unterhaltung und Pflege anthropogen geschaffener Landschaftsstrukturen ist unabdingbar. Forste dominieren gegenüber natürlichen Wäldern, Seen entstehen künstlich durch die Förderung von Bodenschätzen, Grundwasserleiter werden durch die Grundwasserentnahme und die Bewässerung landwirtschaftlich genutzter Flächen nachhaltig verändert. Nicht zuletzt wird der Flusslauf von Flüssen verändert. Sie werden in neue Flussbetten verlegt. Dem Streben der Natur nach Selbstregulierung muss, um langfristig die Ansprüche einer Gesellschaft an eine Landschaft erfüllen zu können, entgegengewirkt werden.

Altwässer sind von dieser „Pflege" besonders betroffen. Kann ein Fluss sich frei entfalten, so wird er sich das günstigste Bett suchen, das er vorfindet. Verändern sich die Verhältnisse des Abflusses oder des Sedimentaufkommens, so wird der dynamische Fluss ein günstigeres Bett finden – es entsteht ein Altwasser.

Der berechtigte Respekt vor Hochwässern schlägt allzu oft in Angst und damit in einen kontraproduktiven Hochwasserschutz um. Die Eindeichung eines Gewässers anstelle der schützenswerten Güter (Dorfstrukturen, Straßen, Bauernhöfe) führt zu neuen Problemen: Hochwasserabflüsse beschleunigen sich und Hochwasserspitzen steigen. Die Verweilzeit des Wassers im Fluss wird kürzer und der Grundwasserleiter kann sich nicht im gewohnten Maß auffüllen. Dies führt oftmals zu Wassermangel in Niedrigwasserzeiten sowohl im Fluss als auch in der umliegenden Kulturlandschaft, da eine Zwischenspeicherung des Wassers im Grundwasserleiter kaum erfolgt.

Die durch Eindeichung verloren gegangene Fluss-Aue, im Englischen passend ‚river-floodplain' (also: Fluss-Überflutungsaue), bietet eigentlich bei einem Hochwasserabfluss Platz und Zwischenspeicherung. Diese Speicherung führt zur Entschärfung von Hochwassersituationen. Altwässer spielen dabei eine bedeutende Rolle. Sie wirken als natürliche Polder, die dem Fließgewässer in niederschlagsarmen Zeiten Wasser zur Verfügung stellen.

Die Entkopplung und Verkleinerung der Auen führte auch zur Entkopplung der Altwässer, sie liegen nun oft als Totarme hinter dem Deich und haben nur noch selten eine positive Wirkung auf den Wasserhaushalt im Einzugsgebiet von Flüssen. Die Elbe hat etwa 85% der natürlichen Aue eingebüßt, ähnlich verhält es sich mit den in den Auen befindlichen Altwässern. Die Senkenfunktion der Altwässer für Nährstoffe und Sedimente aus der fließenden Welle der Flüsse ist nicht mehr gegeben, die Festlegung, Verkürzung und Beschleunigung des Abflusses erhöht die Sohlschubspannungen in den Flüssen, was die Eintiefung von Fließgewässern vorantreibt. Bestehende Altwässer verlanden in der entkoppelten Aue, neue Altwässer können nicht entstehen. Das Gleichgewicht zwischen Entstehung und Verschwinden dieser besonderen Gewässer in der Aue ist aufgehoben. Weitere Folgen der Umwandlung sind in Tabelle 2.2 aufgeführt.

Tabelle 2.2: Vielfalt der Funktionen von natürlichen dynamischen Fließgewässer-Auen-Systemen und zunehmender Funktionsverlust im Rahmen der kulturlandschaftlichen Entwicklung und Veränderung von Auenlandschaften (Schreiber 1994)

Naturlandschaft	Kulturlandschaftliche Entwicklung
Funktionale Einheit von Fließgewässer und Aue durch Grundwasser- (GW) u. Überschwemmungsdynamik	Zunehmende Entkoppelung der Einheit von Fluss/Bach und Aue, Verlust ihrer vitalen Funktionen durch Begradigung, Vertiefung, Eindeichung: Verlust an natürlichen Retentionsräumen
Bewaldete Einzugsgebiete (EZG): durch hohe Interzeption und Verdunstung (Wald als guter Verdunster) Dämpfung von Hochwasser (HW) -Wellen; relativ geringe Erosion im EZG	Entwaldung vieler EZG, Umwandlung in Ackerflächen, zunehmende Häufigkeit und Stärke von HW-Ereignissen, starke Erosion, Ablagerung von abgespülten Material in Auen, vorher vielfach kiesig-sandige Aueböden erhalten Decklehme meist großer Fruchtbarkeit, starke Phosphat-Eutrophierung der Gewässer durch Erosionsfrachten nach Zunahme der Mineraldüngung
Lange Fließstrecken und Mäandrieren sorgen für lange Verweildauer des Wassers: Ausschöpfung der natürlichen Reinigungskräfte, landschaftsverändernde u. –formende Sukzessionsreihen einleitende dynamische Wirkung	Durch Begradigung erhöhte Fließgeschwindigkeit, Eintiefung der Gerinne, rasche Wasserabfuhr, Gefährdung der Unterlieger durch Flutwellen, Zwangsläufigkeit weiterer wasserwirtschaftlicher Eingriffe in das System, Fließgewässer ohne landschaftsgestaltende Rolle, statische Festschreibung ohne Beherrschung des Wassers
Hoher GW-Stand, natürlich wechselnde Zonierung der Vegetation durch wechselnde Sedimentation, Häufigkeit und Verweildauer von HW, Entstehung entsprechender Aueböden und Lebensräume für Flora u. Fauna	Absenkung des GW-Spiegels, durch Gerinnevertiefung, Entwässerung von Auen und Niederungen, starke Veränderung der Waldvegetation oder kulturbedingter Ersatzgesellschaften, Wandel: Wald→ Grünland→ Acker→ große Ackerauen, zunehmender Einsatz von Dünge- u. Pflanzenschutzmitteln→ Nähr- u. Schadstoffeinträge in Gewässer und Meere
Entstehung organischer Böden und entsprechender Biozönosen durch die Flussdynamik u. –morphologie bedingten, meist auenrandlichen Depressionen oder ehemaligen Wasserläufe	Durch Entwässerung, Vererdung und Sackung der organischen Böden, erneute Gefahr der Vernässung bei verringerter Wasserleitfähigkeit mit der Notwendigkeit einer weiteren Grundwasserabsenkung
Ungestörte Geschiebebewegung, vielfach Aufschüttung, insbesondere von Uferwällen, nur lokale flussmorphologisch bedingte Sohlenvertiefung der Fließgewässer	Durch Bauwerke Verhinderung bzw. Behinderung des Geschiebetransportes, verstärkte Tiefenerosion, weitere GW-Absenkung
Breite, auenartige, retentionswirksame Niederungs- und Flussmarschenbereiche in den Ästuaren, relativ geringe Tidebeeinflussung landeinwärts	Durch Eindeichung und Sohlenvertiefung bei Flut weit in das Binnenland eindringendes HW mit zunehmendem Tidehub (Weser bei Bremen: 0,2 m vor 1888, bis 4,1 m heute), soweit nicht durch Bauwerke abgekoppelt Entstehung neuer Bedingungen in Tide beeinflussten Inlandsflüssen
Einheit von Fluss und Aue Hauptverbindungs-, Leit- u. Wanderweg für Flora und Fauna (Biotopverbund), Pflanzenverbreitung durch Wassertransport, geringe Konkurrenz auf jungfräulichen Standorten, gute Wasser- u. Nährstoffversorgung	Verbindungsstruktur durch Umwandlung in Acker- u. Siedlungsflächen und Verlust an Lebensräumen zunehmend und weitläufig unterbrochen

Abbildung 2.9: Überformung durch Landwirtschaft und Hochwasserschutz – der Bleddiner Riß südöstlich der Lutherstadt Wittenberg (Foto: D. Remy)

2.3.2 Sanierungsbedarf

Die beschriebene besondere Situation der Flüsse mit ihren Auen und Altwässern in der Kulturlandschaft und das gleichzeitige Ziel des Erhaltes der Biodiversität begründen Anstrengungen zum Erhalt der vorhandenen Altwässer von Flüssen.

Überlegungen zur Sanierung oder Revitalisierung sind an ein Leitbild gebunden, dass ohne Kompromisse nicht auskommt. So wird es nur in wenigen Fällen möglich oder durchsetzbar sein, Altwässer in die intakten Auen zu verlagern. Die Alterung der Altwässer von der Entstehung (Initialphase) über die Phase der potentiell höchsten Diversität (Optimalphase) bis zur Verlandung durch die natürliche Sukzession (Terminalphase) wird nicht vollständig bei einer Sanierung herzustellen sein. Die Initialphase ist vom vorhandenen Anschluss an das Muttergewässer abhängig, die Optimalphase bedarf einer temporären Überflutung oder Durchströmung. Die Terminalphase ist am einfachsten herzustellen, denn sie ist die Phase, die durch die Veränderung der Landschaft und die Festlegung der Flüsse als logischer Schluss für die noch vorhandenen Altwässer bereits eingetreten ist oder in naher Zukunft eintreten wird. Der Erhalt dieser Phase ist mit ständigen Unterhaltungsmaßnahmen verbunden.

Die Optimalphase verfügt über eine hohe Diversität biologischer und morphologischer Komponenten. Verlandungs- und Freiwasserzonen sowie Prall- und Gleithänge sind zu erkennen. Die Pflanzen- und Tierwelt setzt sich aus strömungs- und stillwasserliebenden Arten zusammen, Wasserstandsschwankungen sind normal, temporäre Überflutungen oder gar Durchströmungen sind im Hochwasserfall möglich. Die Besonderheiten der Initial- und der Terminalphase vereinigen sich in der Optimalphase.

Solange den Flüssen nicht ihre natürliche Aue zugestanden wird, ist ein Erhalt dieses Lebensraumes für das besondere Artenspektrum (vgl. Kap. 3) der Altwässer notwendig. Die Optimalphase als Vereinigung des jungen und des verschwindenden Altwassers scheint ein geeignetes Leitbild für die Sanierung oder Revitalisierung zu sein.

Im Kapitel 1 wurde auf den Sinn von Sanierungsmaßnahmen bereits eingegangen, Sanierungsziele und Sanierungsbeispiele sind im Kapitel 5 dargestellt.

3 Lebensraum Altwasser im Initial-, Optimal- und Terminalstadium

Altgewässer sind natürliche Landschaftselemente in den breiteren Auen. Zu den natürlich entstandenen Altgewässern sind im Zuge der anthropogenen Nutzung der Auen durch ingenieurtechnische Maßnahmen wie Laufverkürzungen und Bau von Umfluten, künstliche Altgewässer hinzugekommen. Alle Typen, natürliche wie künstliche, stellen wichtige aquatische Lebensräume in der heutigen, oft weitgehend ausgeräumten Kulturlandschaft dar. Altgewässer beherbergen außerdem zahlreich typische und zunehmend gefährdete Arten und Lebensgemeinschaften.

3.1 Pflanzen

Dominique Remy

Im Vergleich mit Stillgewässern außerhalb der Aue erschließen sich Altgewässer nicht auf den ersten Blick als spezielle Lebensräume für Pflanzen. Doch solange Altgewässer noch in die dynamischen Prozesse der Aue eingebunden sind, unterliegt ihre Vegetation einem auentypischen Regime, das durch periodische Wasserstandschwankungen, den Wechsel von Strömung und Stagnation, periodische Nährstoffeinträge und periodische Akkumulation/Erosion gekennzeichnet ist. Diese Kombination von Standortfaktoren fehlt der Mehrzahl typischer Stillgewässer. Im Grundsatz sind die Phytozönosen von Altgewässern in der Initial- und Optimalphase denen nährstoffreicher Flussseen, das sind strömungsarme, breite Tieflandsgewässer, am stärksten verwandt. Dem Arteninventar von Altgewässern fehlen im Allgemeinen ausgesprochen strömungsliebende Arten sowie oligotraphente Arten und Arten überwiegend kaltstenothermer Standorte.

Trotz der starken Prägung der Landschaft durch die anthropogene Nutzung gibt es keine Standardgewässer, die sich ohne weiteres typisieren lassen. So sind auch alle Altgewässer Produkte individueller, genetischer Prozesse und individuell einwirkender, abiotischer und biotischer Standortfaktoren. Abhängig von ihrem jeweiligen abiotischen und biotischen Entwicklungsstadium können die Altgewässertypen aus vegetationskundlicher Sicht vier unterschiedlichen Phasen zugeordnet werden. Dies sind einerseits drei überwiegend aquatische Phasen, die Initial-, Optimal- und Terminalphase, und andererseits eine überwiegend semiterrestrische bis terrestrische Phase, die Postterminalphase (Tab.3.1).

In der Initialphase existieren an den Altgewässern noch abiotische und biotische Elemente der vorangegangenen Fließgewässerphase. Die stillgewässerähnliche Optimalphase wird bei mäßigem Nährstoffeinfluss durch relativ klare Wasserkörper mit ausreichender Wassertiefe gekennzeichnet. In der Terminalphase nimmt die Wassertiefe rasch ab und Helophyten sowie Gehölze bestimmen zunehmend das Bild. In der Postterminalphase sind ein permanenter Wasserkörper und aquatisch geprägte Biozönosen weitestgehend verschwunden. Da es sich bei Auen um sehr dynamische Lebensräume handelt, soweit sie nicht durch den Menschen stark überprägt sind, können die genannten Phasen in ihrer abiotische Ausprägung auch zyklisch auftreten oder einzelne Phasen stark verkürzt sein bzw. ausfallen. So kann die Terminalphase unter Hochwassereinfluss auch wieder in eine Optimalphase übergehen oder die Terminalphase durch raschen Sedimenteintrag fast unmittelbar der Optimalphase folgen. Die biotische Ausprägung der Phasen benötigt Zeit für Einwanderungs- und Etablierungsprozesse und erfolgt gegenüber der abiotische Ausprägung leicht zeitverzögert.

Tabelle 3.1: Altgewässertypen und Entwicklungsphasen

Typen	Phase			
deutlich durchströmte Altgewässer	Initial-			
Altgewässer mit periodischem HW-Einfluss		Optimal-	Terminal-	
Altgewässer mit episodischem HW-Einfluss		Optimal-	Terminal-	
tümpelartige Rest-Altgewässer			Terminal-	Postterminal-
temporäre Altgewässer / Flutmulden				Postterminal-
völlig verlandete Altgewässer				Postterminal-

Die im folgenden Text aufgeführten Vegetationseinheiten richten sich nach Pott (1995), die Artnamen nach der Standardliste der Farn- und Blütenpflanzen Deutschlands (Wisskirchen u. Haepler 1998).

3.1.1 Durchströmte Altgewässer (Altarm i.e.S.)

Bei den fließgewässerartigen Altgewässern handelt es sich entweder um einen sehr jungen Altarm, der noch ober- und unterstromig Anschluss an den Fluss hat und abgeschwächt aber deutlich durchströmt wird, oder um ein Altgewässer mit einem anthropogen gesteuerten Zu- bzw. Abfluss. In beiden Fällen wird die Vegetation regelmäßig über längere Perioden deutlich durch Strömung geprägt. Dieser Altgewässertyp befindet sich in der Regel in der Initialphase. Er unterliegt den Wasserstandsschwankungen des aktiven Fließgewässers und es bilden sich während sommerlicher Niedrigwasserphasen vegetationsfreie Rohbodenstandorte aus.

Da die durchschnittliche Strömung in solchen Gewässern eher mäßig ist und zeitweise ganz ausfällt, haben sie oft den Charakter von trägen Tieflandsflüssen, wie z.B. der Unteren Havel, einem typischen Flusssee. Bei Hochwasserabflüssen können derartige Altgewässer erhebliche Abflussmengen aufnehmen und ableiten. Die regelmäßige Durchflutung verhindert weitgehend eine Verlandung durch Sukzession bzw. verlangsamt die Verlandung. Die Tiefenvarianz solcher Altgewässer kann groß sein und damit sehr unterschiedliche Standorte für die Gewässervegetation bieten. Durch Hochwasser bedingte Erosions- und Akkumulationsprozesse können in diesen Gewässern regelmäßig Rohboden- bzw. Pionierstandorte entstehen (Kleikamp 1996). Der Nährstoffhaushalt wird in erheblichem Umfang durch das aktive Fließgewässer bestimmt, kann aber auch durch Grundwasserzustrom partiell modifiziert werden. Derartige Altgewässer sind überwiegend eutroph, in Sandgebieten auch mesotroph.

Ungestörte Altgewässer mit periodisch auftretender Strömung werden durch eine relativ diverse Artenkombination gekennzeichnet, die der potamaler Fließgewässer im Tiefland vergleichbar ist. Als Indiz für das Auftreten von Strömung kann die unterschiedliche Vegetationsausbildung an Prall- und Gleitufern herangezogen werden. In freigestellten Altgewässern der gefällearmen Talungen des Tieflandes tritt zunächst das Arteninventar von besonnten Abschnitten der dortigen Fließgewässer auf. Wesentliche vegetationskundliche Merkmale sind das Fehlen strömungsempfindlicher Arten, wie der Weißen Seerose (*Nymphaea alba*), oder der Krebsschere (*Stratiotes aloides*) und deren Vergesellschaftungen, während die strömungstolerantere Gelbe Teichrose (*Nuphar lutea*) (Abb.3.1) bei ausreichendem Lichtgenuss durchaus häufig, zum teil allerdings nur submers, also untergetaucht, auftritt. Unterschiedliche, stark vom Nährstoffangebot abhängige Lemniden-Vergesellschaftungen sind auf strömungsarme Standorte, wie kleine Buchten oder nasse Röhrichte beschränkt, größere Wasserlinsendecken treten ebenfalls nicht dauerhaft auf. Nur in strömungsarmen Buchten oder Gleitufern vorgelagert kann sich kleinräumig ein meist fragmentarisches Myriophyllo-Nupharetum ausbilden. Kennzeichnend ist dagegen das Vorkommen strömungs- und überflutungstoleranter Röhrichte, wie das Rohrglanzgrasröhricht (*Phalaridetum arundinaceae*) oder niedrige Wasserkresse-Wasserfenchel-Röhrichte (*Rorippa amphibia-Oenanthe aquatica*-Gesellschaft) (vgl. Kopecký 1966). Im offenen Wasserkörper überwiegen strömungstolerante Hydrophyten, wie *Potamogeton nodosus*, *Potamogeton pectinatus*, *Ranunculus fluitans*, *Sparganium emersum* oder submerse Formen von *Sagittaria sagittifolia*. Die häufig auftretenden Wassersternarten, wie der Flachfrüchtige Wasserstern (*Callitriche platycarpa*) und der Stumpfkantige Wasserstern (*Callitriche cophocarpa*) sind typisch für durchströmte Wasserkörper (vgl. Garniel 2000). Die Ufer werden im Idealfall von einer typischen Abfolge aus *Salix*-Weichholzaue und anschließender, meist allerdings nur noch reliktär ausgebildeter Hartholzaue besiedelt (Pott 1995).

Abbildung 3.1: Teichrose (*Nuphar lutea*) (Foto: D. Remy)

Rhetolerante Pflanzengesellschaften fließgewässerartiger Altgewässer:

- Sagittario-Sparganietum emersi R. TX. 1953
- *Polygonum amphibium f. natans* –Gesellschaft
- submers flutende Bestände von *Sparganium emersum*
- Callitricho hamulatae-Ranunculetum fluitantis Oberd. 1957

Eine Sonderstellung nehmen ständig durchströmte Altgewässer ein, die von stark schüttenden Grundwasserzutritten gespeist werden, wie sie in Form der Gießen u.a. in Baden-Württemberg vorkommen. Diese Gießen sind Altwasser (z.B. am Oberrhein oder Wurzacher Ach), die klares, kaltstenothermes Wasser führen. Sie beherbergen u.a. große Vorkommen der inzwischen seltenen *Groenlandia densa*.

3.1.2 Stillgewässerartige Altgewässer mit periodischem Hochwassereinfluss (Altwasser i.e.S.)

Altgewässer mit periodischem Hochwassereinfluss werden nicht mehr monodirektional durchströmt und haben längere Phasen weitgehend fehlender oder nur sehr schwacher Strömung. Sie gehören in der Regel nicht mehr zur Initialphase, sondern zur Optimal- oder Terminalphase.

3.1.2.1 Einseitig angeschlossene Altgewässer mit periodischem Hochwassereinfluss

Nur noch einseitig angeschlossene Altgewässer haben im Jahresverlauf überwiegend den Charakter von Stillgewässern. Der einseitige, oft unterstromige Anschluss an das aktive Fließgewässer ermöglicht einen eingeschränkten, aber meist ganzjährigen Wasseraustausch, eine unmittelbare Einbindung in die Hochwasserdynamik sowie den direkten Austausch von Organismen. Wenn nur eine Verbindung mit dem Hauptgewässer besteht, dann ist die Strömung bei wechselndem Wasserstand bidirektional. Die im überwiegenden Jahresverlauf fehlende kräftige Durchströmung begünstigt den Eintrag und die Ablagerung von Sedimenten sowie stillgewässertypische Verlandungs- und Sukzessionsprozesse. An den großen Strömen gibt es darüber hinaus Altgewässer mit gesteuertem, periodischem Hochwassereinfluss (Abb.3.2). Hier dient die Steuerung dem Hochwasserschutz bzw. dem Erhalt der typischen Auenvegetation, insbesondere des Hartholzauenwaldes (Ulmo-Quercetum).

Abbildung 3.2: Modernes Einlassbauwerk am Oberrhein (NSG Taubergießen) (Foto: D. Remy)

3.1.2.2 Nicht mehr direkt angeschlossene Altgewässer mit periodischem Hochwassereinfluss

Nicht mehr direkt an das Fließgewässer angeschlossene Altgewässer haben überwiegend Stillgewässercharakter und unterliegen in vollem Umfang stillgewässertypischen Sukzessionsprozessen. Ein direkter Wasseraustausch mit dem Hauptgewässer findet nicht mehr ganzjährig statt und der Diasporenaustausch mit dem Hauptgewässer ist zumeist auf die Hochwasserperioden beschränkt. Dieser Gewässertyp kann unabhängig von der Wasserführung des aktiven Fließgewässers deutlichen Wasserspiegelschwankungen unterliegen, abhängig von der Einbindung in das lokale Grund- und Oberflächenwasserregime.

Bei Hochwasserabflüssen werden allochthone mineralische Sedimente und Nährstoffe eingebracht, die auf Grund verminderter Schleppkraft vermehrt im Altgewässer abgesetzt werden. Diese mineralischen sowie auch die autochthonen organischen Sedimente werden dann kaum noch durch normale Hochwasserabflüsse erodiert und ausgetragen. Die Wasserqualität wird nicht mehr direkt durch das aktive Fließgewässer beeinflusst. Die Wasserchemie bestimmende Zuflüsse erfolgen über Grundwasser, Niederschläge und Nebengewässer. In Abhängigkeit von der Trophie und der Bildung autochthoner, organischer Sedimente bzw. dem Eintrag mineralischer Sedimente erfolgen Sukzessionsprozesse zum Teil sehr rasch. Die Richtung und Geschwindigkeit der phytogenen Verlandung ist darüber hinaus auch von der Gewässermorphologie abhängig (s. Kap. 2.2).

Die Vegetationsabfolge (Verlandungsserie) (Abb.3.3) in einem Altgewässer mit relativ geringen Wasserstandschwankungen im Jahresverlauf entspricht häufig der Vegetationsabfolge in ähnlich tiefen, eutrophen Weihern (Flachseen) (Brock et al. 1987). Erst ab einer Wassertiefe von 1-2 Metern existiert eine ausreichend dimensionierte Freiwasserzone, die eine gut ausgebildete, submerse Laichkrautzone beherbergen kann. In Richtung Ufer, mit abnehmender Wassertiefe, folgt die Schwimmblattzone, die uferseitig von ein- bis mehrschichtigen Gesellschaften aus Wasserlinsen (Pleustophyten-Vergesellschaftungen) begleitet wird. Diese Pleustophyten durchdringen auch die Röhrichtgesellschaften in der Flachwasserzone. Im semiterrestrischen Bereich schließt sich ein geschlossener Röhrichtgürtel, gefolgt von einem zur Weichholzaue gehörenden Weiden-Faulbaumgebüsch, an.

In Altgewässern mit starken Wasserstandsschwankungen grenzen die Schwimmblatt- und Röhrichtzone oft nicht unmittelbar aneinander, vielmehr wird diese Übergangszone von Amphiphyten besiedelt, die sowohl unter aquatischen als auch unter terrestrischen Bedingungen überleben können. Während der sommerlichen Niedrigwasserphase bilden sich hier auf frei gefallenen, schlammigen oder sandig-kiesigen, unbeschatteten bis halbschattigen Ufern Zweizahnfluren und Zwergbinsengesellschaften mit Arten wie *Cyperus fuscus*, *Peplis portula*, *Eleocharis acicularis*.

Abbildung 3.3: Verlandungsserie in einem Altwasser des Optimalstadiums (Foto: D. Remy)

Kennzeichnend sind überwiegend strömungsempfindliche Vergesellschaftungen. Die Freiwasserzone wird von submersen Makrophyten eingenommen, wie *Potamogeton lucens*, *Potamogeton perfoliatus*, *Myriophyllum spicatum*, die als Schwaden vom Gewässergrund bis unter die Wasseroberfläche aufsteigen. Eine typische Art strömungsfreier Gewässer ist *Ranunculus circinatus*. In klaren Gewässern der Optimalphase wird die mehrschichtige Schwimmblattzone an der Wasseroberfläche von der Gesellschaft der Weißen Seerose (Myriophyllo-Nupharetum) dominiert, während der Gewässergrund von niedrigwüchsigen, rasenartigen Beständen eingenommen wird, die u.a. von *Elodea*-Arten, Kleinlaichkräutern, wie *Potamogeton pusillus*, oder der Nadelbinse (*Eleocharis acicularis*) aufgebaut werden. Bei überwiegend trüben, stark eutrophen Gewässern entfällt die untere Vegetationsschicht auf Grund von Lichtmangel.

Die flach einfallenden Ufer werden ab einer Wassertiefe von wenigen Zentimetern von Röhrichten eingenommen. Es dominiert allgemein das Schilfröhricht (Scirpo-Phragmitetum). Die Dichte und Höhe der *Phragmites australis*-Bestände ist stark nährstoffabhängig und nimmt mit ansteigendem Nährstoffangebot zu. Stark eutrophe Gewässer weisen einen hohen Anteil von Rohrkolben (*Typha* spp.) innerhalb des Schilfröhrichts auf. Ist die Nährstoffbelastung nur mäßig, dann sind die Röhrichte artenreicher. Ihnen vorgelagert tritt lokal der Tannenwedel (*Hippuris vulgaris*) auf. Häufig sind auch der Igelkolben (*Sparganium emersum*, *Sparganium erectum*), der Kalmus (*Acorus calamus*), der Gilbweiderich (*Lysimachia thyrsiflora*, *L. vulgaris*), die Schwertlilie (*Iris pseudacorus*) oder die Schwanenblume (*Butomus umbellatus*) (Abb.3.4) in den Röhrichten vertreten.

Abbildung 3.4: Die Schwanenblume (*Butomus umbelatus*) (Foto: D. Remy)

An flachen, schlammigen Ufern eutropher Altwässer mit stärker wechselnden Wasserständen wird das Schilf häufig durch den Wasserschwaden (*Glyceria maxima*) verdrängt. Da *Phragmites australis* auf stärkere Strömung und stark wechselnde Wasserstände empfindlicher als *Glyceria maxima* reagiert, bildet der Große Flutschwaden neben dem Rohrglanzgras (*Phalaris arundinacea*) oft typische Röhrichte im Bereich periodisch durchströmter Auengewässer (vgl. Burkhart et al. 2003). Weiterhin treten in regelmäßig überschwemmten Uferzonen Elemente der Weichholzaue auf, wie Mandel,- Korb- und Silberweide (vgl. Kleikamp 1996). An beweideten Ufern werden das Schilfröhricht und die Weidengebüsche häufig durch einen Gürtel aus Großseggen, Rohrglanzgras oder Knickfuchsschwanzrasen ersetzt.

Eine periodisch auftretende stärkere Durchströmung kann die dauerhafte Ansiedlung einiger extrem strömungsempfindlicher Arten verhindern. Dies betrifft sowohl Hydrophyten, wie die Krebsschere (*Stratiotes aloides*), als auch Helophyten, wie *Carex*-Arten. Der Verlust von pleustophytischer, also nicht verwurzelter Arten, wie der Krebsschere oder des Schwimmfarns (*Salvinia natans*), kann bereits durch singuläre Durchströmungsereignisse ausgelöst werden, während strömungsempfindliche aber verwurzelte Helophyten normalerweise nur durch mehrfache Störungen verdrängt werden.

Die fließgewässertypische Weichholzaue aus Weiden kann beim Wegfall der Fließgewässerdynamik und bei Versumpfung der Ufer durch Erlen (*Alnus glutinosa*) ersetzt werden. Die dann weitgehend verlandeten Ufer, wie auch sehr flach einfallende Ufer, werden zumeist von krautreichen Erlenbruchwäldern vom Typ des Carici elongatae-Alnetum glutinosae eingenommen. An hohen, steil einfallenden Uferböschungen können die gebietstypischen Wälder mineralischer Böden fast unmittelbar an das Gewässer angrenzen. Zum Teil haben diese uferbegleitenden Wälder, je nach Exposition, entscheidenden Einfluss auf das Sukzessionsgeschehen, da sie den Lichthaushalt eines Gewässers durch Schattenwurf und den Nährstoffhaushalt durch Laubeintrag wesentlich beeinflussen können.

Pflanzengesellschaften mesotropher bis schwach eutropher, strömungsarmer Altgewässer der Optimalphase:

- *Myriophyllum alterniflorum*-Gesellschaft
- Sparganietum minimi Schaaf 1925
- *Potamogeton natans*-Gesellschaft
- Characeen-Rasen

Pflanzengesellschaften eutropher, strömungsarmer Altgewässer der Optimalphase:

- Myriophyllo verticillati -Nupharetum luteae (W. Koch 1926) Hueck 1931
- Najadetum minoris Ubriczy (1948) 1961
- Potamogetonetum lucentis Hueck 1931
- Potamogetonetum perfoliati W. Koch 1926 em. Pass. 1964
- Ranunculetum circinati Sauer 1937
- Polygonum amphibium f. natans -Gesellschaft
- *Lemna minor*-Decken
- Spirodeletum polyrhizae W. Koch 1954 em. R. TX et Schwabe 1974
- Spirodelo-Salvinietum natantis Slavn. 1956
- Butometum umbellati Konczak 1968
- Scirpo-Phragmitetum W. Koch 1926
- Scirpetum lacustris (All., 1922) Chouard 1924

Pflanzengesellschaften periodisch trocken fallender Ufer der Optimal- und Terminalphase:

- *Juncus bufonius*-Gesellschaft
- Eleocharito-Hippuridetum Pass. 1955
- Cypero fusci-Limoselletum aquaticae (Oberd. 1957) Korneck 1960
- Cyperetum flavescentis W. Koch ex Aichinger 1933
- *Rorippa amphibia*-Gesellschaft

Im Unterschied zu Altgewässern der Optimalphase sind Altgewässer oder Altgewässerabschnitte der Terminalphase immer relativ flach. Kennzeichnend sind sehr strömungsempfindliche Vergesellschaftungen, wie die Krebsscherengesellschaft (Stratiotetum aloides) bei Wassertiefen bis zu 2 m, die Vorkommen der Seekanne (*Nymphoides peltata*) bei einer Wassertiefe zwischen 50 und 150 cm, die Wassernussgesellschaft (Trapetum natantis) sowie Vorkommen der Wasserfeder (*Hottonia palustris*), des Südlichen Wasserschlauchs (*Utricularia australis*) oder großflächige Teichlinsendecken unterschiedlicher *Lemna*-Arten.

Pflanzengesellschaften einer frühen, schwach eutrophen bis eutrophen Terminalphase:

- Trapetum natantis Th. Müll. et Görs 1960
- Nymphoidetum peltatae Bellot 1951
- Stratiotetum aloidis (Rübel 1920) Now. 1930
- Utricularietum vulgaris (Sóo 1928) Passarge 1961
- Lemnetum trisulcae (Kelhofer 1915) Knapp u. Stoffers 1962
- Ricciocarpetum natantis (Segal 1963) R. TX. 1974
- Azolla filiculoides-Gesellschaft
- Riccietum fluitantis Slavinic, 1956 em. R. TX. 1974

Für schwach eutrophe bis eutrophe Altgewässer mit Stillwassercharakter ist eine artenreiche Verlandungsserie anzustreben, wie sie in der Optimalphase und im Übergang von dieser zur Terminalphase auftritt. Im Idealfall beinhaltet dieser Typ neben den gewöhnlichen Schwimmblattarten vom Typ des Myriophyllo-Nupharetum schon eine gut ausgebildete Krebsscheren-Gesellschaft, die von entscheidender Bedeutung als Laichhabitat für einige Libellenarten ist (vgl. Kap. 3.5). Das Vorhandensein einer *Stratiotes aloides*-Gesellschaft in Kombination mit *Lemna trisulca* ist in der Regel Kennzeichen für eine gesättigte Pflanzenvergesellschaftung mäßig eutropher Standorte mit relativ klarem Wasser und großer Sichttiefe (vgl. Walther 1977).

In der amphibischen Uferzone sommerwarmer, meso-eutropher Altgewässer der ozeanisch geprägten Stromtäler siedelt das niedrigwüchsige und konkurrenzschwache Tannenwedel-Röhricht (*Hippuris vulgaris*), das durch extensive Beweidung gefördert wird (Verbücheln et al. 1995). Besonders flach einfallende, meist schlammige Ufer mit starken Wasserstandsschwankungen werden durch Vorkommen von der Wasserkresse (*Rorippa amphibia*) gekennzeichnet (vgl. Bleeker 2002).

Abbildung 3.5: *Trapa natans* im Kühnauer See bei Dessau (Foto: D. Remy)

Sehr empfindliche Arten, wie *Trapa natans* (Abb.3.5), können durch ungünstige Wasserstände in wichtigen Entwicklungsphasen, wie ausgeprägte Frühjahrshochwasser oder sommerliches Trockenfallen, sowie durch starke Eutrophierung und Verschlammung gefährdet werden (vgl. LfU BW 2004). Andererseits nennt Baumann (1985) gerade besonders eutrophe und verschmutzte Altarme als Standorte von *Trapa natans*, mit deren Auftreten oft ein langsames Verschwinden der restlichen Schwimmblattgesellschaften verbunden sei.

Da mit fortschreitender Sukzession Faulschlamm angereichert wird, kommt es im Übergang von der Optimalphase zur Terminalphase und verstärkt in der Terminalphase sukzessive zu einer Dominanz sapropelverträglicher Arten. Die Bildung von Faulschlamm führt zu einem anaeroben Milieu im und über dem Substrat (Cristofor et al. 2003). Dies fördert wurzellose Arten und solche, die ausgeprägte Aerenchyme in ihren Wurzeln und Rhizomen besitzen (Pott u. Remy 2000).

Sapropelverträgliche Arten:

- *Ceratophyllum demersum*
- *Elodea canadensis*
- *Nuphar lutea*
- *Nymphoides peltata*
- *Potamogeton obtusifolius*
- *Trapa natans*

Erheblicher Sanierungsbedarf besteht bei strömungsarmen Gewässern mit weitgehender Monodominanz von *Ceratophyllum demersum* und sommerlichen Cyanobakterien-Blüten. Die hohe Phytomasseproduktion beschleunigt den Verlandungsvorgang und lässt in den

Sommermonaten, in Kombination mit Algenblüten, ein nächtliches Sauerstoffdefizit mit einhergehendem Absterben sauerstoffliebender Arten erwarten.

Pflanzengesellschaften einer späten, poly-/hypertrophen Terminalphase:

- *Ceratophyllum demersum*-Dominanzgesellschaft
- *Lemnetum gibbae* Miyaw. et J. Tx. 60

3.1.3 Stillgewässerartige Altgewässer mit episodischem Hochwassereinfluss (Altwasser i.e.S.)

Altgewässer mit episodischem Hochwassereinfluss sind in der Regel anthropogenen Ursprungs und in den heutigen Auen sehr häufig anzutreffen. Durch Deiche oder durch die Verlegung bzw. durch Sohlerosion und damit verbundene Eintiefung des aktiven Flusslaufes sind diese Altgewässer praktisch vollkommen von der Hochwasserdynamik und dem natürlichen Grundwasserregime der Aue abgekoppelt worden. Dieser Altgewässertyp steht nur noch episodisch, bei extremen Hochwasserereignissen mit der Aue in Kontakt und wird auch dann nicht mehr merklich durchströmt, sondern ist Teil einer großen Überschwemmungsfläche. Sie entsprechen weitestgehend auenfernen Stillgewässern. Dieser Altgewässertyp unterscheidet sich hydrologisch bei Grundwasserkontakt am wenigsten von „normalen" flachen Stillgewässern, wie sie außerhalb der Aue vorkommen. Als vegetationskundliches Unterscheidungsmerkmal gegenüber „normalen" Stillgewässern kann in diesem Zusammenhang das Vorkommen von Stromtalpflanzen gewertet werden (s. Tab.3.2). Als Stromtalpflanzen werden solche Arten bezeichnet, die eine weitgehende Bindung an Stromtäler haben und häufig auch wärmeliebend sind (Müller-Stoll et al. 1962). Wärmeliebende Arten bevorzugen windgeschützte, flache Wasserkörper mit dunklem Untergrund und lokalklimatisch begünstigte Regionen mit erhöhter Sonnenscheindauer, z.B. Mittlere Elbe, Oberrhein, Niederrhein.

Altgewässer können auch außerhalb von Zeiten mit Hochwassereinfluss extreme Wasserstandschwankungen aufweisen. Wenn sie kaum Grundwasseranschluss haben oder nicht von Nebengewässern gespeist werden, fallen die Ufer in niederschlagsarmen Zeiten trocken. Dieser Altgewässertyp kann sich in der Optimal- und Terminalphase sowie der beginnenden Postterminalphase befinden.

Tabelle 3.2: Stromtalpflanzen aquatischer und semiaquatischer Standorte (Siedentopf 2005; Schmidt u. Heinrichs 1999)

Aldrovanda vesiculosa	*Marsilea quadrifolia*	*Ricciocarpus natans*
Azolla filiculoides	*Najas marina*	*Salvinia natans*
Corrigiola litoralis	*Najas minor*	*Scutellaria hastifolia*
Crassula aquatica	*Nymphoides pelata*	*Typha minima*
Euphorbia palustris	*Oenanthe fluviatilis*	*Zannichellia palustris*
Hippuris vulgaris	*Potamogeton nodosus*	

3.1.4 Tümpelartige Rest-Altgewässer

Am Ende der Terminalphase verbleiben kleine, separierte Wasserkörper mit dem Charakter von Tümpeln im Bereich des ehemaligen Altgewässerverlaufs. Bei Grünlandnutzung werden diese Gewässer von lichtliebenden Pflanzengesellschaften eutropher Kleingewässer besiedelt. Bei geringer oder fehlender Beschattung dominieren häufig Wassersternarten (*Callitriche* spec.), Hahnenfußarten (*Ranunculus aquatilis*, *R.. peltatus*), schmalblättrige Laichkrautarten (*Potamogeton pusillus*, *P. obtusifolius*) und Kleinröhrichte mit der Sumpfkresse (*Rorippa amphibia*), dem Wasserfenchel (*Oenanthe aquatica*) oder dem Froschlöffel (*Alisma plantago-aquatica*). Bei unterbleibender Nutzung entwickeln sich bruchwaldartige Strukturen, u.a. mit schattenertragenden Pflanzengesellschaften, wie der Wasserfeder (*Hottonia palustris*) oder der Sumpf-Schlangenwurz (*Calla palustris*).

3.1.5 Temporäre Altgewässer / Flutmulden (Kleingewässer der Aue)

Neben permanent wasserführenden kommen häufig auch temporär wasserführende Altgewässer vor, wie bereits weitgehend verlandete Altgewässer, Flutmulden und -rinnen (Abb. 3.6), die bei sinkenden Wasserständen trocken fallen. Sie haben in der Regel den Anschluss an das Grundwasser verloren und führen nur nach Hochwasserständen oder Starkregenereignissen periodisch oder auch nur episodisch für wenige Wochen bis zu mehreren Monaten Wasser. Sie bilden einen wichtigen Lebensraum für amphibische Pflanzengesellschaften und bieten Laichhabitate für Amphibien. Durch den Eintrag von Nährstoffen bei Hochwasser sind sie überwiegend eutroph. Dieser Gewässertyp ist der Postterminalphase zuzurechnen.

Abbildung 3.6: Flutrinne im NSG Saalberghau (Foto: D. Remy)

Die jeweilige Vegetationsausbildung hängt wesentlich von der Nutzung, der Verfügbarkeit von Licht und dem Verhältnis von Überflutungsdauer zur Dauer der Trockenperiode ab. Unter ungünstigen Lichtverhältnissen etabliert sich überhaupt keine oder nur eine sehr schüttere Vegetation, ähnlich der Situation von Schlenken in Bruchwäldern. Der Gewässerboden wird dann von wenig zersetztem Falllaub und Ästen bedeckt, die den Faulschlamm überlagern.

Überwiegt an unbeschatteten Flutmulden die terrestrische Phase deutlich die aquatische Phase, dann sind Flutrasen oder Röhrichte ausgebildet. Bei einem deutlichen Überwiegen der aquatischen Phase entstehen eher amphibische Kleinröhrichte. In qualmwasserbeeinflussten Flutmulden mit wasserstauendem Untergrund, die in extensiv genutztem Grünland liegen, entwickeln sich aus Röhricht- und Flutrasengesellschaften kleinräumig stark differenzierte Vegetationskomplexe. Dabei werden die am längsten überfluteten Bereiche von Wasserhahnenfuß-Gesellschaften (Ranunculetum peltati, Ranunculuetum aquatilis), vom Riesenschwaden-Röhricht (Glycerietum maximae) oder einem Schilfröhricht besiedelt. Bei stärkerem Beweidungseinfluss treten Knickfuchsschwanzrasen (Ranunculo-Alopecuretum geniculati) auf. Etwas höher am ehemaligen Ufer siedelt das Schlankseggen-Ried (Caricetum gracilis), dem oberhalb Rohrglanzgras-Röhricht (Phalaridetum arundinaceae) folgen kann.

Amphibische Pflanzengesellschaften temporärer Altgewässer / Flutmulden und der Ufer aller Altgewässerphasen:

- Ranunculetum peltati (Segal 1967) Weber-Oldecop 1969
- Ranunculetum aquatilis Sauer 1945
- Hottonietum palustris R. TX., 1937
- Calletum palustris (OSV. 1923) van den Berghen 1952
- Veronico-Beruletum erecti (Roll 1939) Pass. 1982
- Glycerietum maximae Hueck. 1931
- Scirpo-Phragmitetum, W. Koch 1926; häufig als *Pharagmites australis*-Fazies
- Caricetum gracilis Almquist 1929
- Ranunculo repentis-Alopecuretum geniculati R. TX. 1937
- Phalaridetum arundinaceae Libbert 1931

3.1.6 Völlig verlandete Altgewässer

Soweit der Grundwasserstand einer Aue nicht stark abgesenkt ist, steht in völlig verlandeten Altgewässern das Grundwasser auch im Sommerhalbjahr bis unmittelbar unterhalb der Bodenoberfläche an (Trautmann u. Lohmeyer 1960). Derartige Standorte werden durch zahlreiche Nässezeiger in der Krautschicht charakterisiert. Die Ausbildung der Baumschicht ist stark substratabhängig. Während organische Substrate (Niedermoortorfe) einen Erlenbruchwald (Abb.3.7) tragen, können durch Sand und Kies verfüllte Altgewässer durch feuchte Ausbildungen eines Eichenauenwaldes (Querco-Ulmetum) gekennzeichnet werden. In frühen Stadien der Postterminalphase dominieren dichte Röhrichte.

Abbildung 3. 7: Postterminalphase – Erlenbruchwald (Foto: D. Remy)

Pflanzengesellschaften verlandeter eutropher Altgewässer und der Ufer früherer Phasen:

- Caricetum gracilis Almquist 1929
- Caricetum paniculatae Wangerin 1916 ap. V. Rochow 1951
- Caricetum rostratae Rübel 1912
- Caricetum vesicariae Chouard 1924
- Caricetum vulpinae Sóo 1927
- Caricetum elatae W. Koch 1926
- Cicuto virosae-Caricetum pseudocyperi Boer et Siss. 1942
- *Scirpus sylvaticus*-Gesellschaft
- Valeriano-Filipenduletum Sissingh in Westhoff et al. 1946
- Salicetum triandro-viminalis (Malcuit 1929) R. TX. 1948
- Carici elongatae-Alnetum glutinosae W. Koch 1926 ex. R. TX. 1931

3.2 Plankton

Uta Langheinrich

Die Zusammensetzung der Planktonbiozönose eines Altgewässers hängt von mehreren biotischen und abiotischen Faktoren ab.

Neben der natürlichen Variabilität der taxonomischen Zusammensetzung unterliegt auch in diesen Gewässertypen die Phytoplanktonbiozönose einer saisonalen Dynamik.

Die Abbildung 3.8 zeigt am Beispiel eines Bereiches der Dornburger Alten Elbe bei Magdeburg die Verschiebung sowohl der Dominanzverhältnisse als auch der Biovolumina zwischen Sommer und Frühjahr. Während im Sommer die Chlorophyceae mit über 60% des Biovolumens neben 30% Bacillariophyceae dominieren, tritt im Frühjahr eine Chrysophyceae-Massenentwickung durch *Synura uvella* auf.

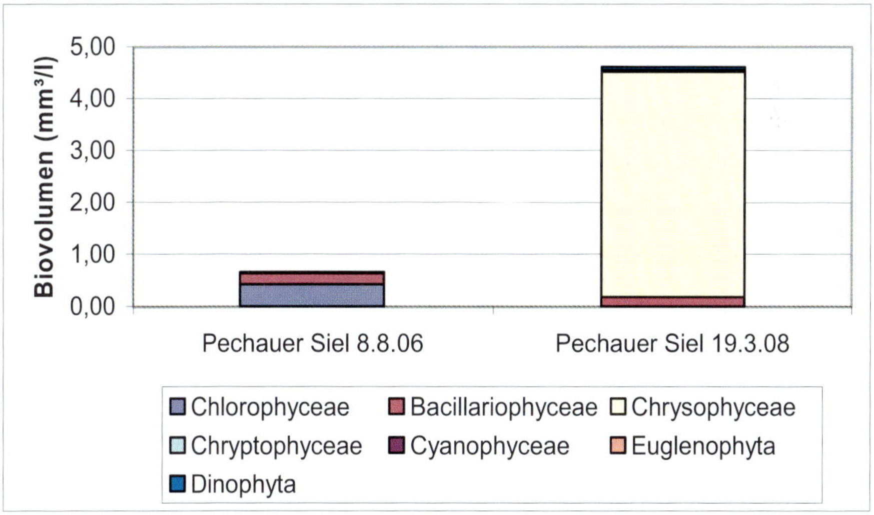

Abbildung 3.8: Biovolumen und „Algenklassen"-Zusammensetzung einer Sommer- und einer Frühjahrsstichprobe an der Dornburger Alten Elbe bei Magdeburg

Im Jahresmittel beträgt das Phytoplankton-Gesamtbiovolumen der Dornburger Alten Elbe 3 mm^3/l. Anhand dieser geringen Größenordnung wird deutlich, dass das Phytoplankton in diesem Altgewässer nicht das dominierende floristische Element darstellt. Entsprechend gering fallen auch die Biovolumina der einzelnen Algenklassen aus (Abb.3.9).

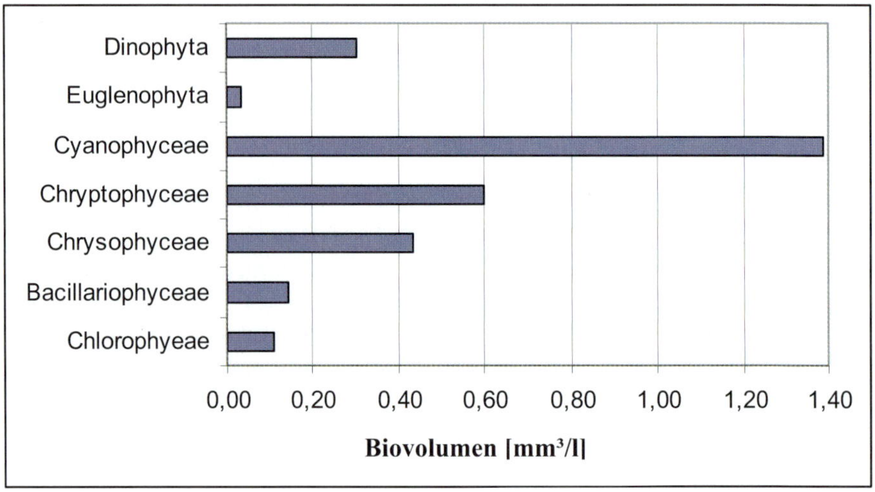

Abbildung 3.9: Biovolumina einzelner Algenklassen an 10 Abschnitten der Dornburger Alten Elbe im Sommer 2006

Altgewässer können je nach Lage in der Aue einen Stand-, Still- oder Fließgewässerzustand einnehmen (s. Kapitel 3.1). Durch Deiche entkoppelte Gewässer sind als Seen zu betrachten. Altwässer in der Aue werden bei Hochwasserereignissen temporär durchströmt, einseitig angeschlossene Altarme zeigen einen Stillgewässercharakter und beidseitig angeschlossene Altarme werden vom Fließgewässer geprägt. Damit stellen die Strömungsverhältnisse einen weiteren Einflussfaktor auf die Planktonbiozönose dar. In der Dornburger Alten Elbe bei Magdeburg dominieren die Standgewässerarten des Phytoplanktons. 33 Prozent der nachgewiesenen 70 Arten bzw. Taxa sind nach Mischke et al. (2008) sowie Mischke und Behrend (2007) als Indikatortaxa für Standgewässer eingestuft, nur 7 Prozent als Fließgewässerindikatoren. Für den Aufbau stabiler Populationen von Zooplanktern mit geringeren Reproduktionsraten (Cladoceren und Copepoden) sind Stillwasserzonen wie Altarme und strömungsberuhigte Buhnenfelder von Bedeutung (Scholz et al. 2005).

Tabelle 3.3: Chlorophyll a - Konzentrationen verschiedener Altgewässer

Chlorophyll a - Konzentration (µg/l)	Dornburger Alte Elbe[1]		entkoppelte Altwässer im Bereich Dessau- Roßlau[2]
	entkoppelter Bereich	zeitweise durchströmter Bereich	
Mittelwert	10,2	7,4	34,3
Minimum	1,1	2,4	0,3
Maximum	51,2	13,1	307
Standardabweichung	14,8	4,8	53,3

[1] 2006/2007 18 Stichproben Frühjahr/Sommer; [2] 04 - 11/1998 35 Stichproben

Der Einfluss der Strömungsverhältnisse wird auch bei der als Äquivalent für die Planktonbiomasse genutzten Chlorophyll a - Konzentration deutlich. In den seenähnlichen Altgewässern im Bereich Dessau-Roßlau treten deutlich höhere Konzentrationen als in zumindest temporär durchströmten Gewässern auf. Bis auf Ausnahmen bei sehr geringen Wasserständen und hohen Wassertemperaturen handelt es sich bei diesen um makrophytenreiche Klargewässer.

Folgende Arten bzw. Taxa wurden in der Dornburger Alten Elbe besonders häufig nachgewiesen:

- Chlorophyceae: *Closterium acutum variable, C. kützingii, C. monoliferum, C. pronum, Pediastrum tetras, Scenedesmus quadricauda*
- Bacillariophyceae: *Cymbella* spp., *Fragillaria crotonensis, F. dilatata, F. ulna, F. ulna var. acus, Melosira varians, Navicula* spp., *Nitzschia acicularis, Pinnularia* spp., *Stauroneis* spp.
- Cyanophyceae: *Limnothrix redecki, Microcystis flos-aquae, Planktothrix agardhi*
- Chrysophyceae: *Tribonema vulgare*
- Chryptophyceae: *Cryptomonas ovata*
- Euglenophyta: *Phacus pleuronectes*

Hierbei handelt es sich vorwiegend um Ubiquisten, die auch in nährstoffreichen Gewässern wie Seen, Teichen und Gräben auftreten.

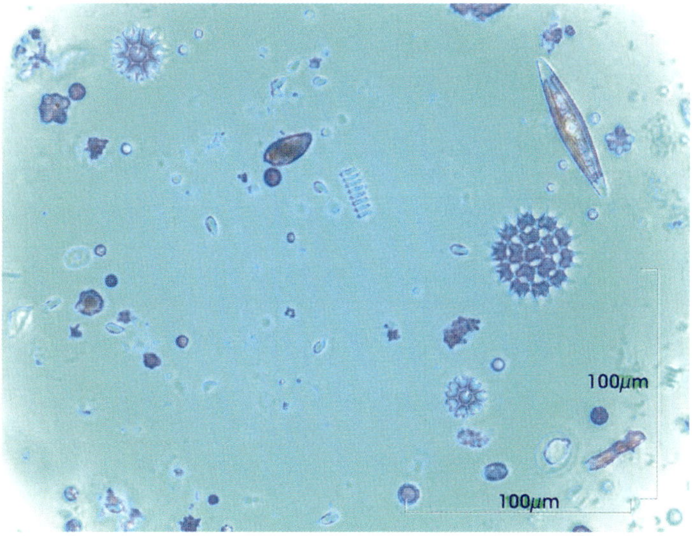

Abbildung 3.10: Kokkale Grünalgen und Kieselalgen der Dornburger Alten Elbe im Bereich Mönchsgraben (September 2006, Lugols-Fixierung, 50 ml Absetzvolumen) (Foto: U. Langheinrich)

Die mit natürlichen oder beschleunigten Alterungsprozessen einhergehenden Veränderungen der Nährstoffverhältnisse üben neben morphologischen, klimatischen und einzugsgebietsabhängigen Faktoren einen weiteren erheblichen Einfluss auf das Phytoplankton von Altgewässern aus. Eine Zuordnung einzelner Arten zu den verschiedenen Alterungsstadien erscheint nach derzeitiger Datenlage jedoch nicht möglich.

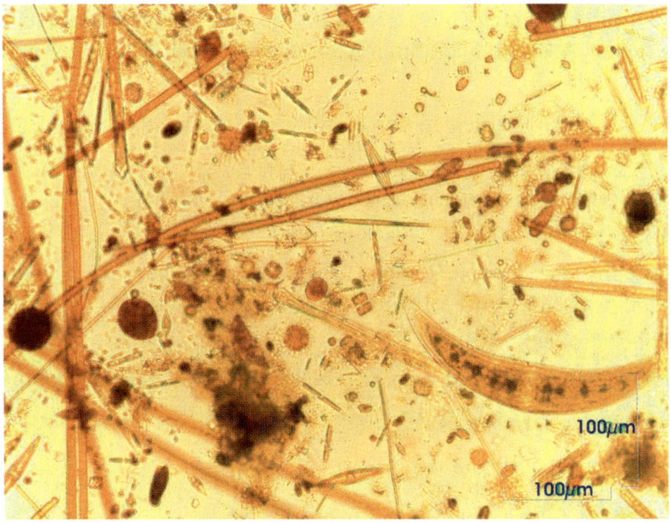

Abbildung 3.11: Fadenförmige Blaualgen, Kiesel- und Jochalgen der Dornburger Alten Elbe bei Plötzky (August 2006, Lugols-Fixierung, 50 ml Absetzvolumen) (Foto: U. Langheinrich)

3.3 Fische

Otfried Wüstemann

Flussbegleitende Auenstillgewässer (Altarme, Altwässer) tragen zur Lebensraumheterogenität bei und sind insbesondere im Potamal, d. h. im Mittel- bis Unterlauf größerer Flüsse in der Regel die Grundvoraussetzung für eine hohe Fischartendiversität. Nur in einem vielfältigen Habitatmosaik kann auch eine vielfältige Fischfauna existieren.

Die fischökologische Bedeutung intakter Auengewässer liegt insbesondere darin begründet, dass typische limnophile Fischarten des Potamals größerer Flüsse, deren gesamter Lebenszyklus in den Auengewässern stattfindet, vielfältig strukturierte intakte Gewässer benötigen, um langfristig stabile Populationen ausbilden zu können. Auf Grund des Rückgangs solcher Auengewässer sind die auf diese Gewässer spezialisierten Arten wie Karausche (*Carassius carassius*), Moderlieschen (*Leucaspius delineatus*) und Schlammpeitzger (*Misgurnus fossilis*) in ihren natürlichen Lebensräumen bereits stark gefährdet. Aber auch rheophile Fischarten benötigen gut strukturierte Auengewässer vor allem als Laich- und Überwinterungshabitat.

Nach Kammerad (2001) nutzen die für die Mittelelbe (Sachsen-Anhalt) landschaftsraumbedeutsamen Arten Schlammpeitzger, Steinbeisser (*Cobitis taenia*), Bitterling (*Rhodeus amarus*), Zope (*Abramis ballerus*), Ukelei (*Alburnus alburnus*), Kaulbarsch (Gymnocephalus cernuus), Aland (*Leuciscus idus*), Quappe (*Lota lota*), Aal (*Anguilla anguilla*), Wels (*Silurus glanis*) und Zander (Sander *lucioperca*) Altwässer als Lebensraum, wobei Zope und Rapfen (*Aspius aspius*) vorwiegend große Altwässer oder Altwasserketten besiedeln und der Zander nur in großen trüben Altwässern vorkommt. Ebenfalls auf Altwässer angewiesen sind Hecht (*Esox lucius*) und Güster (*Abramis bjoerkna*).

Ebel (2006) konnte bei Untersuchungen an der Alten Elbe bei Magdeburg insgesamt 17 Fischarten nachweisen, von denen 8 Arten in der Roten Liste der Bundesrepublik Deutschland, 6 in der Roten Liste des Landes Sachsen-Anhalt und 2 in der FFH-Richtlinie ausgewiesen sind. Es wurden sowohl Altarme innerdeichs als auch Altwässer außerdeichs in verschiedenen Verlandungsstadien untersucht. Eine Zuordnung der nachgewiesenen Arten zu den verschiedenen Strömungsgilden zeigte, dass von den 17 im Untersuchungsgebiet nachgewiesenen Arten 9 eurytop, 4 limnophil und 4 rheophil waren. Die Anzahl der rheophilen und limnophilen Arten korrelierte mit dem Anbindungsgrad des jeweils untersuchen Altwassers an das Hauptgewässer (Stromelbe). Je geringer der Anbindungsgrad war, desto höher war die Zahl der limnophilen Arten, wogegen sich die Anzahl der eurytopen (strömungsindifferenten) Arten im jeweiligen Lebensraumtyp nur unwesentlich unterschied. Am weitaus häufigsten waren die eurytopen Arten Plötze (*Rutilus rutilus*) und Flussbarsch (*Perca fluviatilis*), auf die 35,6 % und 27,2 % aller nachgewiesenen Individuen entfielen. Regelmäßig mit Dominanzen von 1,8 % bis 8,9 % traten folgende Fischarten im Gesamtfang auf: Aland, Blei (*Abramis brama*) (Abb.3.12), Güster, Hecht, Moderlieschen, Rotfeder (*Scardinius erythrophthalmus*), Schleie (*Tinca tinca*) (Abb.3.13), Steinbeißer und Ukelei. Vereinzelt nachzuweisen, mit einem Individuenanteil von 0,2 % bis 0,4 % am Gesamtfang, waren die Arten Aal, Kaulbarsch, Karausche (Abb.3.14), Rapfen, Zander und Zope.

Vor allem limnophile Fischarten, die die Strömung meiden, sind in Flussläufen, in denen natürliche, reich strukturierte und strömungsarme Uferbereiche fehlen, im besonderen Maße auf Altwässer angewiesen. Eurytope Fische, wie zum Beispiel die Plötze und der Flussbarsch sind auf Grund der heterogenen Lebensraumnutzung nicht direkt auf Auenstillgewässer angewiesen, nutzen diese aber zumindest zeitweise zur Fortpflanzung. Zahlreiche limnopare (ruhigwasserlaichende) und limnophile Fischarten wie z. B. Moderlieschen, Rotfeder, Schleie, Karausche und Karpfen (*Cyprinus carpio*) nutzen ausschließlich Altgewässer zur Fortpflanzung. Auenstillgewässer bilden somit die Voraussetzung dafür, dass sich in einem Flusssystem eine heterogene Fischartengemeinschaft etablieren kann.

Abbildung 3.12: Der Blei (*Abramis brama*) als typische Art des Parapotamon (Foto: G. Ebel)

Bei ungünstigen Lebensbedingungen im Hauptstrom (Eupotamon) bilden Auenstillgewässer für Fische meist die einzigen sicheren Rückzugsgebiete, in denen sie überleben können. So konnte die Zope im Bereich der Mittelelbe in der Zeit hoher Abwasserbelastung nur in großen abgetrennten Altwässern, aber hier in zum Teil individuenreichen Beständen überleben (Kammerad et al. 1997).

Auenstillgewässer, die durch direkte Anbindung oder über periodische Hochwasserereignisse ständig in Verbindung zum Hauptstrom stehen, dienen außerdem vielen Fischarten des Hauptstroms als Laich-, Überwinterungs- und Hochwasserrückzugsgebiete und werden von diesen periodisch (Fortpflanzung, Überwinterung) oder episodisch (Hochwasser) in zum Teil hohen Individuenzahlen aufgesucht.

Abbildung 3.13: Die stillwasserpräferente Schleie (*Tinca tinca)* ist eine typische Vertreterin des Plesio- und Paläopotamon (Foto: G. Ebel)

Abbildung 3.14: Das Vorkommen der limnophilen, pflanzenlaichenden Karausche (*Carassius carassius*) ist typisch für Altwässer im Paläopotamon (Foto: G. Ebel)

Das von Amros et al. (1987) entwickelte, auf dem Kriterium der Konnektivität basierende hydrographische Klassifizierungssystem, welches die Auenstillgewässergrundtypen Parapotamon, Plesiopotamon und Paläopotamon unterscheidet, kann auch für die grobe Typisierung der Fischbesiedlung dieser Gewässer genutzt werden. Wichtige Kriterien für die Fischbesiedlung von Auenstillgewässern sind insbesondere der Anbindungsgrad an das Hauptgewässer, die Größe und der Sukzessionsgrad. Die Altwässer werden je nach zeitlicher Abfolge der

Sukzession und damit des Anbindungsgrades von jeweils anderen Fischarten bevorzugt besiedelt. Jungwirth et al. (2003) geben einen Überblick über die Teilbiotope einer Flusslandschaft und ihrer Nutzung durch die Fischfauna. Gewässer des Parapotamon weisen je nach noch vorhandenen Anbindungsgrad einen hohen Anteil von Flussfischen auf. Die strömungsberuhigten Altarme mit guter Anbindung an das Hauptgewässer werden vor allem im Winter von vielen rheophilen Fischarten aufgesucht. Eurytope Arten wie zum Beispiel Plötze und Flussbarsch nutzen bevorzugt solche Gewässer zur Reproduktion bzw. als Jungfischhabitate. Selbst Jungfische rheophiler Arten wie Rapfen und Gründling (*Gobio gobio*) findet man in diesen Altarmen, sofern es die Habitatstrukturen zulassen. Mit zunehmender Sukzession und Abkopplung vom Hauptgewässer werden die Überlebensbedingungen für die anspruchsvolleren rheophilen Arten ungünstiger. Es dominieren zunehmend eurytope Fischarten. Zeitgleich wandern limnophile Arten, wie die für das Plesiopotamon typischen Arten, Rotfeder, Schleie und Hecht ein. Limnophile und strömungsindifferente (eurytope) Arten nutzen die günstigen Habitatstrukturen als Reproduktions- und Jungfischhabitat. Nach Scholz et al. (2005) besiedeln die limnophilen Arten Bitterling und Moderlieschen überwiegend Auengewässer des Plesiopotamons, die durch eine hohe Wasserstandsdynamik geprägt sind. Mit zunehmender Alterung und dem Fehlen von Hochwasserereignissen, bei denen es zu einer zeitweisen Durchströmung des Altwassers kommt, schreitet die Verlandung der Gewässer fort, d. h. es verschlammt zunehmend und ausgedehnte Wasserpflanzenbestände dominieren das Gewässer. Die Phase des Paläopotamons (Terminalphase des Altwassers) ist erreicht. Auf diese Verhältnisse spezialisierte limnophile Arten, die typisch für stark verlandete Gewässer und relativ unempfindlich gegenüber sommerlichen Sauerstoffdefiziten und geringen Wasserständen sind, prägen jetzt die Fischartenzusammensetzung. Zu dieser spezialisierten Fischfauna zählen zum Beispiel die Karausche, die Schleie, das Moderlieschen und der Schlammpeitzger. In der allerletzten Sukzessionsphase (kurz vor der Austrocknung) können nur noch wirkliche Spezialisten, wie der Schlammpeitzger und die Karausche überleben. Diese Spezialisten verschwinden auch, wenn es auf Grund lang anhaltender Trockenperioden zur zeitlichen Austrocknung kommt bzw. Sauerstoffmangelsituationen auftreten, zum einen auf Grund des hohen Nährstoffgehaltes in Verbindung mit dem geringen Wasservolumen von Altwässern oder zum anderen im Winter bei lang anhaltender Eisbedeckung. Unabhängig davon kann aber eine erneute Besiedlung durch Zuwanderung während Hochwasserereignissen und durch die Verschleppung durch Wasservögel erfolgen.

Starke Hochwasserereignisse können dazu führen, dass auch weit vom Hauptstrom entfernte und deshalb sehr selten angebundene Auenstillgewässer von Fischen wieder besiedelt werden, was dann insbesondere den limnophilen Arten die Ausbreitung ermöglicht. Sie können auf diesem Wege neue Gewässer besiedeln und auch in Gewässer vordringen, die auf Grund ihres fortgeschrittenen Sukzessionsstadiums bisher fischleer waren. Das setzt natürlich voraus, dass im Umfeld eine gewisse Anzahl von Altgewässern verschiedenster Verlandungsstadien zeitgleich existiert. Auch gezielte Besatzmaßnahmen von Angel- und Berufsfischern können eine Neubesiedlung bedingen. Andererseits verfälschen diese Besatzmaßnahmen das Bild der natürlichen Fischartenbesiedlung der Auenstillgewässer erheblich.

3.4 Lurche und Kriechtiere

Otfried Wüstemann

Die Flussauen mit ihren Altarmen und insbesondere den Altwässern in verschiedenen Verlandungsstadien sind wichtige Lebensräume für viele Amphibienarten und einige auf feuchte Lebensräume spezialisierte Reptilien. Amphibien benötigen die Gewässer sowohl als Paarungs- bzw. Laichplatz als auch als Entwicklungsraum der Larven. Amphibienreiche Gewässer haben in der Regel neben einer üppigen Vegetation auch Bereiche mit „Offenem Wasser" und sind besonnt. In und an den Auengewässern kommen zum Beispiel Teichmolch (*Triturus vulgaris*), Kammolch (*Triturus cristatus*), Laubfrosch (*Hyla arborea*), Seefrosch (*Rana ridibunda*), Teichfrosch (*Rana* kl. *esculenta*), Grasfrosch (*Rana temporaria*), Moorfrosch (*Rana arvalis*), die Rotbauchunke (*Bombina bombina*) und verschiedene Krötenarten vor.

Die Rotbauchunke ist eine besonders typische Art der Auen. Sie ist auf möglichst nährstoffarme, klare, sonnenexponierte, flache Auengewässer angewiesen. Entlang der Elbe sucht die Unke vor allem strömungsfreie Überschwemmungs- und durch Bodendruckwasser entstandene Qualmgewässer auf. Die Unkengewässer können sowohl innerhalb als auch außerhalb der Überflutungsaue liegen (Meyer et al. 2004). Nach Günter (1996) gehören zu den charakteristischen Pflanzenarten der Laichgewässer *Ranunculus aquatilis*, *Sparganium erectum*, *Rorippa* spp., *Glyceria fluitans* u. a.. Gewässer mit hochwüchsigem Röhricht werden in der Regel gemieden. Nicht selten bevorzugen Rotbauchunken Altwässer, die im Sommer austrocknen, da dadurch das Prädatorenspektrum eingeschränkt ist.

Der Kammolch bevorzugt in den Flussauen mittelgroße bis größere und tiefe besonnte Altwässer mit mäßig bis gut entwickelter submerser Vegetation und keinem bis geringen Fischbesatz.

Seefrösche, die ganzjährig an das Wasser gebunden sind, besiedeln mit Vorliebe eutrophe Auengewässer in der offenen Landschaft mit reichen Pflanzenbeständen und sonnenexponierten Ufern. Die Larven sind im Gegensatz zu vielen anderen Lurcharten an das Vorhandensein von Fischen angepasst.

Die in den Auen vorkommenden Arten Erdkröte (*Bufo bufo*), Wechselkröte (*Bufo viridis*), Kreuzkröte (*Bufo calamita*) und Knoblauchkröte (*Pelobates fuscus*) benötigen zum Laichen Altwässer unterschiedlicher Ausprägung.

Die ökologisch anpassungsfähige Erdkröte bevorzugt Auenstillgewässer mit ständiger Wasserführung.

Nach Meyer et. al. (2004) ist die Wechselkröte im Retentionsbereich der Elbe regelmäßig an Altarmen und Altwässern sowie Überflutungstümpeln und Flutrinnen im Deichvorland anzutreffen.

Die Kreuzkröte als ursprüngliche Art der Auen größerer Flüsse und Ströme und Pionierbesiedler nutzt die meist nach Hochwasserereignissen neu entstandenen, sehr flachen, sich schnell erwärmenden und oftmals nur temporären Gewässer zum Laichen. Aber auch Altarme, überflutete Polder und Qualmgewässer in Deichnähe werden als Laichhabitat genutzt.

Knoblauchkröten bevorzugen zum Laichen dagegen verkrautete Flachwasserbereiche in teilweise verlandeten Altarmen.

Neben intakten Auengewässern, die als Paarungs- bzw. Laichplatz sowie als Entwicklungsraum für die Larven dienen, benötigen Lurche auch an die Gewässer angrenzende spezifische Sommerlebensräume mit den notwendigen Deckungsmöglichkeiten und Nahrungshabitaten, sowie frostgeschützte Winterquartiere.

Nach Blab (1986) können für die genannten Arten anhand der Habitatpräferenzen folgende Amphibienformationen charakterisiert werden: Ganzjährige Gewässerbindung (Teich- und Seefrosch, Rotbauchunke, Kammolch); Präferenz für hohen Grundwasserstand (Moorfrosch, Rotbauchunke, bedingt auch Gras-, Laub- und Teichfrosch); Präferenz für vertikale Strukturen in Laichplatznähe (Laubfrosch); Präferenz für Baumbestände (Erdkröte, eingeschränkt auch Grasfrosch); Präferenz für vegetationsarme Flächen (Kreuz- und Wechselkröte); Präferenz für lockersandige Böden (Knoblauchkröte, Kreuzkröte); keine Präferenz für bestimmte Landschaftsfaktoren (Teichmolch).

Abbildung 3.15: Die Ringelnatter (*Natrix natrix*) (Foto: M. Borkowski)

In den Flussauen finden sich auch zwei Reptilienarten, die eine enge Bindung an Auenstillgewässer (Altarme, Altwässer) aufweisen. Die Ringelnatter (*Natrix natrix*) (Abb.3.15) bevorzugt zum Beispiel die Übergangsbereiche von vegetationsreichen Landlebensräumen zu stehenden oder träge strömenden Auengewässern. In Sachsen-Anhalt sind Auengewässer mit 6,3 % der Fundpunkte am gesamten Lebensraumspektrum vertreten (Meyer et al. 2004). Die Europäische Sumpfschildkröten (*Emys orbicularis*) (Abb.3.16), die in den Auen auf strukturreiche Altgewässer angewiesen ist, bevorzugen störungsfreie eutrophe Altarme mit ausgeprägter Wasser- und Verlandungsvegetation sowie schlammigem Grund und besonnte Stellen. Die Sonnenplätze müssen so gelegen sein, dass die scheuen Tiere bei Gefahr sofort in das Wasser abtauchen können (z. B. aus dem Wasser ragende Baumstämme, Äste, Steine, Büllten).

Abbildung 3.16: Die europäische Sumpfschildkröte (*Emys orbicularis*) (Foto: H. Pellmann)

Für die Bestandssicherung der auf Auengewässer angewiesenen Lurche und Kriechtiere ist die qualitative und flächenhafte Sicherung der speziellen Biotopqualitäten sowohl bei den Auengewässern als auch bei den angrenzenden Landlebensräumen von entscheidender Bedeutung.

3.5 Libellen

Volker Lüderitz

In Deutschland kommen ca. 80 Libellenarten vor. Nur etwa ein Viertel davon zählen zu den euryöken, anpassungsfähigen Organismen, während sich die übrigen, überwiegend stenöken Arten nur in ganz bestimmten Gewässertypen mit einer engen ökologischen Amplitude vorkommen (Bellmann 2007). Kaum eine andere Insektengruppe indiziert den Zustand von stehenden bzw. quasi-stehenden Gewässern so gut wie die Libellen.

Auf Grund ihrer unterschiedlichen Verlandungszustände und der ausgeprägten Zonierung (sandig-kiesige Ufer, Kleinröhrichte, Großröhrichte, Bestände submerser Makrophyten, Schwimmblattzonen, anmoorige Bereiche, Sumpfwiesen) weisen Altwässer in der Initial-, Optimal- und Terminalphase charakteristische Libellengemeinschaften auf.

Im Rahmen der Untersuchungen an Altwässern der Mittleren Elbe zwischen 1994 und 2007 konnten von Lüderitz et. al (1997), Langheinrich et. al (2002) und Kunz (2007) insgesamt 40 Libellenarten nachgewiesen werden, die fast allen von Müller (1996) im Rahmen einer ökologischen Analyse und Klassifizierung vorgeschlagenen Gruppen angehören, allerdings erwartungsgemäß mit sehr unterschiedlichen Schwerpunkten.

a) Ubiquisten

Müller (1996) führt 14 Ubiquisten-Arten auf, die zumeist in und an allen untersuchten Altwässern gefunden wurden, gemäß ihren verschiedenen Präferenzen allerdings in deutlich unterschiedlicher Häufigkeit. So bevorzugt der Große Blaupfeil (*Orthetrum cancellatum*) offenen, sandigen und kiesigen Grund und zeigt demzufolge in Gewässern des Initialstadiums sowie in bis zum Kiesgrund entschlammten Bereichen große Abundanzen.

Die Becher-Azurjungfer (*Enallagma cyathigerum*) und die Gemeine Smaragdlibelle (*Cordulia aenea*) präferieren hingegen Grund- und Tauchrasen und damit die Flachwasserzonen vornehmlich der Optimalphase. Das Große Granatauge (*Erythromma najas*) kann trotz seiner Einstufung als Ubiquist als eine Charakterart von Altwässern mit gut entwickelter Schwimmblattvegetation gelten, in denen sie zumeist die bei weitem häufigste Libelle ist. Wasserriede und -röhrichte bevorzugen die Kleine Mosaikjungfer (*Brachytron pratense)*, die Herbst-Mosaikjungfer (*Aeshna mixta*), die Gemeine Binsenjungfer (*Lestes sponsa*), die Fledermaus-Azurjungfer (*Coenagrion pulchellum*) und die Gemeine Heidelibelle (*Sympetrum vulgatum).* Diese Arten treten in Gewässern des Initialstadiums nur in geringen Individuenzahlen auf, sie bevorzugen deutlich das Optimalstadium, werden aber vielfach auch noch in verbliebenen Wasserflächen des Terminalstadiums gefunden. Gleiches gilt auch für die Frühe Adonislibelle (*Pyrrhosoma nymphula*) (Abb.3.17), und die Große Pechlibelle (*Ischnura elegans*), die in Gewässern aller Art zumeist sehr häufig vorkommen. Der Vierfleck (*Libellula quadrimaculata*) (Abb.3.19) bevorzugt vermoorte Altwasser-Bereiche wie den Sarensee (Abb.3.18), wo sie oft die häufigste Großlibelle ist. Die Braune Mosaikjungfer (*Aeshna grandis*) schließlich kann, obwohl sie auch andere Gewässertypen besiedelt, als typische Art der offenen Wasserflächen des Optimalstadiums angesehen werden. In und an allen von uns untersuchten Altwässern, die solche Flächen aufweisen, kommt sie meist sehr häufig vor.

Abbildung 3. 17: Die Frühe Adonislibelle (*Pyrrhosoma nymphula*) ist eine typische Bewohnerin pflanzenreicher Kleingewässer (Foto: U. Langheinrich)

Abbildung 3. 18: Der Sarensee bei Dessau – ein moorartiges Altwasser im Biosphärenreservat Mittlere Elbe (Foto: C. Kunz)

b) euryöke Weiher-Arten

Den Ubiquisten in ihrer Häufigkeit am nächsten sind die euryöken Weiher-Arten. Im Optimalstadium dominiert unter ihnen vielfach die große Königslibelle, die in und an allen

Altwasserfreiflächen im Biosphärenreservat Mittlere Elbe in großen Abundanzen beobachtet werden konnte; ihre Häufigkeit geht aber im Terminalstadium deutlich zurück. In den tümpelartigen Restwasserflächen dominiert dann die Blaugrüne Mosaikjungfer (*Aeshna cyanea*). Diese weist regelmäßig gemeinsame Vorkommen mit der Weidenjungfer (*Lestes virides)* und der Gemeinen Winterlibelle (*Sympecma fusca*) auf, welche ebenfalls stark verwachsene Bereiche unter Einschluss von Röhrichten, Rieden und Gebüschen bevorzugen. Sowohl im Optimal- wie auch im Terminalstadium nachgewiesen werden konnten die für Röhrichte und Riede typischen Arten Große Heidelibelle (*Sympetrum striolatum*) (Abb.3.20) und Blutrote Heidelibelle (*Sympetrum sanguineum*). Im Vergleich mit den o. g. Großlibellen *Anax imperator, Aeshna grandis* und *A. cyanea* weisen die beiden Heidelibellen eine weniger hohe Stetigkeit an den untersuchten Altwässern, dafür mitunter punktuell sehr hohe Abundanzen auf.

Abbildung 3.19: Der Vierfleck (*Libellula quadrimaculata*) ist eine Art der Moore und anderer pflanzenreicher Gewässertypen (Foto: F. Heidecke)

c) euryöke Tümpel-Arten

Der Plattbauch (*Libellula depressa*) lebt vorwiegend an kleinen bis mittelgroßen vegetationsarmen Gewässern und kommt häufig gemeinsam mit dem Großen Blaupfeil (*Orthetrum cancellatum*) vor. Im Unterschied zu dieser Art wird sie aber auch noch regelmäßig im fortgeschrittenen Optimal- und in den Tümpeln des Terminalstadiums gefunden. Dort kommt sie gelegentlich gemeinsam mit der wesentlich selteneren Sumpf-Heidelibelle (*Sympetrum depressiusculum*) vor.

d) euryöke Fließwasser-See-Arten

Die Altwässer der Mittleren Elbe beherbergen beide Arten dieser Gruppe in zumeist hohen Individuenzahlen. Die Glänzende Smaragdlibelle (*Somatochlora metallica*), die freie, aber beschattete Uferstellen bevorzugt, ist die häufigste Falkenlibelle in den untersuchten Altwässern; sie kommt häufig gemeinsam mit der Gemeinen Smaragdlibelle (*Cordulia aenea*) vor.

Die Gemeine Federlibelle (*Platycnemis pennipes*) ist im Initial- und Optimalstadium zumeist sehr häufig, fehlt aber meist im Terminalstadium.

Abbildung 3.20: Die Große Heidelibelle (*Sympetrum striolatum*) bevorzugt Röhrichte und Riede (Foto: F. Heidecke)

Während die bis hierher beschriebenen und erwähnten Arten insgesamt fast immer verbreitet bis häufig vorkommen und nicht gefährdet sind, sind etliche der im Weiteren zu behandelnden Spezies auf Grund ihrer Bindung an bestimmte Lebensräume in ihrem Vorkommen mehr oder weniger stark gefährdet (Tab.3.4) und können durch Revitalisierungsmaßnahmen gefördert werden.

e) stenöke See-Arten

Die Kleine Königslibelle (*Anax parthenope*) galt bis in die 1990er Jahre als stark gefährdet. Inzwischen hat sich diese wärmeliebende Art im Raum der Mittleren Elbe so stark ausgebreitet, dass sie an Altwässern vielfach kaum seltener beobachtet werden kann als *A. imperator*, mit der sie häufig gemeinsam vorkommt.

Die zweite Art dieser Gruppe, die Westliche Keiljungfer (*Gomphus pulchellus*) bevorzugt als Larve einen vegetationsarmen Untergrund und wird deshalb besonders im Initialstadium sowie nach Entschlammungsmaßnahmen, z. B. am Kühnauer See (vgl. Kap. 5.3.1) gefunden.

f) stenöke Fließwasser-See-Arten

Aus dieser Gruppe wurde vereinzelt der Spitzfleck (*Libellula fulva*) nachgewiesen; das Vorkommen dieser vom Aussterben bedrohten Art ist auf langsam strömende Bereiche mit lockerem Röhricht (Bereich der Rohrdurchlässe) beschränkt.

g) Moor-See-Arten
Die Keilflecklibelle (*Aeshna isosceles*) ist eine Charakterart der Flussaltwässer im Optimal- und beginnenden Terminalstadium. Sie ist an großflächige Wasserröhrichte gebunden, gilt als stark gefährdet und wurde an den Altwässern der Mittleren Elbe regelmäßig, aber nie häufig nachgewiesen.

Noch wesentlich seltener ist die Östliche Moosjungfer (*Leucorrhinia albifrons*), die in Altwässern eine Präferenz für Schwimmblattvegetation zeigt und im Untersuchungsgebiet lediglich an einer Fundstelle der Dornburger Alten Elbe in Beständen der Krebsschere nachgewiesen wurde.

h) euryöke Moor-Arten
Die Arten dieser Gruppe kommen vornehmlich in vermoorten Bereichen des Terminalstadiums vor. Wir konnten an einzelnen Gewässern die stark gefährdeten Arten Torf-Mosaikjungfer (*Aeshna juncea*), Große Moosjungfer (*Leucorrhinia pectoralis*) und Kleine Binsenjungfer (*Lestes virens*) nachweisen, die im Tiefland sonst hauptsächlich in größeren Moorgebieten vorkommt. *L. pectoralis* und *L. virens* konnten zeit- und stellenweise auch in größeren Abundanzen gefunden werden. Wesentlich häufiger ist die Schwarze Heidelibelle (*Sympetrum danae*), die zwar bevorzugt an pflanzenreichen Moorgewässern – und hier mitunter sehr abundant – auftritt, aber auch in Bereichen des Optimalstadiums keineswegs selten ist. Auch die Speer-Azurjungfer (*Coenagrion hastulatum*) wird in und an Gewässern beider Stadien gefunden, wenngleich jeweils nur zerstreut und mit geringen Abundanzen.

i) Moor-Tümpel-Arten
Die Gefleckte Smaragdlibelle *(Somatochlora flavomaculata)* und die Gefleckte Heidelibelle (*Sympetrum flaveolum)* bewohnen vornehmlich Flachmoore und sind somit charakteristisch für das (frühe) Terminalstadium.

j) stenöke Weiherarten
Die Arten dieser Gruppe können als Leitarten für den Lebensraum Altwasser im Optimalstadium gelten. Dass ihre Vorkommen allesamt als nicht gesichert gelten müssen, ist sicher in nicht geringem Maße auf das zunehmende Verschwinden der Altwässer aus den Auenlandschaften zurückzuführen. Damit sind diese Arten zudem auch Zielarten bei der Altwasserrevitalisierung!

Die Mond-Azurjungfer (*Coenagrion lunulatum*) kommt vor allem an flachen pflanzenreichen Gewässern vor, ist also in Altwässern an Flachwasserzonen gebunden. Das Kleine Granatauge (*Erythromma viridulum*) ist demgegenüber auf ausgeprägte Schwimmblattgesellschaften angewiesen und kommt dort meist gemeinsam mit der – allerdings wesentlich häufigeren – Schwesternart *E. najas* vor. Beide Arten sind in ihrem Bestand stark gefährdet.

An Bestände der Krebsschere (*Stratiotes aloides*) gebunden ist das Vorkommen der Grünen Mosaikjungfer (*Aeshna virides*). Die Art gilt als vom Aussterben bedroht, kann aber in geeigneten Gewässern wie dem Crassensee bei Wittenberg oder in Teilen der Dornburger Alten Elbe bei Magdeburg durchaus die dominierende Großlibelle sein (Lüderitz et al. 2000, Langheinrich et al. 2002).

k) stenöke Tümpelarten
Im Unterschied zur vorigen Gruppe haben die stenöken Tümpelarten eine klare Vorliebe für temporäre Gewässer bzw. für solche mit stark schwankendem Wasserstand. Nachgewiesen wurden von den Autoren in Terminaltümpeln von Elbaltwässern das Kleine Granatauge

(*Ischnura pumilo*) und die Südliche Mosaikjungfer (*Aeshna affinis*). Letztere Art, die erst in den letzten 15 Jahren im Gebiet der Mittleren Elbe heimisch geworden ist, besitzt eine besondere Bindung an versumpfte Bereiche.

l) stenöke Moorarten
Die stenöken Moorarten sind zumeist Charakterarten von Hoch- und Zwischenmooren, einige Arten kommen aber auch in vermoorten Bereichen des Terminalstadiums von Altwässern, gern an Beständen von *Carex elata* und *C. paniculata* vor. Von den Autoren am Sarensee und an der Dornburger Alten Elbe nachgewiesen wurden die Kleine Moosjungfer *(Leucorrhinia dubia)* und die Nördliche Moosjungfer *(Leucorrhinia rubicunda),* am Sarensee gehören sie zu den häufigen Arten.

m) rheophile Fließwasser-Arten
Rheophile Fließwasser-Arten sind in Altwässern naturgemäß auf die Initialphase beschränkt. Die Autoren fanden allerdings in strömenden Bereichen der Rohrdurchlässe gelegentlich Larven der gebänderten Prachtlibelle (*Calopteryx splendens*), die im Unterschied zu den anderen Arten dieser Gruppe hinsichtlich der Strömungs- und Sauerstoffverhältnisse nur mäßig empfindlich ist.

n) thermophile Fließwasser-Arten
Für sie gilt ähnliches wie für die Arten der vorigen Gruppe. Allerdings kann der Südliche Blaupfeil (*Orthetrum brunneum*), der oftmals an Kiesgruben und neu angelegten Flachgewässern vorkommt, durch die Schaffung von Flachwasserzonen gefördert werden. Nach der Etablierung von Röhrichten ist allerdings mit einem baldigen Rückgang der Art zu rechnen.

Lockeres Wasserried wird nach unseren Erfahrungen von der Gebänderten Heidelibelle (*Sympetrum pedemontanum*) bevorzugt, ohne dass allerdings eine besondere Bindung an Fließgewässer zu erkennen ist. An und in Gewässern des Optimalstadiums ist diese Art durchaus nicht selten anzutreffen.

Tabelle 3.4: Häufige Libellenarten der Altwässer (a) und gefährdete Arten, die durch eine Revitalisierung des Optimalstadiums gefördert werden (b)

a) Häufige Arten
Aeshna cyanea, A. grandis, A. mixta, Anax imperator, Brachytron pratense, Coenagrion puella, C. pulchellum, Cordulia aenea, Enallagma cyathigerum, Erythromma najas, Ischnura elegans, Libellula depressa, Libellula quadrimaculata, Orthetrum cancellatum, Platycnemis pennipes, Pyrrhosoma nymphula, Somatochlora metallica, Sympetrum danae, S. vulgatum
b) Geförderte Arten
Aeshna isosceles, A. virides, Coenagrion hastulatum,C. lunulatum, Erythromma viridulum, Leucorrhinia albifrons, L. pectoralis, Libellula fulva, Somatochlora flavomaculata, Sympetrum pedemontanum, S. striolatum

3.6 Köcherfliegen

Andreas Hoffmann

In Deutschland sind momentan 316 Arten aus der Ordnung der Köcherfliegen (Trichoptera) bekannt (Robert 2007). Davon ist etwa knapp die Hälfte als Stillwasserarten einzustufen. Hinsichtlich ihrer Strömungspräferenz differenziert sich diese Gruppe in limnobionte Arten, die an Stillgewässer gebunden sind, in limnophile Arten, die Strömung meiden und nur selten in träge fließendem Wasser vorkommen und in limno- bis rheophile Stillwasserarten, die häufiger unter trägen bis langsam fließenden Strömungsbedingungen anzutreffen sind. Limnobionte und limnophile Stillwasserarten haben einen Anteil von zusammen etwa einem Drittel an der Gesamtzahl der heimischen Köcherfliegenarten.

Aus taxonomischer Sicht stellen die Familien der Limnephilidae (mit dem Tribus Limnephilini), Leptoceridae, Phryganeidae, Polycentropodidae, Hydroptilidae und Molannidae die Mehrzahl der Stillwasserarten. In den Altwässern der Mittleren Elbe wurden im Untersuchungszeitraum (1996-2007) 60 Trichopterenarten nachgewiesen.

Der wesentliche Schlüsselfaktor für das Vorkommen von aquatischen Insekten in stehenden Gewässern ist der Sauerstoffgehalt des Wassers und die damit verbundenen Anpassungsmechanismen zur O_2-Aufnahme der aquatischen Lebensstadien. Prinzipiell sind zwei Anpassungsstrategien zu unterscheiden: bei den Sauerstoff-Konformern erfolgt die O_2-Aufnahme proportional zum O_2-Angebot der Umgebung, wohingegen bei den Sauerstoff-Regulierern die O_2-Aufnahme weitestgehend unabhängig von der O_2-Konzentration der Umgebung erfolgt, da sie mit Hilfe von Ventilationsbewegungen den Konzentrationsabfall des Sauerstoffs in körpernahen Wasserschichten ausgleichen.

Alle köchertragenden Trichopterenlarven führen mit ihrem Abdomen undulierende Bewegung im Larvenköcher aus, die für eine gerichtete Wasserströmung im Köcher sorgen und damit zu einer besseren O_2-Versorgung beitragen. Zu dieser Gruppe der Sauerstoff-Regulierer gehören die Limnephilidae, Leptoceridae, Phryganeidae und Molannidae, deren köchertragenden Larven im Vergleich zu typischen Fließgewässerarten eine große Toleranz gegenüber niedrigen Sauerstoffwerten besitzen. Bei den Larven der limnobionten bzw. limnophilen Arten aus der Familie der Polycentropodiden sind diese Ventilationsbewegungen weniger stark ausgeprägt (Philipson u. Moorhouse 1976). Dennoch sind auch sie keine typischen Vertreter der Sauerstoffkonformer, da ihre röhren- bzw. trichterartigen Netzkonstruktionen eine gerichtete Wasserbewegung ebenfalls unterstützen. Ähnliches gilt auch für die Köcher des letzten Larvenstadiums der Hydroptiliden. Die köcherlosen, frei lebenden ersten vier Larvenstadien der Hydroptiliden profitieren wahrscheinlich auf Grund ihrer geringen Körpergröße von dem günstigen Oberflächen/Volumen-Verhältnis und der damit verbundenen relativ guten Sauerstoffaufnahme über die große respiratorische Oberfläche. Die Larven beider Gruppen leben oft im makrophytenreichen Litoralbereich oder auch in der Brandungszone von Seen, so dass durch die Wellenbewegung ein Austausch von sauerstoffarmem Wasser gewährleistet ist.

Neben dem Faktor Sauerstoffgehalt spielt auch der Faktor Wassertemperatur eine große Rolle für die Lebensgemeinschaften in stehenden Gewässern. Mit zunehmender Wassertemperatur sinkt nicht nur O_2-Gehalt des Wassers, sondern es steigen auch der Sauerstoffbedarf sowie der -verbrauch der aquatischen Lebensstadien. Die Arten besitzen dementsprechend eine relativ hohe Temperaturtoleranz wie auch weitere Anpassungsstrategien in ihrem Lebenszyklus, um diese thermische Belastung möglichst zu minimieren.

Wesentliches strukturbildendes Element von Altwässern ist das Vorhandensein von Sumpf- und Wasserpflanzen, wobei je nach Verlandungsgrad unterschiedliche Pflanzengesellschaften hinsichtlich Abundanz und Deckungsgrad dominieren (vgl. Kap. 3.1). Zwar ist bei Köcherfliegen die Bindung einzelner Arten an bestimmte Pflanzenarten bzw. –gesellschaften nicht ganz so stark ausgeprägt wie zum Beispiel bei den Wasserschmetterlingen oder bei einer Reihe von Libellenarten, doch spielen submerse und emerse Wasser- und Sumpfpflanzen als Larvenhabitat oder Eiablageplatz eine große Bedeutung für einzelne Trichopterenarten. So ist für die Polycentropodidenart *Holocentropus picicornis* das Vorhandensein von submersen Stängeln von Wasserpflanzen Voraussetzung, damit die karnivoren Larven ihre trichterförmigen Fangnetze befestigen können. Aus der Familie der Leptoceriden besitzen die Larven von *Leptocerus tineiformes* und *Trianodes bicolor* stark verlängerte Hinterextremitäten, die mit langen Borstensäumen besetzt sind. Mit Hilfe dieser Schwimmbeine schwimmen die köchertragenden Larven zwischen den Pflanzen der Wasserschwebergesellschaften umher, die ihnen als Nahrungsgründe sowie als Versteck vor Fraßfeinden dienen (Wiggins 1996), ein Verhalten, das stark von der üblichen benthalen Lebensweise der Larven anderen Köcherfliegenarten abweicht. Die Weibchen von *T. bicolor* legen ihre Eier in scheibenförmigen Gallertgelege an die Unterseite von Schwimmblättern diverser Makrophyten (Malicky 1973). Andere Leptoceridenweibchen nutzen aus dem Wasser herausragende Pflanzenteile, um entlang dieser unter die Wasseroberfläche zu kriechen und ihr Gelege an submersen Pflanzenteilen zu befestigen. Eine weitere Besonderheit in der Imaginalbiologie der Leptoceriden ist ihr Schwarmverhalten zur Partnerfindung. Männchen bilden größere Schwärme und locken mittels eines charakteristischen Zickzackflugs über der freien Wasserfläche die Weibchen optisch an.

Die oben genannten Arten sind typisch für die Optimalphase von Altwässern mit ihrer ausgeprägten Wasserschweber- und Schwimmblattvegetation im Litoralbereich.

In der Initialphase eines Altwassers zeichnet sich die Trichopterenfauna durch viele limno- bis rheophile Stillwasserarten aus, die auch unter trägen bis langsam fließenden Strömungsbedingungen in unterschiedlichen Fließgewässertypen vorkommen können. Typische Vertreter aus dieser Gruppe sind die verschiedenen *Athripsodes-*, *Mystacides-* (Abb.3.21) und *Oecetis*-Arten, einige *Limnephilius*-Arten, *Molanna angustata*, *Neureclipsis bimaculata* oder *Tinodes waeneri*. Larven von *Molanna angustata* sind für den Bau ihrer Steinköcher auf geeignete Korngrößen angewiesen, so dass ihr Wohngewässer Bereiche mit offenen mineralischen Sedimentflächen aufweisen muss.

Abbildung 3. 21: *Mystacides longicornis* – eine Vertreterin der Initialphase (Foto: U. Langheinrich)

In der Terminalphase des Altwassers treten einige Trichopterenarten auf, die auch charakteristisch für temporäre Gewässer sind. Im fortgeschrittenen Verlandungsstadium weisen Altwässer viele Gemeinsamkeiten mit temporären Gewässern auf (geringe Wassertiefe, schnelle Erwärmung des Wasserkörpers, temporäre Sauerstoffdefizite, hohe organische Auflage), so dass sich bestimmte Anpassungsstrategien als günstig für beide Gewässertypen erweisen können. Typische Vertreter aus dieser Gruppe sind die Limnephiliden *Grammotaulius nigropunctatus*, *G. nitidus, Glyphotaelius pellucidus, Limnephilus auricula, L. sparsus, L. vittatus, Phacopteryx brevipennis* und die Phryganeiden *Oligostomis reticulata* und *Trichostegia minor*. Bei vielen Arten der Limnephilini wurde eine sommerliche Imaginaldiapause beschrieben (Novak u. Sehnal 1963), bei der die Adulten mit unreifen Gonaden im Frühsommer schlüpfen, den Sommer in Verstecken überdauern und dann im Herbst mit gereiften Gonaden an das Gewässer zurückkehren, um dort nach der Begattung die Gelege teils außerhalb des Wasser abzulegen. Durch diese Strategie werden die häufig in den Altwässern auftretenden sommerlichen Sauerstoffdefizite umgangen, die sich insbesondere auf die immobilen Puppenstadien negativ auswirken können.

Die Mehrzahl der stagnicolen Altwassertrichopterenarten aus der Gruppe der Limnephiliden und Phryganeiden ist hinsichtlich ihrer larvalen Ernährungsweise als omnivor einzustufen, da sie sich zum einen als Zerkleinerer vom abgestorbenen Pflanzenmaterial (Makrophyten, Falllaub) und zum anderen räuberisch von kleineren Makroinvertebraten ernähren. Auch Aas in Form von Fischkadavern wird als Nahrungsquelle zur Deckung des Proteinbedarfs insbesondere kurz vor Eintritt in die Verpuppungsphase genutzt. Von der Phryganeiden *Oligostomis reticulata* ist bekannt, dass die Larven sich räuberisch von Amphibienlaich ernähren können (Majecki u. Majecka 1998). Die Larven der Stillwasserarten aus der Familie der Polycentropodiden leben allesamt räuberisch, wobei sie kleinere Makroinvertebraten mit ihren

Gespinstnetzen einfangen. Auch die *Oecetis*-Arten aus der Familie der Leptoceriden sind Räuber. Die Leptoceridae *Ceraclea senilis* ist ein Nahrungsspezialist, der im Innern von Schwämmen lebt und sich von ihrem Gewebe ernährt. Das im Litoralbereich von Altwässern vorhandene Totholz wird von den xylobionten Larven der Art *Lype pheopa* sowie von *Beraeodes minutus* genutzt. Dagegen wird lebendes Pflanzenmaterial von den Larven der Stillwassertrichopteren kaum gefressen. Rein detritivore Arten finden sich mit *Leptocerus teneiformes* und *Trianodes bicolor* unter den Leptoceriden und mit *Oligostomis reticulata* unter den Phryganeiden.

Einige Trichopterenarten, die in der Optimal- sowie Terminalphase von Altwässern vorkommen, sind auch typische Bewohner von Moorgewässern, dazu gehören *Oligostomis reticulata*, *Oligotrichia striata* oder *Phacopteryx brevipennis*.

Tabelle 3.5: Trichopterenarten des Initial-, Optimal- und Terminalstadiums von Altwässern

Initialphase
Athripsodes albifrons, Athripsodes cinereus, Ceraclea dissimilis, Ceraclea senilis, Hydroptila angulata, Leptocerus tineiformis, Limnephilius fuscicornis, Limnephilius marmoratus, Limnephilius politus, Molanna angustata, Mystacides azurea. Mystacides longicornis, Neureclipsis bimaculata, Tinodes waeneri
Optimalphase
Athripsodes aterrimus, Cyrnus flavidus, C. insolutus, Holocentropus picicornis, Leptocerus tineiformis, Limnephilus flavicornis, L. rhombicus, L. stigma, Mystacides nigra, Oecetis furva, O. lacustris, O. ochracea, Triaenodes bicolor
Terminalphase
Cyrnus trimaculatus, Glyphotaelius pellucidus, Grammotaulius nitidus, G. nigropunctatus, Limnephilus auricula, L. sparsus, L. vittatus, Oligostomis reticulata, Phacopteryx brevipennis, Trichostegia minor

3.7 Eintagsfliegen

Andreas Hoffmann

Momentan sind aus Deutschland 113 Arten der Eintagsfliegen sicher nachgewiesen (Haybach u. Malzacher 2003). Von diesen haben etwa 16 Arten ihren Verbreitungsschwerpunkt in Stillgewässern, wobei knapp die Hälfte davon ausschließlich in stehenden Gewässern vorkommt. Im Vergleich zu den Trichopteren ist somit der Anteil an obligaten Stillwasserbewohnern in der Gruppe der Ephemeropteren geringer. Aus Sicht der Taxonomie stellen Arten aus den Familien bzw. Unterfamilien der Cloeoninae, Caenidae, Leptophlebiidae und Siphlonuridae die Mehrzahl dieser Stillwasserarten. In den Altwässern der Mittleren Elbe wurden im Untersuchungszeitraum (1996-2007) 13 Ephemeropterenarten nachgewiesen.

Die meisten dieser Stillwasserarten sind typische Sauerstoffregulierer mit beweglichen Kiemenplättchen, die zu aktiven Ventilationsbewegungen fähig und bei einigen Arten (z.B. *Siphlonurus)* zwecks der besseren Sauerstoffaufnahme zusätzlich verdoppelt sind. Gleichzeitig wird jedoch auch Sauerstoff über das Integument aufgenommen, unterstützt durch die kiemeninduzierte Bewegung des Atemwasserstroms, wobei diese Hautatmung vor allem bei den ersten Larvenstadien von großer Bedeutung ist und diese daher eher dem Typus der Sauerstoffkonformer zuzurechnen sind. *Cloeon dipterum* kann auf Grund besonderer physiologischer Anpassungsstrategien sogar längere anoxische Bedingungen während der Wintermonate in zugefrorenen Stillgewässern überdauern. Die Larven halten in dieser Phase ihre Körperfunktionen durch einen anaeroben Glykogenstoffwechsel aufrecht (Nagell 1977) und sind daher typische Bewohner des Terminalstadiums, in dem solche O_2-Mangelsituationen regelmäßig auftreten können. Zudem werden von den Larven aktiv Mikrohabitate mit höheren relativen Sauerstoffkonzentrationen aufgesucht, ein Verhalten, das auch die Larven von *Leptophlebia verspertina* zeigen (Brittain u. Nagell 1981). Die Stillwasser bewohnenden Arten der Baetiden können zumindest kurzzeitig anoxische Bedingungen tolerieren.

Auf Grund der Fortbewegungsweise der Larven können Ephemeropteren in unterschiedliche funktionelle Großgruppen eingeteilt werden, die auch in Verbindungen mit der Ernährungsweise stehen (Schoenemund 1930, Bauernfeind u. Humpesch 2001). Typische Vertreter der Schwimmer finden sich unter den spindelförmigen Siphlonuriden- und Baetidenlarven, die mit kräftigen, vertikalen Schlägen des Abdomens, unterstützt durch den bewimperten Schwanzfächer, durch den freien Wasserkörper schwimmen. Die Larven aus beiden Familien ernähren sich vom Aufwuchs bzw. Detritusablagerungen auf den Wasserpflanzen im Uferbereich der Stillgewässer. Die lang gestreckten Larven der Leptophlebeiiden gehören zum Typus der Kriecher, die sich am Gewässergrund zwischen Grobsubstraten und Grobdetritus schlängeln und sich hauptsächlich von Detritus ernähren. Die gedrungenen Larven der Caeniden sind ebenfalls dem Typus der Kriecher zuzuordnen, die auch in Bereichen mit schlammigen Ablagerungen umherlaufen. Bei ihnen sind die Kiemen nach dorsal verschoben und das modifizierte zweite Kiemenpaar bedeckt die restlichen Kiemenblätter und schützt sie somit vor eindringenden Feinpartikeln aus der Umgebung.

Ephemera vulgata ist eine der wenigen Stillwasserarten, deren Larven zu den grabenden Formen gehören. In sandig-schlammigen Bereichen graben die Larven mit ihren Vorderbeinen und Mandibeln U-förmige Gänge, in denen sie durch undulierende Bewegungen mit dem

Abdomen und Kiemenbewegungen einen gerichteten Wasserstrom erzeugen, aus dem sie Detrituspartikel mit Hilfe der Behaarung herausfiltrieren.

Im Vergleich zu den Trichopteren stehender Gewässer ist die Eiablage der Stillwasser-Ephemeropteren weniger gut bekannt, da nur für wenige Arten detaillierte Beobachtungen vorliegen (Bauernfeind u. Humpesch 2001). Bei der Mehrzahl der Arten erfolgt die Eiablage im Fluge, wobei ein (*Siphlonurus*, *Centroptilum*) oder mehrere Eipakete (Leptophlebeiidae, Caenidae) vom Weibchen durch Eintauchen des Abdomens in das Wasser abgesetzt werden. Die abgelegten Eier quellen bei Wasserkontakt auf, sinken ab und heften sich am Substrat fest. Einige Arten legen bevorzugt im Phytalbereich mit submersen Makrophyten ab. Eine Besonderheit stellt das Eiablageverhalten von *Cloeon dipterum* dar. Bei dieser ovoviviparen Art verbringen die begatteten Weibchen 10-14 Tage in einem Versteck und die Eier reifen im Körper des Weibchens zu schlupfreifen Larven heran. Bei der anschließenden Eiablage schlüpfen die Junglarven noch während des Absinkens der Eier aus der Eihülle.

Die Fekundität der Ephemeropterenweibchen ist wie bei den meisten aquatischen Insekten auf Grund der hohen Verlustraten während der aquatischen Lebensphase relativ hoch. So legen die Weibchen der Baetiden, Caeniden und Leptophlebiiden zwischen 1200 bis 3500 Eier ab, *Ephemera vulgata* sogar bis zu 6000 (Bauernfeind u. Humpesch 2001).

Die Ephemeropterenfauna von Altwässern in der Intitialphase ist geprägt durch Arten, die auch in lenitischen Fließgewässerabschnitten häufig vorkommen, wie *Baetis buceratus, B. fuscatus* und *B. tracheatus* sowie *Heptagenia flava* und *H. sulphurea*, wobei letztere Arten eine enge Bindung an submerses Totholz zeigen.

Die durch Makrophyten im Litoralbereich geprägte Optimalphase wird von Arten dominiert, die als typische Phytalarten auf diese Habitatstrukturen angewiesen sind (Tab.3.6), wie *Cloeon dipterum, C. simile, Centroptilum luteolum, Procloeon bifidum* und *Siphlonurus aestivalis* (Schmidt-Kloiber 1997). Daneben treten aber auch die detritivoren Leptophlebiiden und Caeneiden auf. Wesenberg-Lund (1943) erwähnt *Centroptlium luteolum* zusammen mit der Trichoptere *Mollana angustata* als typische Besiedler des flachen sandigen Grundes von Seen.

In der Terminalphase dominieren mit Zunahme des Feinsedimentanteils eindeutig psammophile *Caenis*-Arten, v.a. C. *horaria, Leptophlebia* sowie *Cloeon dipterum*, die besonders gut an Sauerstoffmangelsituation angepasst ist (siehe oben).

Tabelle 3.6: Ephemeropterenarten des Optimal- und Terminalstadiums von Altwässern

Optimalphase
Centroptilum luteolum, Cloeon simile, Procleon bifidum, Siphlonurus aestivalis, Ephemera vulgata
Terminalphase
Caenis horaria, Cloeon dipterum, Leptophlebia marginata

3.8 Wasserkäfer

Volker Lüderitz

Als Wasserkäfer werden verschiedene, zum Teil nicht näher verwandte Taxa der Ordnung Coleoptera zusammengefasst, die zumindest in einem Entwicklungsstadium –Larve oder Imago – aquatisch oder amphibisch leben. In Deutschland kommen Arten aus 14 aquatischen Familien vor: Schwimmkäfer (Dytiscidae), Tauchkäfer (Noteridae), Schlammschwimmer (Hygrobiidae), Taumelkäfer (Gyrinidae), Wassertreter (Haliplidae), Wasserkäfer im engeren Sinne (Hydrophilidae), Buckelwasserkäfer (Spercheidae), Furchenwasserkäfer (Helophoridae), Rippenwasserkäfer (Hydrochidae), Langtasterwasserkäfer (Hydraenidae), Sumpfkäfer (Scirtidae), Bachkäfer (Psephenidae), Klauenkäfer (Dryopidae) und Hakenkäfer (Elmidae). Unter diesen sind die Dytisciden und Hydrophiliden, zumal in Altwässern, die bei weitem artenreichsten.

Von den meisten mitteleuropäischen Wasserkäferarten sind unter den vier Entwicklungsstadien nur Ei und Larve obligatorisch aquatisch. Die reife Larve verlässt das Wasser und begibt sich zur Verpuppung meist in den Boden in Gewässernähe (Klausnitzer 1996). Die Imago verbringt den größten Teil ihres Lebens im Wasser, nur zur Ausbreitung und bei einigen Arten zur Überwinterung begibt sie sich an Land.

Im Vergleich zu den Libellen sind die wasserbewohnenden Käfer mit 359 (Klausnitzer 1996) bzw. 367 bis 375 Spezies (Hess et al. 1999) eine weitaus artenreichere Gruppe. Rund zwei Drittel von ihnen kommen überwiegend oder ausschließlich in Stillgewässern vor, die meisten davon prinzipiell auch in Altwässern unterschiedlicher Sukzessionsstadien. Im Unterschied zu den Libellen sind die Kenntnisse über die ökologischen Ansprüche der meisten einzelnen Wasserkäferarten noch gering und die dazu verfügbaren Informationen z. T. recht widersprüchlich (Klausnitzer 1996). Euryöke Ansprüche scheinen in dieser Organismengruppe zudem weiter verbreitet zu sein als in anderen hier betrachteten Gruppen. Trotzdem weisen viele Arten deutliche Präferenzen auf, die eine Zuordnung zu den Phasen der Altwasserentwicklung möglich machen. Zudem gibt es etliche Spezies, die durch das zunehmende Verlanden und Verschwinden von Auenaltwässern in ihrem Bestand bedroht und damit aus Naturschutzsicht als Zielarten von Revitalisierungsmaßnahmen angesehen werden können.

Im Folgenden sollen einige altwassertypische Käferarten aus den wichtigsten Familien Dytiscidae, Hydrophilidae und Haliplidae vorgestellt und – wenn möglich – einem Sukzessionsstadium zugeordnet werden (Tab.3.7).

Mit etwa 145 Arten sind die Schwimmkäfer (Dytiscidae) die artenreichste Gruppe in Deutschland, ihre Vertreter dominieren insbesondere auch das Artenspektrum der wasserbewohnenden Käfer in Altwässern. Zu ihnen gehören nur wenige Millimeter große Spezies aus der Unterfamilie der Hydroporinae ebenso wie Arten aus der Unterfamilie der Dytiscinae, die bis zu 45 mm lang werden können.

Aus der letztgenannten Gruppe sind alle in Deutschland vorkommenden Arten auch in Altwässern anzutreffen. Von den größeren Arten fast über all häufig ist der Gelbrand (*Dytiscus marginalis*). Er findet seine bevorzugten Lebensräume in der bewachsenen Uferzone von Gewässern der Optimal- und Terminalphase und verschmäht auch Resttümpel nicht.

Weniger häufig, aber in den Elbealtwässern regelmäßig anzutreffen sind *D. dimidiatus* und der Gaukler (*Cybister lateralimarginalis*) (Abb.3.22). Beide Arten bevorzugen saubere, pflanzenreiche Stillgewässer und sind damit Charakterarten der Optimalphase. Sanierungsmaßnahmen an den Altwässern im Raum Dessau haben insbesondere die letztgenannte Art deutlich gefördert.

Abbildung 3.22: Der Gaukler (*Cybister lateralimarginalis*) kann an Elbaltwässern regelmäßig angetroffen werden (Foto: U. Braukmann)

Besondere Zielarten der Altwassersanierung sind der Breitrandkäfer (*Dytiscus latissimus*) und der Schmalbindige Breitflügel-Tauchkäfer (*Graphoderus bilineatus*). Beide Arten bevorzugen größere, nährstoffarme Seen, Teiche und Altwässer mit ausgedehnten, besonnten Uferabschnitten und dichten Beständen von Unterwasserpflanzen (Beutler u. Hielscher 2002). Isolierte Standgewässer in agrarisch intensiv genutzten Gebieten sind für sie ungeeignet (Holmen 1993).

D. latissimus und *G. bilineatus* sind in Europa stark zurückgegangen und in Mitteleuropa vom Aussterben bedroht. Zumindest *G. bilineatus* hat im Raum der Mittleren Elbe bei Dessau aber noch einen Verbreitungsschwerpunkt (Hohmann 2003). Beide Arten sind nach Anhang II der FFH-Richtlinie und nach der Berner Konvention als einzige Wasserkäfer europaweit streng geschützt. Als Ursachen für das fast völlige Verschwinden v. a. des Breitrandes geben Hendrich u. Balke (2000) meliorative Maßnahmen, Eutrophierung und Beschattung der Brutgewässer sowie einen zu hohen Fischbesatz an. Maßnahmen zum Schutz beider Arten müssen demzufolge auf die Erhaltung und Wiederherstellung makrophytenreicher Flachseen bzw. allgemein strukturreicher Stillgewässer auf niedrigem Trophieniveau z. B. durch Altwasserrevitalisierung, Wiedervernässung von Moorgebieten und Schaffung von nicht oder nur extensiv bewirtschafteten Gewässerschonstreifen gerichtet sein. Dass derartige Erhaltungs- und Entwicklungsmaßnahmen zugleich zahlreiche weitere Elemente der Fauna und Flora fördern, versteht sich von selbst. Dazu gehören neben der weiteren *Dytsicus*-Art *D. circumflexus* mehrere Arten der Gattung *Agabus* wie *A. unguicularis, A. nebulosus, A. paludosus* und *A. undulatus* sowie weitere mittelgroße Arten wie *Graphoderus cinereus, Acilius sulcatus, Hydaticus continentalis, Rhantus frontalis, R. latitans* und *R. suturalis.*

Auch zahlreiche Vertreter der mit 53 Arten in Deutschland zweitgrößten Gruppe der wasserbewohnenden Käfer, der Echten Wasserkäfer (Hydrophilidae) bevorzugen pflanzenreiche Flachwasserzonen. Dazu gehören die größten Mitglieder dieser Familie, der Große Kolbenwasserkäfer (*Hydrophilus piceus*) (Abb.3.23) und der Tiefschwarze Kolbenwasserkäfer (*H. aterrimus*) sowie der Kleine Kolbenwasserkäfer (*Hydrochara caraboides*). Diese Arten haben nach unseren Erfahrungen einen deutlichen Verbreitungsschwerpunkt in den Altwässern der (Mittleren) Elbe. Dazu kommen kleinere Arten der Familie wie *Hydrobius fuscipes, Limnoxenus niger, Anacaena bipustulata* sowie Vertreter der Gattungen *Berosus* und *Enochrus.*

Abbildung 3.23: Der Große Kolbenwasserkäfer (*Hydrophilus piceus*) bevorzugt pflanzenreiche Flachwasserzonen (Foto: U. Braukmann)

Unter den Wassertretern (Haliplidae) gibt es ebenfalls mehrere Arten, die in Altwässern v. a. des Optimalstadiums günstige Lebensbedingungen finden, v. a. *Haliplus flavicollis, H. immaculatus, H. laminatus, H. wehnkei* und *Peltodytes caesus.*

Eine Reihe von Wasserkäfern bevorzugt aber auch die Übergangsstadien zwischen Optimal- und Terminalstadien (iliophile, d. h. schlammliebende Arten) oder vermoorte Bereiche des

Terminalstadiums (tyrphophile, d.h. torfliebende Arten). Dazu gehören unter den Dytisciden die gefährdeten Arten *Dytiscus semisulcatus* (Schwarzbauch-Wasserkäfer) und *Graphoderus zonatus* sowie weiterhin *Colymbetes fuscus* (Teichschwimmer), *Hygrotus impressopunctatus, H. versicolor, Hydroporus angustatus, H. palustris, H. pubescens, H. striola, Rhantus latitans, R. suturalis, Ilybius ater* und *Laccophilus poecilus.*

Unter den Hydrophiliden wird das Terminalstadium präferiert von *Berosus luridus*, *Enochrus melanocephalus, Helochares obscurus* (Teichkäfer) und *Laccobius minutus*. Auch die meisten Arten der Helophoridae halten sich, so sie in Altwässern vorkommen, hauptsächlich im Bereich des Terminalstadiums auf.

Da dieses Stadium somit auch ein wichtiger Lebensraum für viele Wasserkäfer – wie auch Libellenarten (vgl. Kap. 3.5) ist, müssen Sanierungsmaßnahmen an Altwässern immer auch gewährleisten, dass besonders wertvolle Terminalabschnitte erhalten bleiben. Dem maßnahmevorbereitenden und –begleitenden Monitoring kommt somit eine besondere Bedeutung zu.

Tabelle 3.7: Häufige Käferarten der Altwasser (a) und Arten, (z. T. gefährdet), die durch Revitalisierung von Altwässern gefördert werden (b)

a) Häufige Arten
Acilius sulcatus, H. ruficollis, Agabus bipustulatus, Helophorus aquaticus, A. didymus, Hydaticus seminiger, A. sturmii, H. transversalis, A. undulatus, Hydrobius fuscipes, Anacaena limbata, Hydrochara caraboides, Berosus luridus, Hydroporus palustris, Hygrotus impressopunctatus, H. pubescens, Colymbetes fuscus, Ilybius fenestratus, Dytiscus marginalis, Ilybius fuliginosus, Graphoderus cinereus, Laccophilus hyalinus, Gyrinus substriatus, L. minutus, Haliplus immaculatus, Noterus clavicornis, H. laminatus, Rhantus exsoletus, H. lineatocollis, R. suturalis
b) Geförderte Arten
Agabus paludosus, Anacaena bipustulata, Cybister lateralimarginalis, Dytiscus circumflexus, D. dimidiatus, D. latissimus, D. semisulcatus, Graphoderus zonatus, G. bilineatus, Graptodytes pictus, Gyrinus paykulli, Haliplus flavicollis, H. fluviatilis, Hydaticus continentalis, Hydrophilus aterrimus, H. piceus, Ilybius quadriguttatus, Limnoxenus niger, Potamonectes elegans, Rhantus grapii, R. latitans

3.9 Mollusken

Volker Lüderitz

In Deutschland wurden 75 Schnecken- und 38 Muschelarten des Süßwassers nachgewiesen (Glöer u. Meier-Brook 2003). Sie spielen im trophischen System der Gewässer eine bedeutende Rolle und liefern in nicht wenigen Gewässern den größten Beitrag zur tierischen Biomasse.

Während alle Muscheln (Bivalvia) über Kiemen atmen, unterscheidet man die Schnecken (Gastropoda) in Prosobranchia (Vorderkiemer) und Pulmonata (Lungenschnecken). Die meisten Arten der zweiten Gruppe sind dazu gezwungen, den Luftvorrat in ihrer als Lunge ausgebildeten Mantelhöhle zu erneuern, bei Tiefenbewohnern kann die Mantelhöhle aber auch mit Wasser gefüllt sein, aus dem der Sauerstoff durch Diffusion aufgenommen wird.

Hinsichtlich ihrer Ernährung sind die Schnecken überwiegend Weidegänger, aber auch partikuläres Material (Zerkleinerer) und Detritus (Substratfresser) werden meist nicht verschmäht.

Auf die für Altwässer wichtigen Gruppen und Arten von Mollusken soll im Folgenden eingegangen werden.

Unter den **Kiemenschnecken** ist die Gemeine Schnauzenschnecke (*Bithynia tentaculata*) die bei weitem häufigste Art. Sie ist anspruchslos und anpassungsfähig. Tritt sie im Vergleich zu anderen Arten sehr häufig auf, so kann dieser Umstand als deutlicher Degradationsanzeiger für das entsprechende Gewässer gewertet werden. Nicht so anspruchslos und weniger häufig ist die Bauchige Schnauzenschnecke (*B. leachii*), die bevorzugt in pflanzenreichen, stehenden und langsam fließenden Gewässern, auch in Altwässern v. a. des Optimalstadiums, vorkommt.

Aus der Familie der Federkiemenschnecken (Valvatidae) sind in den Auengewässern die Flache Federkiemenschnecke (*Valvata cristata*) und die Gemeine Federkiemenschnecke (*V. piscinalis*) verbreitet. Beide Arten sind sauerstoffbedürftig und meiden somit das Terminalstadium. Wesentlich seltener als die zuvor genannten Arten ist die Sumpf-Kiemenschnecke (*V. macrostoma),* die allerdings auch auentypisch ist und durch die Revitalisierung der Auengewässer gefördert werden kann.

Die Arten der Familie Viviparidae leben als Filtrierer, Weidegänger und Detritusfresser. Hinsichtlich ihrer ökologischen Ansprüche unterscheiden sie sich die beiden in Nord- und Mitteldeutschland vorkommenden Arten graduell, sie kommen aber nicht selten auch gemeinsam vor. *Viviparus viviparus* (Stumpfe Sumpfdeckelschnecke) ist eine Art vorrangig größerer, langsam fließender Gewässer. In Altwässern ist sie eine Charakterart der Initialphase, kann aber auch im Optimalstadium angetroffen werden. Obwohl sie stellenweise nicht selten ist, gilt die Art als stark gefährdet, da ihre Lebensraumansprüche in längst nicht mehr allen potenziellen Siedlungsgewässern erfüllt sind. *V. viviparus* kann deshalb als typische Leitart der Altwassersanierung angesehen werden.

In den meisten Altwässern wesentlich häufiger angetroffen wird die Schwesterart *V. contectus* (Spitze Sumpfdeckelschnecke), die auf Grund ihres geringeren Sauerstoffbedarfes auch in stark verschlammten Altwässern des Terminalstadiums regelmäßig angetroffen werden kann.

Unter den **Lungenschnecken** stellt die Familie der Schlammschnecken (Lymnaeidae) die größten und auffälligsten Arten, von denen einige in Altwässern sehr häufig vorkommen. Das gilt auch für die größte Art der Gruppe, die Spitzhorn-Schlammschnecke (*Lymnaea stagnalis*), welche in allen pflanzenreichen stehenden und langsam fließenden Gewässern lebt und oft mit anderen Arten der Familie wie der Gemeinen Sumpfschnecke (*Stagnicola palustris*), der Großen Sumpfschnecke (*S. corvus*), der Gemeinen Schlammschnecke (*Radix balthica*) und der Ohrschlammschnecke (*R. auricularia)* vergesellschaftet ist. *R. balthica* ist unter den genannten Arten fast immer die häufigste. Ähnlich wie *B. tentaculata* neigt sie auf Grund ihrer Anpassungsfähigkeit unter ungünstigen ökologischen Bedingungen zur Ausbildung sehr hoher Abundanzen. Als einzige kleine Art der Familie ist die Leberegelschnecke (*Galba truncatula)* in Altwässern verbreitet, und zwar fast ausschließlich in Flachwasserzonen, Verlandungsbereichen und Überschwemmungsbereichen.

Von den Blasenschnecken (Physidae) kommen die Quellblasenschnecke (*Physa fontinalis*) und die Spitze Blasenschnecke (*Physella acuta*) in Altwässern vor, wobei *P. fontinalis* eine deutliche Präferenz für klare und pflanzenreiche Gewässer zeigt.

Die Tellerschnecken (Planorbidae) sind eine weitere arten- und biomassereiche Familie der Lungenschnecken. Mehrere euryöke Arten kommen in Altwässern regelmäßig bis häufig vor. Dazu zählen die Posthornschnecke (*Planorbarius corneus*), die Gemeine Tellerschnecke (*Planorbis planorbis*), die gekielte Tellerschnecke (*P. carinatus*), die Scharfe Tellerschnecke (*Anisus vortex*), die Riementellerschnecke (*Bathyomphalus contortus*) sowie das weiße Posthörnchen (*Gyraulus albus*). Insbesondere durch die Schaffung und Erhaltung von pflanzenartenreichen, gut durchsonnten Flachwasserzonen können die gefährdeten Arten Gelippte Tellerschnecke (*Anisus spirorbis*) und Glattes Posthörnchen (*Gyraulus laevis*) gefördert werden.

Muscheln sind im Gewässer nicht nur hinsichtlich ihrer Biomasseproduktion von Bedeutung, sie filtern dazu auch erhebliche Mengen von Wasser und befreien es somit von Trübstoffen.

Die Sphaeriiden sind mit 23 Arten die größte Familie der einheimischen Süßwassermuscheln. Allerdings werden davon nur einige regelmäßig in Altwässern gefunden. Überall häufig ist die Kugelmuschel *Sphaerium corneum,* die in stehenden und fließenden Gewässern aller Art vorkommt und sich besonders in eutrophen und verschmutzten Gewässern durchsetzt. Die wesentlich anspruchsvollere Art *Sphaerium rivicola* (Flusskugelmuschel) kann sich in Altwässern nur in sauberen und durchströmten Abschnitten halten. Demgegenüber ist die Häubchenmuschel *Musculium lacustre* in pflanzenreichen Altwässern des Optimal- und Terminalstadiums meist häufig und erträgt auch Austrocknungsphasen (Falkner 1990).

Die meisten der nur wenige mm großen Pisidien (Erbsenmuscheln) halten sich vorwiegend im feinen Sand und Schlamm des Bodengrundes von Flüssen und Bächen auf (Meyer 1987), einige Arten kommen aber auch in Altwässern vor. Für die rheophilen Arten Große Erbsenmuschel (*Pisidium amnicum*), Faltenerbsenmuschel (*P. henslowanum*) sowie die Dreieckige Erbsenmuschel (*P. supinum*) trifft dies überwiegend bezüglich des Initialstadiums zu. Die Glänzende Erbsenmuschel (*P. nitidum*), die Schiefe Erbsenmuschel (*P. subtruncatum*), die Gemeine Erbsenmuschel (*P. casertanum)* sowie die Aufgeblasene Erbsenmuschel (*P. obtusale)* findet man demgegenüber auch regelmäßig in den Gewässern des Optimalstadiums, wobei die letztgenannte Art eher zum Terminalstadium tendiert.

Die beiden mit ca. 2mm kleinsten Arten der Gattung, die Winzige Faltenerbsenmuschel (*P. moitessierianum*) und die Kleinste Erbsenmuschel (*P. tenuilineatum)* sowie die etwas größere

Schöne Erbsenmuschel (*P. pulchellum*) wurden ebenfalls vereinzelt in Altwässern nachgewiesen, sie sind aber (stark) gefährdet und können somit als Zielarten ihrer Sanierung gelten.

Unter den Großmuscheln aus der Familie der Unionidae sind die Schwanenmuschel (*Anodonta cygnea*) (Abb.3.24), die Entenmuschel (*A. anatina*) und die Malermuschel (*Unio pictorum*) in den Altwässern aller Stadien oft häufig. Hingegen zeigt die Große Flussmuschel (*U. tumidus)*, welche Schlamm meidet, eine deutliche Präferenz für das Initial- und Optimalstadium (Glöer u. Meier-Brook 2003).

Abbildung 3.24: *Anodonta cygnea* (Foto: U. Langheinrich)

Tabelle 3.8: Häufige Molluskenarten der Altwasser (a) und Arten, (z. T. gefährdet), die durch Revitalisierung von Altwässern gefördert werden (b)

a) Häufige Arten
Anisus vortex, Anodonta cygnea, A. anatine, Bithynia tentaculata, Gyraulus albus, Lymnea stagnalis, Physa fontinalis, Pisidium casertanum, P. nitidum, P. subtruncatum, Planorbarius corneus, Planorbis Planorbis, Radix auricularia, Radix baltica, Stagnicola corvus, S. palustris, Unio pictorum, Valvata cristata, V. piscinalis, Viviparus contectus
b) Geförderte Arten
Anisus spirorbis, Bithynia leachii, Gyraulus laevis, Pisidium moitessierianum, P. obtusale, P. pulchellum, P. tenuilineatum, Sphaerium rivicola, Theodoxus fluviatilis, Unio tumidus, Valvata macrostoma, Viviparus viviparus

3.10 Säugetiere

Volker Lüderitz

Es gibt nur wenige Säugetierarten, die für Flussaltwässer typisch sind. Unter diesen die Charakterart der Elbaltwässer schlechthin ist der Elbebiber (*Castor fiber*) (Abb.3.25). Biber ernähren sich rein pflanzlich, im Winterhalbjahr hauptsächlich von der Rinde von Weichhölzern wie Erlen und Pappeln, im Sommerhalbjahr dienen überwiegend weiche Wasser- und Uferpflanzen als Nahrung (Reichholf 1988). Stehende oder fließende Wohngewässer sind mindestens 1,5 m tief, sie dürfen nicht austrocknen und nicht bis zum Grund gefrieren. Da Letzteres bei verlandenden Altwässern aber häufig der Fall ist, sichert die Altwasserrevitalisierung auch die Lebensräume des Bibers, der trotz deutlichem Anwachsen der Populationen in den letzten 20 Jahren nach wie vor als gefährdete Art einzustufen ist.

Abbildung 3.25: Der Elbebiber (*Castor fiber*) (Foto: A. Weber)

Wesentlich stärker bedroht als die Bestände des Bibers sind die des Fischotters (*Lutra lutra*) (Abb.3.26). Der Otter, der sich neben Fischen vorrangig von Mollusken, Amphibien, Wasservögeln und Krebsen ernährt, benötigt klare, fischreiche Gewässer mit ausreichenden Versteckmöglichkeiten. Zunächst die Jagd, später Gewässerverbau- und Unterhaltung, Eutrophierung sowie im Falle der Altwässer die zunehmende Verlandung haben die Anzahl der Otter bis in die 1990er Jahre stetig zurückgehen lassen. Seither erholen sich die Bestände leicht. Eine wesentliche Maßnahme ist die Herstellung der ökologischen Durchgängigkeit, d. h. die Beseitigung von Wanderungshindernissen.

Abbildung 3.26: Fischotter (*Lutra lutra*) beim Spiel (Foto: A. Weber)

Die Wasserspitzmaus (*Neomys fodiens*) bevorzugt üppig bewachsene Bach-, Fluss- und Seeufer, Röhrichte, Seggenrieder und Bruchwälder (Steinborn 1984). Sie ernährt sich von Makroinvertebraten und Kleinfischen. Da ihre Vorkommen auch an Altwässern sehr zerstreut sind, gilt die Art als gefährdet.

3.11 Vögel

Wulf Pohle, Volker Lüderitz

Altwässer mit ihren Ufern und ihrem Umfeld sind ein außerordentlich bedeutender Lebensraum für zahlreiche Vogelarten, von denen etliche überwiegend an diesen Lebensraum gebunden sind. Stärker noch als bei anderen Gruppen von Tieren ist die enge Vernetzung von Gewässern und Umland für die Vielfalt der Vogelwelt an Altwässern von entscheidender Bedeutung. Dazu gehören Flussnähe, Strukturvielfalt des aquatischen und amphibischen Lebensraumes, gelegentliche Überflutung der Auen, unterschiedliche Feuchte von Standorten und die strukturelle Qualität der Gewässerschonstreifen. Das zunehmende Verschwinden von Altwässern bzw. ihr massiver Übergang in das Terminalstadium haben dazu geführt, dass viele Arten inzwischen auf den Roten Listen zu finden sind, weil sie nur noch vereinzelt geeignete Lebensräume vorfinden (Tab.3.9). Nachfolgend sollen Vogelarten beschrieben werden, die insbesondere für die Altwässer der Elbe charakteristisch sind und zum großen Teil als Ziel- und Leitarten der Altwasserrevitalisierung gelten können.

Die Arten der Familie Podicipedidae (Lappentaucher) sind stark auf das Leben auf und im Wasser angepasst und bewegen sich daher auf dem Land relativ ungeschickt. Ihre Nester sind schwimmende Inseln, die aus Wasserpflanzen gebaut werden. Die weißen Eier färben sich durch die verrottenden Pflanzenteile im Laufe der Zeit braun.

Der Haubentaucher (*Podiceps cristatus*) (Abb.3.27) ist die größte und auf Altwässern des Optimalstadiums sowie des einsetzenden Terminalstadiums zumeist häufigste der einheimischen Taucherarten. Fortschreitende Terminierung, v. a. in Verbindung mit starker Eutrophierung haben selbst diese relativ anspruchslose Art aus vielen Altwässern verdrängt.

Abbildung 3.27: Der Haubentaucher (*Podiceps cristatus*) (Foto: W. Pohle)

Der etwas kleinere und wesentlich seltenere Rothalstaucher (*Podiceps grisegena*) scheint unter diesen Faktoren noch weit stärker zu leiden und brütet nur noch selten auf Altwässern. Als Ersatzlebensräume dienen ihm Fischteiche.

Der kleine Zwergtaucher (*Podiceps ruficollis*) bevorzugt dicht bewachsene Tümpel und Teiche, er benötigt nur kleine Wasserflächen und kann deshalb unter den Lappentauchern durchaus als Charakterart des Terminalstadiums gelten. Da er sich vorrangig von Insekten, Kleinkrebsen und Kaulquappen ernährt, ist er auf Fische nicht angewiesen, er benötigt aber eine biomassereiche Unterwasserfauna (Nicolai et al. 1984).

Unter den Reihern (**Ardeidae**) kommt vor allem der Graureiher (*Ardea cinerea*) regelmäßig an Altwässern vor. Für die Brut bevorzugen Graureiher Auenwälder, insbesondere alte Eichen und Ulmen. Sie ernähren sich außer von Fischen auch von Amphibien, Reptilien sowie von Wirbellosen und haben somit ein breites Nahrungsspektrum (Bezzel 1985). An der der „Dornburger Alten Elbe" (vgl. Kap. 5.3.3) bestand über Jahrzehnte eine Kolonie von 10 bis 20 Brutpaaren. Im Jahr 2004 wurde die Kolonie verlassen. Als Grund dafür ist die Nesträuberei durch den Waschbären (*Procyon lotor*), der sich leider auch entlang der Elbe immer mehr ausgebreitet hat, sehr wahrscheinlich.

Kleiner und optisch wesentlich weniger, dafür akustisch um so mehr auffällig sind die Rohrdommeln. Die Große Rohrdommel (*Botaurus stellaris*) und in noch höherem Maße die Zwergrohrdommel (*Ixobrychus minutus*) (Abb.3.28) sind stark bedrohte Arten, die sich von kleinen Fischen, Wasserinsekten und anderen Kleintieren ernähren. Ihre Nester bauen sie im dichten Schilfbestand 10 bis 30 cm über der Wasseroberfläche. Als Nistmaterial dienen stabile Schilfhalme und dünne Zweige. Die Altwässer der Mittleren Elbe dürften für diese Arten einer der wichtigsten verbliebenen Lebensräume sein, während ihr Bestand z. B. in den Bundesländern Nordrhein-Westfalen, Bayern, Baden-Württemberg und Hessen ganz oder weitestgehend erloschen ist (Bezzel 1995).

Abbildung 3.28: Zwergrohrdommelpaar (*Ixobrychus minutus)* mit Nachwuchs (Foto: W. Pohle)

Unter den Entenvögeln (Anatidae) ist die Stockente (*Anas platyrhynchos*) die mit Abstand häufigste und anspruchsloseste Art, die auch in allen Stadien der Altwasserentwicklung häufig angetroffen wird. Verantwortlich dafür sind ihre ausgesprochene Omnivorie und die wenig wählerische Nutzung von Brutplätzen.

Wesentlich seltener und stark gefährdet ist die Knäkente (*Anas querquedula*), deren Brutvorkommen an Elbaltwässern zerstreut nachgewiesen wurde. Sie brütet an eutrophen und deckungsreichen Binnengewässern mit meist kleinen, offenen Wasserflächen und ist somit eine Charakterart des einsetzenden Terminalstadiums. Ihre Gefährdung ergibt sich auch aus der recht spezialisierten, seihenden Ernährung von Wasserlinsen, Sämereien und oberflächennah vorkommenden Makroinvertebraten (Bezzel 1985). Der gleichen Gefährdungskategorie zuzuordnen ist die Löffelente (*Anas clypeata*), die ähnliche Habitate und auch eine ähnliche Ernährungsweise aufweist.

In der Unterfamilie der Gänse (Anserinae) ist die Graugans (*Anser anser*) (Abb.3.29) die häufigste Brutvogelart in und an Altwässern. Sie bevorzugt zur Brutzeit Gewässer mit dichter Randvegetation und nächtigt auch auf dem Wasser, sucht ihre Nahrung aber bevorzugt an Land, d. h. auf Grünland und Äckern. Dort ist sie nicht selten gemeinsam mit dem Höckerschwan (*Cygnus olor*) (Abb.3.29) zu sehen. Brutplätze des Höckerschwans findet man auf Altwässern vornehmlich des Optimal- und frühen Terminalstadiums. Die Art bevorzugt Gewässer mit reicher Unterwasservegetation, da sie sich fast ausschließlich vegetarisch ernährt (Nicolai et al. 1984).

Abbildung 3.29: Höckerschwan (*Cygnus olor*) und Graugans (*Anser anser*) (Foto: W. Pohle)

Unter den Greifvögeln (Falconiformes) ist die Rohrweihe (*Circus aeruginosus*) die Charakterart der Altwässer überhaupt. In den meist voluminösen Horsten im Röhricht werden in der Regel drei bis fünf Jungvögel aufgezogen. Die Rohrweihe ist nur beim Brutgeschäft auf Gewässer angewiesen, da sie ihren Horst prinzipiell im dichten Schilfgürtel anlegt. Sie erbeutet zwar auch an Wasser gebundene Beutetiere, aber meist fliegt sie bei der Jagd im Suchflug über Wiesen und Felder, um Kleinnager oder Frösche zu erbeuten.

Der Fischadler (*Pandion haliaetus)* lebt vorrangig in waldreichen Seengebieten. Da er auf klare, fischreiche Gewässer angewiesen ist, aber Altwässer des Optimalstadiums nur noch mit geringer Zahl und Fläche vorhaben sind, ist er in Auengebieten sehr selten geworden.

Die beiden Milane, der Rote Milan (*Milvus milvus*) und der Schwarze Milan (*Milvus migrans*) sind zwar nicht vom Wasser abhängig und brüten auch nicht dort, aber man kann sie häufig als sehr geschickte Fischer beobachten, wenn sie dicht unter der Wasseroberfläche schwimmende Fische ergreifen.

Nahezu undenkbar ist das Bild der Auen ohne die Störche (**Ciconiidae**). Die beiden bei uns vorkommenden Arten haben sehr unterschiedliche Habitatansprüche. Während der Weißstorch (*Ciconia ciconia*) ein typischer und auffälliger Kulturfolger ist, der bevorzugt auf feuchten Wiesen, in seichten Gewässern, aber auch auf abgeernteten Äckern nach seiner vielfältigen tierischen Nahrung sucht und heute vorrangig in menschlichen Siedlungen brütet, ist der gefährdete Schwarzstorch (*Ciconia nigra*) ein ausgesprochener Kulturflüchter. Er bevorzugt feuchte Waldgebiete und kann somit durch Deichrückverlegungen und Auenrevitalisierungsmaßnahmen besonders gefördert werden.

Die Rallen (Rallidae) sind typische Sumpfvögel, die meist an und auf vegetationsreichen Gewässern vorkommen und sich dort behände in dichtem Pflanzenbewuchs (Vegetationschlüpfer) bewegen (Schaefer 1994).

Unter ihnen ist die Blässralle (*Fulica atra*) die auch auf Altwässern bei weitem häufigste Art. Als Allesfresser ist sie nicht auf ein bestimmtes Stadium angewiesen, kommt aber am häufigsten in der Optimal- und frühen Terminalphase vor.

Ebenfalls verbreitet, aber wesentlich seltener und scheuer ist die Grünfüßige Teichralle (*Gallinula chloropus*). Sie brütet eher im Ufergebüsch als in Röhrichten und ist in ihrem Nahrungsspektrum ebenfalls nicht wählerisch. Weit stärker auf tierische Nahrung angewiesen ist die Wasserralle (*Rallus aquaticus*), die ihre Brutplätze vorrangig in hohen und dichten Röhrichtbeständen findet, aber mindestens kleine Wasserflächen braucht (Bezzel 1985). Sie kann an Altwässern als Charakterart des einsetzenden Terminalstadiums gelten.

Auch für das das Tüpfelsumpfhuhn (*Porzana porzana*) gibt es einzelne Nachweise an Altwässern der Elbe, obwohl es schwerpunktmäßig eher in Niedermoorgebieten vorkommt.

Die **Limikolen** – Regenpfeifer **(Charadriidae)** und Schnepfenvögel (**Scolopacidae**) leben in offenlandigen Feuchtgebieten, vor allem auch in der rezenten Aue und an Altwässern vorrangig des Initialstadiums; sie ernähren sich von Würmern und am Boden lebenden Kleintieren, sind Bodenbrüter und sehr empfindlich gegen Störungen. Ihre Nester sind meist in der dichten Vegetation versteckt, lediglich der Kiebitz (*Vanellus vanellus*) und die Uferschnepfe (*Limosa limosa*) (Abb.3.30) vertrauen gelegentlich auf die Schutzfärbung ihrer Eier. Der Kiebitz war ein bis in die 1970er Jahre ein häufiger Brutvogel auf feuchten Wiesen der Elbniederung. Als Folge von wasserbaulichen Maßnahmen, der daraus resultierenden Absenkung des Grundwasserstandes und der Austrocknung von Feuchtgebieten wurde der Kiebitz in dieser Region selten.

Abbildung 3.30: Die Uferschnepfe (*Limosa limosa*) (Foto: W. Pohle)

Ein noch drastischerer Rückgang betraf die Uferschnepfe, den Rotschenkel (*Tringa totanus*) und die Bekassine (*Gallinago gallinago*). Im Bereich der Dornburger Alten Elbe brüten diese Arten seit Anfang der 1980er Jahre nicht mehr, auch ansonsten sind sie im Gebiet der Mittleren Elbe sehr selten. Alle drei Arten werden in den Roten Listen Sachsen-Anhalts (Tab.3.9) als „Vom Aussterben bedroht" geführt.

Abbildung 3.31: Der Eisvogel (*Alcedo atthis*) nach erfolgreicher Jagd (Foto: W. Pohle)

Eine besondere optische Attraktion ist der farbenprächtige Eisvogel (*Alcedo atthis*) (Abb.3.31), die einzige einheimische Art der Familie der Eisvögel (**Alcedinidae**). Zum Brüten benötigt er Steilhänge (möglichst ins Wasser abfallende Steilufer), in die er seine Bruthöhlen graben kann. Seine Beute - Kleinfische wie z.B. Stichlinge -, erspäht er, auf über dem Wasser hängenden Zweigen sitzend, und stößt dann im Sturzflug ins Wasser, um die Beute zu ergreifen. Aus diesem Grund ist er auf klare, saubere Gewässer angewiesen, die reich an kleinen Fischen sind. Außerdem müssen Bäume nahe am Ufer stehen, die ihm als Sitzwarte dienen. Sind diese Voraussetzungen erfüllt, findet man den Eisvogel auch an Altwässern. Regelmäßig wird er z. B. am Sarensee (Abb.3.18) bei Dessau beobachtet, da dieser Altwassersee ein steiles Ostufer und durch den Grundwasserzutritt eine gute Wasserqualität aufweist.

Die ebenfalls einzige Art ihrer Familie **Remizidae** (Beutelmeisen) in Mitteleuropa ist die einheimische Beutelmeise (*Remiz pendulinus*) (Abb.3.32), die zum Schutz gegen Feinde ihr Nest in über dem Wasser hängenden Astgabeln von Weiden oder anderen Bäumen webt. Das Nest ist ein hängender, aus Pflanzenfasern und Wolle gewebter Beutel mit seitlicher Eingangsröhre. Der Beutel wird vom Männchen gebaut, das Weibchen vollendet den Bau der

Eingangsröhre und übernimmt dann allein die Brutpflege, während das Männchen ein neues Nest beginnt. Die Beutelmeise ist zwar nicht häufig, doch brütet sie an buschreichen Ufern von Altwässern mit einer gewissen Stetigigkeit.

Abbildung 3.32: Die Beutelmeise (*Remiz pendulinus*) (Foto: W. Pohle)

Unter den Grasmückenartigen (**Sylviidae**) sind es die Rohrsänger, die auf und an Altwässern ihren – teilweise bevorzugten – Lebensraum finden. Bis auf den in Mitteldeutschland verschollenen Seggenrohrsänger (*Acrocephalus paludicola*) kommen alle einheimischen Arten dieser Gattung auch an den Altwässern der Elbe vor. Der Teichrohrsänger (*Acrocephalus scirpaceus*) ist darunter mit Abstand der häufigste. Sein etwas größerer Verwandter, der Drosselrohrsänger (*Acrocephalus arundinaceus*) ist eine stark gefährdete Art, die aber an den Elbaltwässern einen Verbreitungsschwerpunkt besitzt. Beide Arten weben ihre Nester als „Pfahlbauten" etwa 1 m über der Wasseroberfläche zwischen mehrere Schilfhalme. Daher brauchen sie zum Brutgeschäft dichte Schilfrohrbestände. Als Insektenfresser erbeuten sie nicht nur Land-, sondern auch Wasserinsekten. Ihr Lebensraum sind u. a. Altwässer des Optimal- und frühen Terminalstadiums.

Mehr zum Terminal-, ja selbst zum Postterminalstadium tendiert der Sumpfrohrsänger (*Acrocephalus palustris*). Sein Nest gleicht zwar in der Bauweise den zuvor erwähnten Arten, es kann aber auch in Schilfbeständen auf trocknenem Grund gefunden werden, ja sogar in dichten Brennnesselbeständen am Ufer. In seltenen Fällen brütet der Sumpfrohrsänger sogar in Raps- oder Getreidefeldern.

Im Unterschied zu den anderen Rohrsängern ist der stark gefährdete Schilfrohrsänger (*Acrocephalus schoenobaenus*) ein Bodenbrüter. Er brütet entweder in der Ufervegetation oder in Schilfbeständen, in denen es kleine, trockene Stellen zum Nisten gibt.

Die einzige bei uns lebende Art der Familie Kuckucksvögel (**Cuculidae**) ist der Kuckuck (*Cuculus canorus*). Der Kuckuck ist ein Insektenfresser, der auch haarige Raupen nicht verschmäht. Er ist zwar weder an Gewässer allgemein noch an Altwässer im Besonderen gebunden, lässt aber als Brutparasit seine Eier auch vom Teichrohrsänger und vom Sumpfrohrsänger ausbrüten.

Unter den Ammern (**Emberizidae**) ist die Rohrammer (*Emberiza schoeniclus*) eine an Altwässern recht häufige und in der Habitatwahl nicht anspruchsvolle Art. Sie brütet meist nahe am Wasser in der Ufervegetation, in Schilfbeständen auf trockenem Grund, aber auch in feuchten Wiesen.

Tabelle 3.9: Gefährdete Vogelarten, für die Altwässer und ihr Umfeld einen wichtigen Lebensraum darstellen (Einstufung nach den Roten Listen Sachsen-Anhalts; 1= vom Aussterben bedroht; 2=stark gefährdet, 3= gefährdet, V= Vorwarnliste)

Art	RL-Stufe	Art	RL-Stufe
Acrocephalus arundinaceus	2	*Fulicula atra*	V
A. palustris	V	*Gallinago gallinago*	1
A. schoenobaenus	2	*Gallinula chloropus*	V
Alcedo atthis	V	*Ixobrychus minutus*	2
Anthus pratensis	V	*Limosa limosa*	1
Botaurus stellaris	2	*Milvus milvus*	3
Anas clypeata	2	*Pandion haliaetus*	3
A. querquedula	2	*Podiceps grisegena*	2
Ciconia nigra	3	*Porzana porzana*	V
Circus aeruginosus	V	*Tringa totanus*	1
Cuculus canorus	V	*Vanellus vanellus*	2

4 Typisierung und Bewertung für die leitbildorientierte Sanierung von Altwässern

Ökosysteme, wie die Natur an sich, entziehen sich im philosophischen Sinne der Bewertung durch den Menschen. Natürliche Systeme sind – für sich genommen – weder „gut" noch „schlecht". Eine Bewertung wird dann sinnvoll, wenn Ökosysteme durch den Menschen gestört werden, sie wird notwendig, wenn menschliche Aktivitäten diesen Störungen im Sinne einer Renaturierung entgegensteuern (Zerbe et al. 2008).

4.1 Ansätze und Probleme der Bewertung von Altwässern

Volker Lüderitz

Um den Erfolg von Renaturierungs-, Revitalisierungs- bzw. Sanierungsmaßnahmen einschätzen zu können, benötigt man weitestgehend beobachterunabhängige Bewertungsverfahren, die wesentliche biotische und abiotische Komponenten des jeweiligen Ökosystems erfassen und in einen Vergleich mit einem **Leitbild** stellen. Das Leitbild ist in diesem Kontext der potenziell natürliche Zustand, bezogen auf Gewässer also der heutige potenzielle natürliche Gewässerzustand (hpnG). Die Abweichung vom Leitbild wird abstufend bewertet.
Die Europäische **Wasserrahmenrichtlinie (EG-WRRL),** die im Jahr 2000 in Kraft getreten ist und den Umgang mit den Gewässern auch in den nächsten 20 Jahren ganz wesentlich bestimmen wird, nennt als Ziel von Renaturierungsmaßnahmen den **G**uten **Ö**kologischen **Z**ustand (**GÖZ**), in den biologische, hydromorphologische und chemische Qualitätskomponenten eingehen, wobei die biologischen als die entscheidenden anzusehen sind (Tab.4.1).

Tabelle 4.1: Qualitätskomponenten des ökologischen und chemischen Zustandes nach EG-WRRL

Beschreibung des ökologischer Zustandes			Beschreibung des chemischen Zustandes
biologische Qualitäts-komponenten	hydromorphologische Qualitäts-komponenten	chemische und physikalisch-chemische Qualitätskomponenten, spezifische synthetische Schadstoffe, spezifische nicht synthetische Schadstoffe	Stoffe Anhang X der Richtlinie 2000/60/EG
Bewertungsstufen: sehr guter Zustand, guter Zustand, mäßiger Zustand, unbefriedigender Zustand, schlechter Zustand			Bewertungsstufen: gut, nicht gut

Der GÖZ wird nach den Bestimmungen der EG-WRRL ergänzt durch den Guten Chemischen Zustand (Kap. 4.6).
Der GÖZ ist im Sinne der EG-WRRL ein Zustand, in dem sich die Qualitätskomponenten nur geringfügig vom Sehr Guten Zustand, also dem Leitbild, unterscheiden. Das bedeutet z. B., dass Artendefizite nicht zulässig sind, wohl aber gewisse Abweichungen von den Dominanzstrukturen im Vergleich zum unbeeinflussten Zustand.

Zur Festlegung von Leitbildern bzw. Referenzzuständen werden Informationen über existierende naturnahe Gewässer, historische Daten sowie auch Modelle und theoretische Überlegungen genutzt. Die Grundannahme ist, dass Referenzgewässer nur eine minimale anthropogene Belastung aufweisen dürfen. Diese Annahmen werden nach Pottgießer und Sommerhäuser (2004) insbesondere für Fließgewässer wie folgt konkretisiert:

Morphologie und Habitate

- Vorhandensein der potenziell natürlichen aquatischen und amphibischen Vegetation, keine Nutzung
- keine Querbauwerke, durch die Geschiebetrieb oder Fischwanderungen behindert werden
- keine Totholzräumung
- keine Ufer- und Sohlenbefestigungen

Auenvegetation

- natürliche Ufervegetation muss laterale Verbindungen in die Aue ermöglichen

Hydrologie und Regulation

- keine Veränderungen des natürlichen Abflussverhaltens
- keine beeinflussenden Stauhaltungen im Oberwasser
- keine Restwassersituation

Physikalische und chemische Bedingungen

- keine punktuellen Einleitungen
- keine diffusen Einleitungen und Eutrophierung
- keine anthropogene Versauerung
- keine gravierende Veränderung des Temperaturhaushaltes
- keine Versalzung
- keine Beeinflussung durch toxische Stoffe

Biologische Bedingungen

- keine Beeinträchtigung durch Neozoen und Neophyten
- keine Beeinträchtigung durch Aquakultur (z. B. Karpfenzuchtteiche)

Solche Bedingungen existieren überwiegend nur noch an kleineren Gewässern der Mittelgebirge, im Tiefland bestenfalls auf ehemals oder noch immer gesperrten Territorien, z. B. auf Truppenübungsplätzen. Für andere Gewässertypen bietet sich zur Feststellung des guten ökologischen Zustandes eine Kombination von an annährend natürlichen Gewässern gewonnenen Daten, historischen Unterlagen oder Daten zu „potenziell natürlichen Habitaten" sowie zu Gewässern vergleichbarer Ökoregionen an.

Für die „Altgewässer der Sandgeprägten Ströme" ist die Erstellung eines konsistenten Leitbildes prinzipiell an Grenzen gebunden, da sie im Unterschied zu Fließgewässern einer Alterung unterliegen (Kap. 2). Ihre abiotischen und biotischen Verhältnisse unterliegen über Jahrzehnte und Jahrhunderte einer Wandlung hin zu einem immer stärkeren Seen- und schließlich Moorcharakter. Altwässer in der Initialphase (Altarme) werden vom Hauptstrom mit Wasser versorgt und durchflossen, daher ähnelt ihr Arteninventar dem der Sandgeprägten

Ströme. In der Optimalphase ist das Altwasser zeitlich überwiegend vom Strom getrennt, deshalb überwiegen die limnophilen und – durch die Ausprägung von Makrophytengesellschaften - phytophilen Arten. Im Terminalstadium schließlich dominieren iliophile und tyrphophile Arten.

Da das Optimalstadium jedoch nicht nur die meisten, sondern auch die Arten beheimatet, die für Altwässer charakteristisch und teilweise auf sie angewiesen sind, wird dieses Stadium in seiner naturnahen Ausprägung hier als Leitbild angesehen.

Dieses prinzipielle Problem bei der Leitbilderstellung wird verstärkt durch den gegenwärtigen Zustand. Die Altwässer der großen Flüsse und Ströme liegen in Mitteleuropa kaum noch in der Initial- und nur selten in der Optimalphase vor (vgl. Kap. 2.3). Diese wenigen Gewässer in Verbindung mit der Nutzung historischer Informationen dienten hier in der Tat der Leitbilderstellung. Zugute kam den Autoren dabei, dass einige der in Kap. 5 beschriebenen Revitalisierungsmaßnahmen bereits in den 1990er Jahren durchgeführt wurden, so dass der Kühnauer See, der Wallwitzsee sowie die Alte Elbe bei Klieken unter dem Gesichtspunkt der Leitbildentwicklung untersucht werden konnten.

Welche Organismengruppen kommen für die leitbildorientierte Bewertung von Altwässern infrage? Die EG-WRRL schreibt

- Phytoplankton
- Phytobenthos / Diatomeen
- Makrophyten
- Makrozoobenthos und
- Fische

vor. Auf die Schwierigkeiten bei der Zuordnung des Phytoplanktons zu den verschiedenen Altersstadien wurde bereits eingegangen (vgl. Kap. 3.2). Phytobenthos und Diatomeen sind zumindest für das Optimal- und Terminalstadium von Altwässern nicht geeignet (Feld et al. 2005). Für die anderen Gruppen werden im folgenden Bewertungsmethoden entwickelt bzw. zumindest Ansätze aufgezeigt.

4.2 Multimetrische Bewertung auf Grundlage der Makroinvertebraten

Volker Lüderitz, Christian Kunz

4.2.1 Eignung von Makroinvertebraten für die Gewässerbewertung

Makroinvertebraten (MI), d. h. mit dem bloßen Auge sichtbare Wirbellose, sind eine stammesgeschichtlich heterogene Organismengruppe. Sie werden seit Jahrzehnten für die Bioindikation v. a. in aquatischen Ökosystemen genutzt, wobei ihre diesbezügliche Rolle im Rahmen der Umsetzung der EG-WRRL noch weiter an Bedeutung gewinnt.

In Mitteleuropa kommen weit über 1000 MI-Arten vor, wobei Käfer und Köcherfliegen (vgl. Kap. 3) sowie Zweiflügler zu den artenreichsten Gruppen gehören. Neben dieser hohen Artenzahl sind es v. a. folgende Eigenschaften, die die häufige Nutzung der MI als Bioindikatoren befördern:

- Viele Arten sind stenök, d. h. sie sind auf eine bestimmte Umweltqualität angewiesen. Vielfach zeigen sie auch eine sehr differenzierte Reaktion auf verschiedene Formen der Umweltbelastung. So gibt es z. B. zahlreiche Arten v. a. von Köcher- bzw. Steinfliegen, die zwar kaum organische Belastungen, dafür aber sehr niedrige pH-Werte tolerieren.
- MI lassen sich mit Hilfe von Sieben und Netzen sehr einfach aufsammeln – im Unterschied z. B. zum erheblichen Aufwand bei der Elektrobefischung. Auch die taxonomische Identifikation der Arten ist mit der inzwischen verfügbaren Bestimmungsliteratur meist unproblematisch möglich.
- MI haben zumeist kurze Generationszeiten und verfügen über wirkungsvolle Ausbreitungsmechanismen (z. B. geflügelte Insekten). Somit ist eine Wiederbesiedelung nach Katastrophen, aber auch nach Sanierungsmaßnahmen, innerhalb relativ kurzer Zeit möglich.

MI-basierte Indikationssysteme sind in den letzten Jahren v. a. für Fließgewässer entwickelt worden, u. a.:

- Der überarbeitete und erweiterte Saprobienindex, der die organische Belastung abbildet (Rolauffs et al. 2004).
- Der Deutsche Fauna-Index, der ein biologisches Maß für die hydromorphologisch-strukturelle Degradation ist (Lorenz et al. 2004).
- Der Versauerungsindex (Braukmann u. Biss 2004).

Für stehende Gewässer existieren belastbare, MI-gestützte Bewertungsverfahren bisher nicht, also sind die genannten Methoden bei Altwässern allenfalls im Initialstadium anwendbar. Deshalb soll in den folgenden Abschnitten ein altwasserspezifisches Bewertungssystem vorgestellt werden, das aus den Modulen „Autökologie / Leitbildvergleich“ sowie „Diversität / Schutzwürdigkeit“ besteht.

4.2.2 Modul Autökologie / Leitbildvergleich

4.2.2.1 Bewertung auf Grundlage der autökologischen Eigenschaften von MI-Arten

Auf Grundlage langjähriger eigener Untersuchungen der Autoren (Lüderitz et al. 1997, Lüderitz et al. 2000, Langheinrich et al. 2002, unveröffentlichte Ergebnisse) sowie der autökologischen Charakterisierung der aquatischen MI-Fauna (Schmedtje 1996) wurde ein quantifiziertes Leitbild erstellt (s. Tab.4.2). Die verschiedenen MI-Arten werden halbquantitativ entsprechend ihres Vorkommens den verschiedenen Stadien der Altwasserentwicklung zugeordnet.

Tabelle 4.2: Vorkommen ausgewählter Gruppen von Makroinvertebraten in den verschiedenen Entwicklungsstadien von Flussaltwässern mit halbquantitativer Angabe der jeweiligen Häufigkeit (0 = fehlend, 1 = sehr selten, 2 = selten, 3 = nicht häufig, 4 = verbreitet, 5 = häufig, 6 = sehr häufig, 7 = Massenvorkommen)

a) Libellen

Art	initial	optimal	terminal	Art	initial	optimal	terminal
			Odonata				
Aeshna affinis	0	1	2	*Gomphus pulchellus*	4	0	0
Aeshna cyanea	1	4	4	*Ischnura elegans*	2	5	2
Aeshna grandis	2	5	4	*Lestes sponsa*	0	1	2
Aeshna isosceles	0	3	2	*Leucorrhinia albifrons*	0	1	1
Aeshna juncea	0	1	3	*Leucorrhinia pectoralis*	0	1	4
Aeshna mixta	1	4	4	*Libellula depressa*	3	4	0
Aeshna viridis	0	1	3	*Libellula fulva*	2	2	0
Anax imperator	0	5	3	*Libellula quadrimaculata*	1	3	3
Anax parthenope	0	4	3	*Orthetrum cancellatum*	4	3	0
Brachytron pratense	0	3	3	*Platycnemis pennipes*	3	4	0
Calopteryx splendens	4	2	0	*Pyrrhosoma nymphula*	3	4	0
Chalcolestes viridis	0	2	3	*Somatochlora metallica*	1	4	1
Coenagrion lunulatum	0	2	0	*Sympecma fusca*	0	3	4
Coenagrion puella	0	4	3	*Sympetrum danae*	0	3	5
Coenagrion pulchellum	0	4	0	*Sympetrum flaveolum*	0	4	3
Cordulia aenea	0	4	2	*Sympetrum pedemontanum*	0	4	1
Enallagma cyathigerum	2	4	2	*Sympetrum sanguineum*	0	4	1
Erythromma najas	1	4	2	*Sympetrum striolatum*	1	3	1
Erythromma viridulum	0	3	0	*Sympetrum vulgatum*	0	4	1

b) Käfer

Art	initial	optimal	terminal	Art	initial	optimal	terminal
			Coleoptera				
Acilius sulcatus	2	4	0	*Hydaticus continentalis*	0	2	0
Agabus bipustulatus	2	4	1	*Hydaticus seminiger*	0	3	2
Agabus congener	0	1	2	*Hydaticus transversalis*	0	4	0
Agabus fuscipennis	0	0	1	*Hydrobius fuscipes*	2	5	0
Agabus paludosus	3	3	0	*Hydrochara caraboides*	2	4	0
Agabus sturmii	0	4	3	*Hydroglyphus geminus*	0	3	0
Agabus undulatus	0	3	3	*Hydrophilus aterrimus*	2	3	0
Anacaena bipustulata	2	3	0	*Hydrophilus piceus*	2	3	0
Anacaena limbata	0	4	4	*Hydroporus angustatus*	0	3	2
Berosus luridus	0	3	4	*Hydroporus palustris*	0	5	3
Bidessus minutissimus	0	2	2	*Hydroporus planus*	0	3	2
Bidessus unistriatus	0	2	2	*Hydroporus striola*	0	3	2
Brychius elevatus	2	3	0	*Hygrotus confluens*	0	3	0
Colymbetes fuscus	0	2	3	*Hygrotus impressopunctatus*	0	2	3
Cybister lateralimarginalis	0	3	0	*Hygrotus inaequalis*	2	3	0
Dytiscus dimidiatus	1	3	0	*Hygrotus versicolor*	3	3	0
Dytiscus latissimus	0	1	0	*Hyphydrus ovatus*	2	4	2
Dytiscus marginalis	1	4	3	*Ilybius ater*	0	3	3
Dytiscus semisulcatus	0	1	2	*Ilybius fenestratus*	0	3	2
Enochrus melanocephalus	0	2	0	*Ilybius fuliginosus*	2	4	2
Enochrus quadripunctatus	0	2	0	*Ilybius quadriguttatus*	0	3	0
Graphoderus bilineatus	0	1	0	*Laccobius bipunctatus*	0	3	0
Graphoderus cinereus	0	3	2	*Laccobius colon*	2	3	0
Graphoderus zonatus	0	1	1	*Laccobius minutus*	2	3	2
Graptodytes pictus	0	3	0	*Laccophilus hyalinus*	0	3	2
Gyrinus marinus	0	1	0	*Laccophilus minutus*	2	3	2
Gyrinus paykulli	0	2	3	*Limnoxenus niger*	0	4	0
Gyrinus substriatus	3	3	3	*Nebrioporus assimilis*	3	0	0
Haliplus flavicollis	1	3	0	*Noterus clavicornis*	0	4	4
Haliplus fluviatilis	5	2	0	*Noterus crassicornis*	0	3	3
Haliplus immaculatus	0	3	3	*Peltodytes caesus*	0	2	0
Haliplus laminatus	0	4	3	*Platambus maculatus*	4	2	0
Haliplus lineatocollis	4	5	0	*Porhydrus lineatus*	0	2	0
Haliplus obliquus	4	4	0	*Potamonectes elegans*	4	0	0
Haliplus ruficollis	0	3	3	*Rhantus bistriatus*	0	2	1
Helochares obscurus	0	4	3	*Rhantus exsoletus*	0	4	2
Helophorus aquaticus	2	3	2	*Rhantus grapii*	0	2	0
Helophorus brevipalpis	3	3	2	*Rhantus latitans*	0	0	2
Helophorus flavipes	0	4	3	*Rhantus suturalis*	0	3	0
Helophorus granularis	0	2	3	*Scirtes hemisphaericus*	0	3	0
Helophorus minutus	0	3	3	*Stictotarsus duodecimpustulatus*	2	3	0

c) Köcher-, Eintags- und Steinfliegen

Art	initial	optimal	terminal	Art	initial	optimal	terminal
Trichoptera							
Agrypnia pagetana	2	3	0	*Limnephilus nigriceps*	0	3	3
Athripsodes albifrons	3	1	0	*Limnephilus politus*	3	2	0
Athripsodes aterrimus	0	5	2	*Limnephilus rhombicus*	1	4	1
Athripsodes cinereus	3	2	0	*Limnephilus sparsus*	0	2	3
Ceraclea dissimilis	4	2	0	*Limnephilus stigma*	0	4	1
Ceraclea senilis	3	2	0	*Limnephilus vittatus*	1	2	3
Cyrnus flavidus	2	3	0	*Lype phaeopa*	2	3	2
Cyrnus insolutus	0	3	0	*Molanna angustata*	4	2	0
Cyrnus trimaculatus	0	2	3	*Mystacides azureus*	3	1	0
Glyphotaelius pellucidus	0	3	4	*Mystacides longicornis*	3	2	0
Grammotaulius nigropunc-tatus	0	3	4	*Neureclipsis bimaculata*	4	2	0
Grammotaulius nitidus	0	2	3	*Oecetis furva*	1	3	0
Holocentropus picicornis	0	3	0	*Oecetis lacustris*	1	3	0
Hydroptila angulata	3	1	0	*Oecetis ochracea*	2	3	0
Leptocerus tineiformis	2	1	0	*Oligostomis reticulata*	0	2	3
Limnephilus auricula	0	2	4	*Oligotricha striata*	0	2	3
Limnephilus binotatus	0	3	2	*Phryganea bipunctata*	2	4	0
Limnephilus decipiens	0	3	3	*Phryganea grandis grandis*	0	3	1
Limnephilus extricatus	2	2	0	*Polycentropus flavomaculatus*	3	0	0
Limnephilus flavicornis	0	3	0	*Potamophylax rotundipennis*	3	0	0
Limnephilus fuscicornis	3	2	0	*Tinodes waeneri waeneri*	3	2	0
Limnephilus lunatus	2	5	4	*Triaenodes bicolor*	0	3	0
Limnephilus marmoratus	3	0	0				
Ephemeroptera							
Baetis buceratus	4	0	0	*Cloeon simile*	0	3	0
Baetis fuscatus	3	2	0	*Ephemera vulgata*	3	2	0
Baetis tracheatus	3	0	0	*Heptagenia sulphurea*	3	0	0
Caenis horaria	0	3	3	*Leptophlebia marginata*	1	3	3
Caenis robusta	0	2	0	*Leptophlebia vespertina*	2	2	0
Centroptilum luteolum	2	3	0	*Paraleptophlebia submarginata*	3	2	0
Cloeon dipterum	0	4	5	*Siphlonurus aestivalis*	2	2	0
Plecoptera							
Nemoura cinerea	3	0	0	*Nemourella pictetii*	3	0	0

d) Muscheln, Schnecken und Krebse

Art	initial	optimal	terminal	Art	initial	optimal	terminal
Bivalvia/Gastropoda							
Acroloxus lacustris	0	4	0	*Pisidium subtruncatum*	2	3	2
Anisus spirorbis	0	3	0	*Planorbarius corneus*	3	5	3
Anisus vortex	2	5	5	*Planorbis carinatus*	3	3	0
Anodonta anatina	2	4	0	*Planorbis planorbis*	0	5	3
Anodonta cygnea	3	4	0	*Radix auricularia*	0	4	0
Bithynia leachii leachii	2	3	0	*Radix balthica*	2	5	4
Bithynia tentaculata	3	5	3	*Segmentina nitida*	0	3	2
Gyraulus albus	4	4	0	*Sphaerium corneum*	2	3	2
Gyraulus crista	2	3	0	*Sphaerium rivicola*	3	0	0
Gyraulus laevis	0	1	0	*Stagnicola corvus*	2	3	0
Lymnaea stagnalis	2	5	3	*Stagnicola palustris*	2	5	3
Musculium lacustre	2	3	0	*Theodoxus fluviatilis*	2	0	0
Physa fontinalis	4	4	0	*Unio pictorum pictorum*	3	3	1
Pisidium amnicum	4	3	0	*Unio tumidus tumidus*	4	2	0
Pisidium henslowanum	3	3	0	*Valvata piscinalis piscinalis*	2	3	0
Pisidium nitidum	3	3	0	*Viviparus contectus*	2	4	0
Pisidium obtusale	0	2	4	*Viviparus viviparus*	4	2	0
Crustacea							
Asellus aquaticus	2	3	5	*Gammarus roeselii*	3	0	0

Das hier vorgeschlagene Bewertungsverfahren nutzt das Leitbild, in dem die autökologischen Merkmale (Habitatinanspruchnahme, Strömungspräferenzen, Ernährungstypen, längszonale biozönotische Verteilung) der Leitbildarten mit den diesbezüglichen Ergebnissen an einer bestimmten Messstelle gegenübergestellt werden. Dieser Vergleich erfolgt für alle drei Stadien, so dass die jeweilige prozentuale Nähe des Untersuchungsgewässers zum Initial-, Optimal- bzw. Terminalstadium ermittelt werden kann. Das Verfahren ermöglicht somit eine beobachterunabhängige, biozönotische Bewertung des Alterungsgrades beim entsprechenden Altwasser. Zur Berechnung kann das Programm ASTERICS verwendet werden (www.fliessgewaesserbewertung.de), welches zwar ausschließlich zur Bewertung von Fließgewässern entwickelt wurde und somit für Altwässer nicht anwendbar ist, aber die notwendigen autökologischen Daten gewässertypenunabhängig bereitstellt und verrechnet.

Die Berechnung erfolgte wie folgt: Um die Differenzen zwischen den Leitbildern der verschiedenen Phasen und dem Untersuchungsabschnitt deutlich zu machen, wird die Summe der jeweils geringeren Werte der Berechnungen, in der Tabelle 4.3 fett gedruckt, verdoppelt und dann mit dem arithmetischen Mittel der Summen der jeweiligen Phase und der Messstelle dividiert. Für den Fall Strömungspräferenz bedeutet das I = 79,92/[(97,25+79,92)/2] = 0,90. Diese Formel ist angelehnt an die Berechnung des Sørensen-Indexes, der weiter unten erläutert wird.

Diese Berechnung wird dann für die anderen Präferenzen und Verteilungen durchgeführt und über diese dann das oben genannte arithmetische Mittel berechnet.

Tabelle 4.3: Ermittlung der Übereinstimmungen von Habitatansprüchen der Makroinvertebraten eines Untersuchungsabschnittes (Dornburger Alte Elbe bei Magdeburg) mit der Optimalphase eines Altwassers; Differenz zu 100% in der Optimalphase: indifferente Arten

		Optimalphase	AE 4 07.06.06 (Plötzky)	Übereinstimmung	I
Strömungspräferenzen	Limnobiont [%]	5,77	**0,00**	**0,00**	
	Limnophil [%]	40,91	**35,67**	**35,67**	
	Limno-Rheophil [%]	39,28	**34,18**	**34,18**	
	Rheo-Limnophil [%]	9,65	**8,44**	**8,44**	
	Rheophil [%]	1,65	**1,64**	**1,64**	
	Rheobiont [%]	**0,00**	**0,00**	**0,00**	
	Summe	97,25	79,92	79,92	**0,90**
Habitatpräferenzen	Pelal [%]	**16,36**	21,65	**16,36**	
	Argillal [%]	**0,98**	1,20	**0,98**	
	Psammal [%]	**3,19**	4,52	**3,19**	
	Akal [%]	2,26	**1,30**	**1,30**	
	Lithoral [%]	**3,56**	6,09	**3,56**	
	Phytal [%]	49,86	**47,75**	**47,75**	
	P. org. Material [%]	11,84	**8,75**	**8,75**	
		88,05	91,27	81,90	**0,91**
Ernährungspräferenzen	Weidegänger [%]	14,67	**9,81**	**9,81**	
	Minierer [%]	0,57	**0,00**	**0,00**	
	Holzfresser [%]	0,07	**0,00**	**0,00**	
	Zerkleinerer [%]	11,12	**6,44**	**6,44**	
	Sammler [%]	**6,54**	14,27	**6,54**	
	aktive Filtrierer [%]	**5,53**	13,43	**5,53**	
	passive Filtrierer [%]	0,18	**0,00**	**0,00**	
	Räuber [%]	56,01	**54,95**	**54,95**	
		94,70	98,89	83,26	**0,86**
Längszonale Biozönotische Verteilung	Krenal	**0,40**	0,53	**0,40**	
	Hypokrenal	**0,43**	0,73	**0,43**	
	Epirhitral	**0,75**	1,47	**0,75**	
	Metarhithral	**2,69**	2,80	**2,69**	
	Hyporhithral	**5,79**	7,00	**5,79**	
	Epipotamal	**8,45**	10,46	**8,45**	
	Metapotamal	**10,72**	14,87	**10,72**	
	Hypopotamal	**2,09**	3,90	**2,09**	
	Littoral	66,74	**52,86**	**52,86**	
	Profundal	0,37	**0,33**	**0,33**	
		98,44	94,95	84,52	**0,87**
		378,43	365,03	329,60	**0,89**

Als Beispiel für die Berechnung soll ein Abschnitt der Dornburger Alten Elbe südöstlich von Magdeburg mit temporärer Durchströmung dienen. Dieser Gewässerabschnitt wird bei Hochwasser führender Elbe zum Schutz der Städte Magdeburg und Schönebeck als Umflutkanal zur Verringerung der Spitzenwasserstände durchströmt, organische Sedimente sind in diesem Abschnitt nicht anzutreffen, Freiwasserflächen sind die Regel (Abb.4.1).

Abbildung 4.1: Temporär durchströmter Abschnitt der Dornburger Alten Elbe (Foto: C. Kunz)

Der Abschnitt stimmt mit dem Leitbild der Optimalphase zu 89% (0,89) überein. Er ist als jung einzustufen, da es auch eine größere Übereinstimmung mit der Initial- als mit der Terminalphase gibt (Abb.4.2).

Dieses Ergebnis ist das arithmetische Mittel der Übereinstimmungen von Strömungs- und Habitatpräferenz, Ernährungstypen sowie der längszonalen biozönotischen Verteilung.

Der Vollständigkeit halber muss die Übereinstimmung des Gewässerabschnittes mit allen drei Leitbildern ermittelt werden. In einem Diagramm kann man die Ergebnisse für Initialphase, Optimal- und Terminalphase auftragen; so kann man erkennen, ob ein Altwasser in eine bestimmte Phase drängt oder sich in ihr befindet (Abb.4.2).

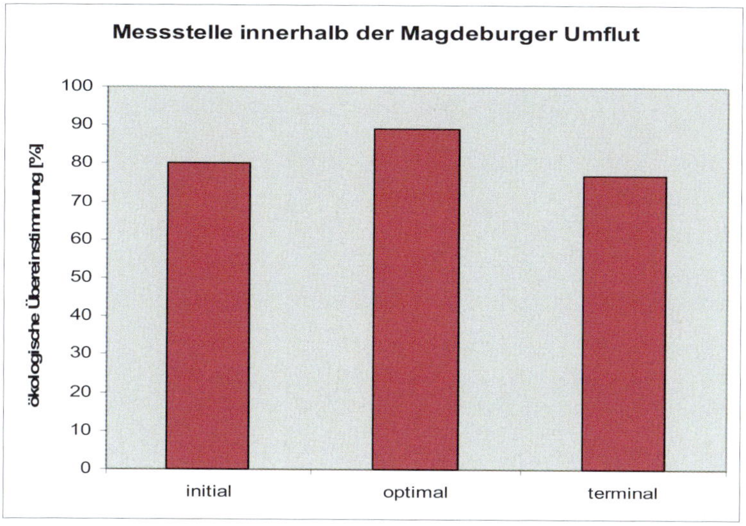

Abbildung 4.2: Ökologische Übereinstimmung der Messstelle innerhalb der Magdeburger Umflut mit den Leitbildern der Altersphasen

Ein Abschnitt der Alten Elbe in der entkoppelten Aue, dominiert von der Krebsschere sowie von Seggen und Binsen und mit beginnender Vermoorung (Abb.4.3) bildet den Kontrast zum vorherigen Gewässerabschnitt.

Abbildung 4.3: Messstelle im entkoppelten Abschnitt der Dornburger Alten Elbe (Foto: U. Langheinrich)

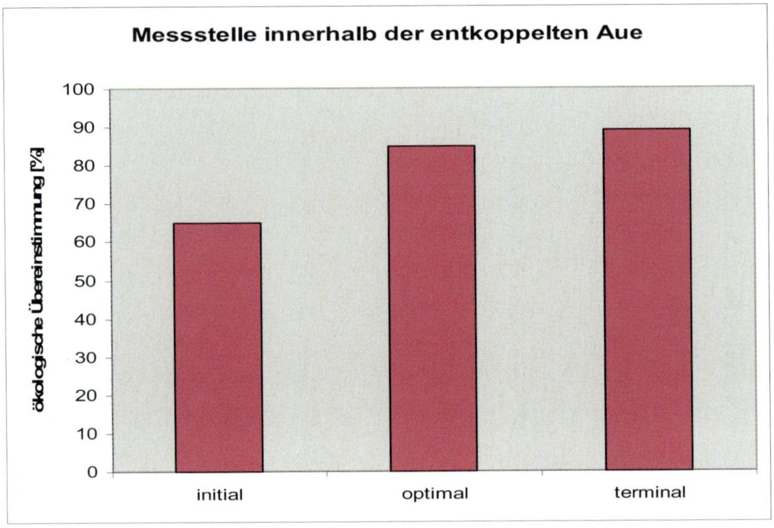

Abbildung 4.4: Ökologische Übereinstimmung des Untersuchungsabschnittes in der entkoppelten Aue mit den Leitbildern der Sukzessionsphasen

Abbildung 4.4 zeigt, dass hier die größte Leitbildübereinstimmung mit dem Leitbild der Terminalphase zu beobachten ist.

In der Einleitung wurde schon auf die teilweise Artenübereinstimmung der Phasen hingewiesen. Diese Artenübereinstimmung ist schlüssig, da das System „Altwasser" sich nicht sprunghaft von einem in den anderen Zustand begibt, es handelt sich vielmehr um eine langsame, aber kontinuierliche Entwicklung. Dies ist auch der Grund dafür, dass in den Diagrammen (Abb.4.2 und 4.4) die Übereinstimmung sowohl mit der Optimalphase als auch mit den anderen Phasen sehr hoch und in der Summe größer 100% ist.

Zur Verdeutlichung wurden zusätzlich die drei Altersphasen mit der Optimalphase verglichen (Abb.4.5). Deutlich erkennbar ist die große Übereinstimmung der Optimalphase mit der Initial- sowie der Terminalphase.

Der Grad der Übereinstimmung mit einer bestimmten Sukzessionsphase bedeutet per se noch keine eigentliche Bewertung! Ein Bewertungsansatz ergibt sich allerdings unter der Berücksichtung der Tatsache, dass heute mehr als 80% der Altwässer in der Terminal- oder Postterminalphase sind. Insofern kommt der Erhaltung bzw. Wiederherstellung von Initial- und v. a. Optimallebensräumen eine besondere Bedeutung zu – diese Zielstellung der Sanierung wird zum Bewertungsmaßstab.

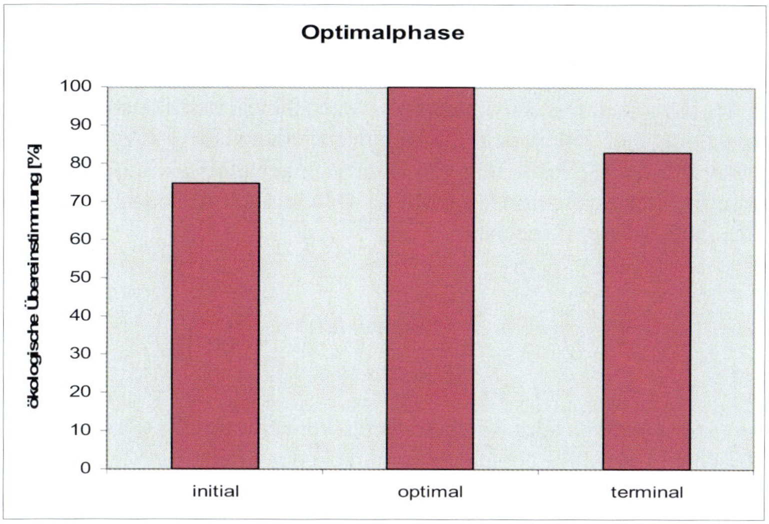

Abbildung 4.5: Ökologische Übereinstimmung der Optimalphase mit den anderen Phasen

Eine Bewertung in einem fünfstufigen System ist dann wie folgt denkbar: $\Delta_{\text{Initial-Terminal}}$ gibt Informationen über das Alterstadium des Gewässers. Ist diese Differenz positiv, handelt es sich um ein „jüngeres" Altwasser, ist sie negativ, um ein „gealtertes" Altwasser. In der folgenden Tabelle 4.4 ist die in der Bewertung genutzte, unter Umständen modifizierbare Abstufung dargestellt.

Tabelle 4.4: Anpassung der „Alterskurve" an ein 5-stufiges Bewertungssystem

Differenz der Prozentpunkte (Initial – Terminal)	Alter	Bewertung
$\geq$+10	sehr jung	5 (sehr gut)
$\geq$+5	jung	4 (gut)
<+5; >-5	mäßig gealtert	3 (mäßig)
$\leq$-5	alt	2 (unbefriedigend)
$\leq$-10	sehr alt	1(schlecht)

4.2.2.2 Direkter Vergleich des Arteninventars einer Messstelle mit dem des Leitbildes Optimalphase

Als Alternative zum Vergleich der autökologischen Eigenschaften bzw. in Ergänzung zu diesem kann auch ein direkter Vergleich zwischen den gefunden Arten und den Arten des Leitbildes der Optimalphase – sowie bei Bedarf auch der anderen Phasen - durchgeführt werden. Dazu berechnet man den *Anteil der Leitarten* (vgl. Kap. 3; Tab.4.2) an den in einem Gewässerabschnitt gefunden gesamtem MI-Arten (Leitartenindex LAI):

$$LAI = \frac{Leitarten}{Gesamtartenzahl} * 100 \; [\%]$$

Diese Form der Berechnung ist unkompliziert vorzunehmen, berücksichtigt aber ebenso wenig wie der nachfolgende Index nicht die Dominanzverhältnisse der Arten. Jedoch lässt sich anhand regionalspezifischer Justierung von Dominanzverhältnissen in den Leitbildgewässern auch ein quantifizierter Leitartenindex LAIq als Quotient der Abundanzen der Leitarten und der aller Arten im Gewässer berechnen:

$$LAIq = \frac{\sum A(Leitarten)}{\sum A(Gesamtarten)} * 100 \; [\%]$$

Mit dem *Sørensen-Quotient* oder *Sørensen-Index* können zwei Gewässer direkt verglichen werden, er beschreibt ebenfalls die Übereinstimmung der Arten. Auch hier werden die Dominanzverhältnisse vernachlässigt. Als Folge können also Einzelfunde den Index genauso aufwerten wie Massenvorkommen. Der Index nach Sørensen berechnet sich wie folgt:

$$I = \frac{2S_G}{S_A + S_B} * 100 \; [\%]$$

Bei dieser Gleichung ist S_G die Anzahl der in beiden Gewässern vorkommenden Arten, S_A und S_B hingegen die Anzahl der jeweils vorkommenden Arten in Gewässer A bzw. B.

Um die Ergebnisse des Artenvergleiches in ein praktikables Bewertungssystem einzubetten, wurden Grenzen der Übereinstimmung gewählt, um zwischen positiven (‚5') und negativen (‚1') Zuständen unterscheiden zu können.

Tabelle 4.5: Gewählte Grenzen der Ähnlichkeiten bei der Altwasserbewertung

Sørensen-Index	Leitartenanteil	Bewertung
≥40	≥50	5
≥30	≥40	4
≥20	≥30	3
≥10	≥20	2
<10	<20	1

4.2.3 Modul Diversität / Schutzwürdigkeit

Mit den bedrohten Altwasser-Lebensräumen sind auch für sie typische Tier- und Pflanzenarten vom Verschwinden bedroht. Aus diesem Grund wird bei der Gesamtbewertung auch das Vorhandensein bedrohter Arten, nach der Roten-Liste Sachsen-Anhalts und der Bundesrepublik Deutschland sowie der FFH-Richtlinie der Europäischen Union, im **Naturschutzindex nach Kaule** (1991) Gewicht finden. In der folgenden Tabelle 4.6 sind die Stufen und ihre Bedeutungen beschrieben.

Tabelle 4.6: Naturschutzindex nach Kaule (Conservation-Index) und Noten zur Bewertung eines Altwassers

Naturschutzindex	Bedeutung	Bewertung
Stufe 9	gesamtstaatlich bedeutsam	5
Stufe 8	überregional bis landesweit bedeutsam	4
Stufe 7	regional bedeutsam	
Stufe 6	lokal bedeutsam und artenschutzrelevant	3
Stufe5	verarmt, noch artenschutzrelevant	2

Weitere niedere Stufen sind ohne Bestand an gefährdeten Arten.

Die Ermittlung des Naturschutz-Indexes erfolgt auf der Grundlage der Gefährdungsstufen nach den Roten- Listen (A0 = ausgestorben, A1 = vom Aussterben bedroht, A2 = stark gefährdet und A3 = gefährdet) in folgender Weise:

- Stufe 9: mindestens eine Art mit der Gefährdungsstufe A0 oder eine Art A1 der RL der BRD oder mindestens drei Arten A1 der RL des Bundeslandes
- Stufe 8: mindestens eine Art A0 oder A1 (RL Bundesland) oder mindestens drei Arten A2 (RL BRD oder Bundesland) oder mindestens eine Art A2 (RL BRD oder Bundesland) und mindestens drei Arten RL A3 (Bundesland)
- Stufe 7: mindestens drei Arten RL A3 (Bundesland) oder eine Art A2 (RL BRD oder Bundesland)
- Stufe 6: mindestens eine Art RL A3 (Bundesland) oder mindestens 3 Arten RL A4 (Bundesland)
- Stufe 5: eine Art RL A4 (Bundesland)

In dieses System fließen die Arten der Anhänge II und IV der FFH-Richtlinie als national, bzw. überregional bedeutsam mit ein, allerdings sind die gefundenen FFH-Arten gleichzeitig Arten der Roten Liste mit vergleichbarer Bedeutung (überregional oder national).

Neben dem Auftreten bedrohter Arten ist auch die Biodiversität ein Faktor zur Beschreibung der ökologischen Qualität. Die Entwicklung des Altwassers von einem Fließgewässer zu einem Standgewässer schafft räumlich und zeitlich eine besonders große Anzahl ökologischer Nischen.

Als ein Maß für die Artenvielfalt wird häufig der **Shannon-Wiener-Index** (H_s) verwendet. Die Vielfalt kann man vereinfacht als die Anzahl der Arten definieren. Bei diesem Index geht jedoch nicht nur die Artenanzahl, sondern auch deren Gleichverteilung ein. Der Shannon-Wiener-Index ist umso höher, je höher die Artenzahl, aber auch je größer die Gleichverteilung der einzelnen Spezies ist. Kommt es zu Massenvorkommen weniger Arten, sinkt der Index.

$$H = -1 * \sum \left(\frac{n_i}{N} \right) * \ln \left(\frac{n_i}{N} \right)$$

N die Gesamtzahl der Individuen und n_i die Anzahl der Individuen der i-ten Art. Die Grenzwerte für die verschiedenen Qualitätsklassen wurden anhand eigener Untersuchungen an Altwässern (Lüderitz et al. 1997, Lüderitz et al. 2000, Langheinrich et al. 2002, unveröffentlichte Ergebnisse) festgelegt (Tab.4.7), wobei naturnahe (Sarensee) und sanierte (Alte Elbe bei Klieken, Kühnauer See, vgl. Kap. 5) Gewässer als Maßstab des sehr guten Zustandes dienen.

Tabelle 4.7: Gewählte Grenzen des Shannon-Wiener-Index H bei der Altwasserbewertung mit Makroinvertebraten

H	Gewässerzustand	Diversität
≥ 4	5	sehr groß
≥ 3	4	groß
≥ 2	3	mäßig
≥ 1	2	gering
<1	1	sehr gering

4.3 Altwasserbewertung auf Grundlage der Ichthyozönose

Otfried Wüstemann

Praxisfähige Methoden, um den ökologischen Zustand von Auenstillgewässern nach der Zusammensetzung der Fischartengemeinschaft auf der Grundlage der Erstellung von fischartenorientierten Leitbildern zu bewerten, fehlen bisher weitestgehend.

Für die Fließgewässerbewertung mit Fischen wurde ein deutschlandweit einsetzbares Bewertungsverfahren „FIBS“ (fischbasiertes Bewertungssystem; Dußling u. Blank 2005) erarbeitet. Dieses Bewertungssystem ermöglicht die Bewertung des ökologischen Zustandes von Fließgewässern im Sinne der EG-WRRL anhand der Fischgemeinschaften. Da das Bewertungssystem („FIBS“) ausschließlich für Fließgewässer entwickelt wurde, erlaubt es keine Bewertung von Auenstillgewässern mit ihren spezifischen heteromorphen Bedingungen. Ebel (2006) kommt bei der Zustandsbewertung von Elbealtwässern an der Alten Elbe bei Magdeburg zu dem gleichen Ergebnis. Das Bewertungssystem erlaubt lediglich die Bewertung ständig durchflossener Altarme.

Die Eignung von Fischartengemeinschaften für die Bewertung des ökologischen Zustandes von großen Standgewässern entsprechend der EG-WRRL wurde von Mehner et al. (2005) an norddeutschen Seen untersucht. Eine fischökologische Bewertung von Auenstillgewässern wurde nicht vorgenommen.

Die Erstellung von Leitbildern für Auenstillgewässer wäre auf der Grundlage des auf dem Kriterium der Konnektivität basierenden hydrogeographischen Klassifizierungssystem von Amros et al. (1987) denkbar. Dieses Klassifizierungssystem unterscheidet folgende Typen von Auenstillgewässern: Parapotamon (Altarme mit Anbindung an den Hauptstrom bzw. zeitweise Anbindung), Plesiopotamon (Altwasser früher Sukzessionstadien) und Paläopotamon (fortgeschrittene Verlandung). Zur Bewertung von Auenstillgewässern sind aber auch zoogeografische, längszonale, regionale und historische Aspekte zu berücksichtigen, was bei Auengewässern relativ schwierig ist. Außerdem ist zu beachten, dass viele Auenstillgewässer gleichen Typs natürlicherweise keine gleichartige Besiedlung durch Fische aufweisen, da sich das Arteninventar schon innerhalb einer Region erheblich unterscheiden kann, ohne dass konkrete Aussagen zum Zustand des jeweiligen Gewässers gemacht werden können. Auch kommen verschiedene Fischarten innerhalb ihres zoogeographischen Verbreitungsgebiets natürlicherweise nicht flächendeckend in allen für sie geeigneten Gewässern vor. Das trifft zum Beispiel im besonderen Maße auf den in Auenstillgewässer vorkommenden Bitterling zu. Ebenso ungünstig auf eine fischartenbezogende Typisierung wirken sich zum Beispiel Hochwässer, Trockenperioden, Sauerstoffmangelsituationen oder Besatzmaßnahmen der Angel- und Berufsfischerei aus, da durch diese schwer zu überschauenden Einflüsse das Bild der natürlichen Fischartenbesiedlung erheblich verfälscht werden kann.

Tabelle 4.8: Fischartenvorkommen in den verschiedenen Altwasserstadien (Mittelelbe)

Art	Strömungs-gilde	Para-potamon	Plesio-potamon	Paläo-potamon
Aal (*Anguilla anguilla*)	eurytop	x		
Aland (*Leuciscus idus*)	rheophil B	x		
Bitterling (*Rhodeus amarus*)	limnophil		x	
Blei (*Abramis brama*)	eurytop	x	x	
Dreistachliger Stichling (*Gasterosteus aculeatus*)	eurytop			x
Döbel (*Leuciscus cephalus*)	rheophil A	x		
Flussbarsch (*Perca fluviatilis*)	eurytop	x	x	
Güster (*Abramis bjoerkna*)	eurytop	x	x	
Gründling (*Gobio gobio*)	rheophil B	x		
Hecht (*Esox lucius*)	eurytop	x	x	x
Karausche (*Carassius carassius*)	limnophil			x
Kaulbarsch (*Gymnocephalus cernuus*)	eurytop	x	x	
Moderlieschen (*Leucaspius delineatus*)	limnophil		x (temp. Altwässer)	x
Neunstachliger Stichling (*Pungitius pungitius*)	eurytop			x
Plötze (*Rutilus rutilus*)	eurytop	x	x	x
Quappe (*Lota lota*)	rheophil B	x		
Rapfen (*Aspius aspius*)	rheophil B	x		
Rotfeder (*Scardinius erythrophthalmus*)	limnophil		x	x
Schlammpeitzger (*Misgurnus fossilis*)	limnophil		x	x
Schleie (*Tinca tinca*)	limnophil		x	x
Steinbeißer (*Cobitis taenia*)	rheophil B	x		
Ukelei (*Alburnus alburnus*)	eurytop	x	x	
Wels (*Silurus glanis*)	eurytop	x		
Zander (*Sander lucioperca*)	eurytop	x	x (große trübe Altw.)	
Zope (*Abramis ballerus*)	rheophil B	x	x (große Altw.)	

Begriff	Definition
rheophil A	Fische, die in allen Altersstadien den Flusslauf selbst besiedeln
rheophil B	Fische, bei denen einige Altersstadien auch Zuflüsse oder Altwässer als Lebensraum nutzen.
eurytop	Fische, die keine deutliche Präferenz für strömende bzw. für stehende Bereiche zeigen.
limnophil	Fische, die stehende Gewässer bevorzugen.

Da bisher auch kein ausreichendes Datenmaterial zur Korrelation der Fischbesiedlung von Auenstillgewässern zu anderen ökologisch relevanten Parametern dieser Gewässer vorliegen und ein solches Bewertungssystem außerdem von vielen anderen, teilweise raumspezifischen Faktoren (z. B. zoogeografische, längszonale, regionale und historische Aspekte) abhängt, kann an dieser Stelle kein Vorschlag für ein plausibles Leitbild für Auenstillgewässer vorgestellt werden. Im Folgenden sollen jedoch die in Altwässern verschiedener Stadien zu erwartenden Arten auf Grundlage der jeweiligen Vorliebe für bestimmte Strömungsverhältnisse im Habitat aufgezeigt werden (Tabelle 4.8).

Aufgrund der bislang fehlenden Methode zur Zustandsbewertung von Auenstillgewässern nach EG-WWRL gibt Ebel (2006) folgende konzeptionelle Empfehlungen für die Erarbeitung eines entsprechenden Bewertungssystems:

- Im Gegensatz zu Fließgewässern ist für Auenstillgewässer eine der FIBS-Methode analoge Modellierung der Referenzzönosen aus methodischen Gründen im Regelfall nicht möglich. Daher sollte geprüft werden, ob Leitbilder für die Fischfauna von Auenstillgewässern aus einfach erfassbaren hydrogeographischen Parametern abgeleitet werden können.
- Auf der Grundlage verschiedener Untersuchungen ist anzunehmen, dass die Konnektivität zum Fließgewässer einen strukturierenden Einfluss auf die Fischfauna von Auenstillgewässern ausübt. Dieser Einfluss wird sowohl durch direkte Wirkung (Ausmaß der Migrationsmöglichkeiten zwischen Fließ- und Stillgewässer) als auch durch indirekte Effekte (Ausprägung der hydraulischen, morphologischen, chemischen und thermischen Habitatparameter) vermittelt. Darüber hinaus ist auch für die Gewässergröße davon auszugehen, dass es sich um ein ichthyozönotisch bedeutsames Kriterium handelt. Systematische Untersuchungen zu den Abhängigkeiten zwischen hydrographischen und ichthyozönotischen Parametern von Auenstillgewässern stehen bislang jedoch noch weitgehend aus.
- Ausgehend vom gegenwärtigen Kenntnisstand erscheint es sinnvoll, das auf dem Kriterium der Konnektivität basierende hydrographische Klassifizierungssystem von Amros et al. (1987) auf seine Eignung für die Entwicklung von Referenzzönosen zu untersuchen. Diese Grundtypen lassen sich bedarfsweise hinsichtlich weiterer Parameter, wie etwa der Gewässergröße oder der Häufigkeit, Dauer und Intensität der Überstauung bzw. Durchströmung, in verschiedene Untertypen untergliedern.
- Eine weitere Zielstellung bei der Erarbeitung eines methodischen Instrumentariums für die Umsetzung der EG-WRRL an Auenstillgewässern bestehen in der Analyse von Korrelationen zwischen dem Ausmaß der anthropogenen Beeinflussung und der resultierenden Leitbildabweichung. Die Kenntnis derartiger Beziehungen ist wesentliche Voraussetzung für eine begründete Kalibrierung des Bewertungsmodells.
- Zur Umsetzung der benannten Zielsstellung ist der Aufbau einer Datenbank erforderlich, in der für eine hinreichend große Zahl von Auenstillgewässern die jeweiligen biotischen und abiotischen Deskriptoren erfasst und hinsichtlich möglicher Korrelationen analysiert werden.

Aufgrund der Heterogenität der Fischbesiedlung und der Abhängigkeit von diversen schwer zu verallgemeinernden Faktoren erscheint die Erarbeitung eines auf die Fischartenzusammensetzung ausgerichteten Leitbildes für Auenstillgewässer derzeit wenig zielführend.

Vielmehr muss im Einzelfall durch die Einbeziehung von Spezialisten regionalspezifisch entschieden werden, in welchem Umfang bei der Sanierung von Altwässern auch fischökologische Aspekte Berücksichtigung finden müssen.

Die Revitalisierung von Auenstillgewässern im Rahmen von Artenhilfsprogrammen für in Sachsen-Anhalt gefährdeten Fischarten (z. B. Bitterling, Karausche) erscheint in diesem Zusammenhang als durchaus sinnvoll (Kammerad et al. 2004).

Zum Beispiel sind der fortschreitende Verlust pflanzenreicher Auengewässer und deren Degradation infolge von Hochwasserschutzmaßnahmen oder natürlicher Prozesse mit verantwortlich für den bundesweiten Rückgang der Karauschenbestände. Hier besteht unmittelbarer Handlungsbedarf zur Sicherung von Auengewässertypen der verschiedensten Sukzessionsstadien.

Die Diversität der Ichthyozönose kann aber über den Shannon-Wiener-Index (vgl. Kap. 4.2.2.2) für eine Bewertung genutzt werden. Auch wenn keine Aussage über den möglichen Leitbildcharakter getroffen werden kann, ist es doch sehr wohl möglich, die Quantitäten und Gleichverteilungen innerhalb dieser Zönose darzustellen. Individuenzahlen und Artenzahl lassen sich durchaus bestimmen und können direkt als Datengrundlage für die Ermittlung der Diversität genutzt werden. Grenzwerte innerhalb eines 5-stufigen Bewertungssystems liegen dabei niedriger als bei den Makroinvertebraten und höher als bei den Makrophyten. Hohe Individuenzahlen sind realistisch, jedoch bleiben die Artenzahlen in der Regel weit hinter denen der Makroinvertebraten zurück. Die gewählten Grenzen sind in Tabelle 4.9 dargestellt.

Tabelle 4.9: Gewählte Grenzen des Shannon-Wiener-Index bei der Altwasserbewertung mit Fischen

H	Note	Diversität
≥ 2	5	sehr groß
$\geq 1{,}5$	4	groß
≥ 1	3	mäßig
$\geq 0{,}5$	2	gering
$<0{,}5$	1	sehr gering

4.4 Altwassertypisierung auf Grundlage der Vegetation

Dominique Remy, Christian Kunz

Makrophyten umfassen die makroskopisch erkennbaren Wasser- und Röhrichtpflanzen, inklusive der Moose und Armleuchteralgen, die ihre Nährstoffe direkt aus dem Wasser oder über die Wurzeln aus dem Gewässersediment entnehmen. Die Makrophyten sind zentrale Elemente der aquatischen Ökosysteme. Als ortsgebundene, standortabhängige Organismen können sie als Indikatoren für den jeweiligen Zustand eines Gewässers, und damit für dessen Bewertung oder für eine Zuordnung zu einem Sukzessionsstadium herangezogen werden (s. a. Melzer 1985, 1988; Kohler 1975; Remy 1993; Pott u. Remy 2000; Schneider 2000).

Die Anzahl von Publikationen, die sich vordergründig mit vegetationsökologischen Grundlagen befassen, und für eine Einstufung von Altgewässern herangezogen werden können, ist relativ überschaubar. Es überwiegen monographische Beschreibungen einzelner Gewässer oder bestimmter Gruppen von Organismen in Altgewässern. Vergleichende Analysen zur Vegetation von Altgewässern liegen u.a. für die Ems (Herr 1984), die Untere Hase (Starmann 1987), den Mittleren Oberrhein (Schwarzer u. Schäfer 1993), die Donau bei Wien (Rotter u. Schratt-Ehrendorfer 1999), die Untere Spree (Grünert et al. 2007) und die Amper (Schwab u. Kiehl 2007) vor. Eine Übersicht über die Vegetation der Altgewässer in Nordrhein-Westfalen ist vom LUA NRW (2001, 2003) veröffentlicht worden.

Eine Typisierung oder auch Bewertung von Altgewässern kann unter verschiedenen Gesichtspunkten erfolgen, je nachdem welche Schutzziele oder Schutzzielkombinationen im Vordergrund stehen:

- Artenschutz, z.B. Arten der Roten Listen oder typische Arten der Altgewässer;
- Naturschutz, z.B. Erhalt der Artenvielfalt, der typischen Pflanzengesellschaften, der Lebensgemeinschaften der Auen, des Lebensraumtyps „Altgewässer“ mit seinen Vegetationskomplexen sowie Biotopvernetzung, also letztendlich künstlicher Erhalt bzw. Stabilisierung bestimmter Stadien der Sukzession, z.B. der Optimalphase eines Altgewässers;
- Prozessschutz, also Zulassen aller Sukzessionsstadien und damit auch des Verlustes von Altgewässern;
- Landschaftsschutz, z.B. Erhalt bzw. Restitution von Stillgewässern in der Aue unter Gesichtspunkten der Landschaftsästhetik und unter Gesichtspunkten der Landschaftsstruktur;
- Wasserschutz; z.B. Einstufung der trophischen Situation und Verbesserung der Qualität des Oberflächen- und Grundwassers u.a. durch Unterbrechung der Einleitungspfade und Speicherung von Nährstoffen in Niedermoortorf bzw. durch allgemeine Retentionsfunktion einer funktionsfähigen Aue. Der TIM (**T**rophie**I**ndex**M**akrophyten) (Schneider 2000) wird bei Altgewässern in der Regel im Bereich mäßig eutroph bis poly-/hypertroph liegen.

4.4.1 Leitbild aus vegetationskundlicher Sicht

Aussagen über das jeweilige Sukzessionsstadium oder über den ökologischen Zustand eines Altgewässers bedürfen eines Maßstabes, also Leitbildern und Referenzbedingungen bzw. der Definition eines günstigen bzw. anzustrebenden Erhaltungszustandes. Dies ist einerseits in den kulturell stark überprägten Auen Mitteleuropas in Hinblick auf den natürlichen Ausgangszustand kaum noch möglich, andererseits unterliegen die Altgewässer in besonderer Weise der Sukzession und damit unterschiedlichen, aber jeweils typischen Entwicklungsphasen. Als ein Ausweg bleibt die Beschreibung des höchsten ökologischen Potenzials der verschiedenen, typischen Altgewässer-Phasen, um diese dann als Referenz heranzuziehen. Weiterhin ist von Fall zu Fall zu entscheiden, welches der jeweils wünschenswerte, zu erhaltende Zustand sein soll. Somit steht hier primär die Typisierung im Vordergrund, der dann eine Bewertung folgen kann oder muss.

Einen gewissen Eindruck von der Zusammensetzung und vom trophischen Zustand der Vegetation naturnaher Altgewässer erlauben u.a. die Ergebnisse palynologischer Untersuchungen an Paläomäandern. Anhand von Pollenspektren und Großresten sind Aussagen über die Vegetationszusammensetzung und davon abgeleitet, über die trophische Situation anthropogen weniger beeinflusster Altgewässer, möglich. Für Norddeutschland wurden entsprechende Studien an verlandeten Altgewässern der Weser (oxbow lake) von Caspers (1993) und der Unteren Spree von Hilt et al. (2007) durchgeführt. Demnach herrschten in den Gewässern der Unteren Spreeaue zumindest ~1100–500 BC eutrophe Bedingungen, wie große Mengen makrofossiler Reste von *Potamogeton obtusifolius*, *Ranunculus sect. Batrachium*, *Stratiotes aloides*, *Nymphaea alba*, *Nuphar lutea*, *Lemna* spp., *Alisma plantago-aquatica*, *Oenanthe aquatica*, *Mentha aquatica*, *Lycopus europaeus*, *Carex* spp., *Juncus* spp., *Scirpus* spp. belegen.

Im Fall der Elbe ist das höchste ökologische Potenzial in Anlehnung an das Leitbild für Altgewässer der „Sandgeprägten Ströme“ im Tiefland mit einem erhöhten Anteil organischer Ablagerungen und der Strukturierung durch Totholz zu ermitteln. Da es sich bei der Vegetation der Aue um eine azonale Vegetation handelt, trifft dieser „Referenzzustand“ auch auf Altgewässer anderer großer Flüsse zu. Zum Leitbild der breiten, und deswegen auch beim Vorhandensein natürlicher Auenwälder unbeschatteten Altgewässer großer Ströme (Oberrhein, Niederrhein, Unterweser, Elbe, Oder, Donau, untere Ems) gehören demnach in der Optimalphase arten- und wuchsformenreiche Makrophytenbestände, die deutlich geschichtet aus Schwimmblattarten, submersen Schwaden von Großlaichkräutern und Rasen von Armleuchteralgen (*Chara* spp., *Nitella* spp., *Nitellopsis obtusa*, *Tolypella* spp.) sind.

Ein primäres (natürliches), breites und nicht verlandetes eutrophes Altgewässer in sandig-kiesigen Auen mit direktem Anschluss an das Hauptgewässer weist folgende Abfolge von Vegetationszonen (Vegetationskomplexe) auf:

- geschlossene, Ufer begleitende Auenwaldzone, die in weiten, moorigen Niederungen auch unter natürlichen Bedingungen fehlen kann (vgl. Garniel 2000) und sich aus folgenden Elementen aufbauen kann:
  - etwas höher liegender Auenwald (Querco-Ulmetum),
  - linearer Saum typischer Weichholzauengehölze auf mineralischen Uferdämmen, *Salix alba* sowie Weidengebüschen mit *Salix fragilis, Salix viminalis,*

   - „terrestrische“ Wälder der jeweiligen pnV (potenziellen natürlichen Vegetation) unmittelbar oberhalb der HW-Marke auf angeschnittenen Terrassenkanten,

- Schmale Röhrichtzone oder eine breite Röhricht- und Weidengebüschzone in den weiten, zum Teil moorigen Niederungen der Flussmarschen, wenn ein geschlossener Wald aus edaphischen Gründen im Uferbereich fehlt,
- Schwimmblattzone, mehrschichtig in klaren Gewässern,
- Tauchblattzone, die in flachen Wasserkörpern häufig fehlt (vgl. LfU BW 2004).

Analog zu den potamalen Fließgewässern (BLfU 2005) bieten Altgewässer im optimalen Zustand in der Regel gute Bedingungen für artenreiche Makrophytenzönosen. Allgemein nehmen die durchschnittliche Artenzahl und damit auch die Breite der Bewertungsbasis von der offenen Wasserfläche über die Röhrichte zum Bruch- oder Auwald hin zu (Pardey 1992). Die relativ geringe Artenanzahl aquatischer Standorte beruht auf der Homogenität vieler Wasserkörper, die große, monotone Bestände begünstigt (Baumann 1985). Sehr artenarme bis monodominante Bestände sind als gestört bzw. in der Altgewässersukzession weit fortgeschritten anzusehen. In naturnahen Auen sind Altgewässer normalerweise von Gehölzen umgeben. In schmalen oder ungünstig ausgerichteten Gewässerabschnitten mit starker Beschattung sind die Röhricht-, Schwimm- und Tauchblattzone nur kleinräumig und fragmentarisch ausgebildet oder können dort auch ganz fehlen. Bei solchen beschatteten, oft nur von anspruchsloseren Arten wie *Spirodela polyrhiza*, *Lemna minor*, *Hottonia palustris*, *Elodea canadensis* oder *Callitriche platycarpa* besiedelten Altgewässerabschnitten ist eine sichere Zuordnung zur Optimal- und Terminalphase auf vegetationskundlicher Basis kaum möglich.

4.4.2 Arten mit Vorkommensschwerpunkt in Altgewässern

Eine Auswertung der Roten Liste des BfN (http://www.floraweb.de) ergibt eine Übersicht über die gefährdeten Makrophyten, die in der heutigen Kulturlandschaft ihren Vorkommensschwerpunkt an bzw. in Altgewässern aufweisen, regional aber auch in Grabensystemen Ersatzbiotope gefunden haben (Remy u. Langheinrich 2007). Solche Arten und die durch sie charakterisierten Pflanzengesellschaften sollten bei der Zuordnung zu den Sukzessionsphasen der Altgewässer und bei der Diskussion, welche Sukzessionsphase erhalten oder wiederhergestellt werden soll, besondere Berücksichtigung finden (Tab.4.10).

Tabelle 4.10: Arten der Roten Liste Deutschlands mit Vorkommensschwerpunkt in Altgewässern (nach BfN: www.floraweb.de; Ludwig u. Schnittler 1996)

	Art	Status	Bemerkungen
aquatisch	*Groenlandia densa*	2	Regional in Gießen des Oberrheins
	Najas marina	3	
	Najas minor	2	wärmeliebend
	Nymphoides peltata	3	wärmeliebend
	Potamogeton acutifolius	3	
	Potamogeton trichoides	3	
	Ricciocarpus natans	2	Pleustophyt
	Salvinia natans	2	Pleustophyt, wärmeliebend
	Stratiotes aloides	3	Pleustophyt
	Trapa natans	2	wärmeliebend; Blütenbildung >20°C
amphibisch	*Hippuris vulgaris*	3	
	Hottonia palustris	3-	
	Oenanthe fistulosa	3	

4.4.3 Zuordnung der Makrophyten zu den Sukzessionsstadien

Die in den Altgewässern vorkommenden Pflanzenarten haben aufgrund ihrer jeweiligen ökologischen Amplitude eine unterschiedliche Vorkommenswahrscheinlichkeit in den einzelnen Sukzessionsphasen. In Tabelle 4.11 sind die wichtigsten Pflanzenarten der Wasser- und der Uferzone zusammengefasst und ihre Vorkommenswahrscheinlichkeit in der Initial-, Optimal, Terminal- und Postterminalphase dargestellt. Mit „**3**“ gekennzeichnete Arten haben ihren eindeutigen Schwerpunkt in einer einzigen Phase. Sie werden nur selten und dann mit nur geringer Abundanz in anderen Phasen gefunden. Die Vertreter der Gruppe der „**2**“-Arten treten in zwei, meist, aber eben nicht immer aufeinander folgenden Phasen mit annähernd der gleichen Wahrscheinlichkeit auf. Indifferente „**1**“-Arten, Hydrophyten mit weiter ökologischer Amplitude und viele Helophyten, kommen mit unterschiedlich hoher Abundanz in mindestens drei der Phasen vor und tragen damit nicht zu einer Einordnung bei. Darüber hinaus treten immer hier nicht genannte Arten als eher zufällige Begleiter hinzu. Mittels der Vorkommensschwerpunkte lassen sich Altgewässer oder Altgewässerabschnitte bestimmten Sukzessionsphasen zuordnen, also typisieren, ohne dass damit eine Bewertung einhergeht. Innerhalb der vorgefundenen Phasen können dann, wie in jedem Gewässer, unterschiedliche Stufen der Trophie, der Verschmutzung oder sonstiger Störungen bestimmt werden (siehe Kapitel 2.2). In der Terminalphase können beispielsweise, abhängig von der Trophie, zwei sehr unterschiedliche Vegetationsausbildungen vorgefunden werden. So treten in der Alten Elbe in terminalen Altgewässerabschnitten einerseits in mäßig nährstoffreichen, relativ ungetrübten Wasserkörpern geschichtete, von der Krebsschere dominierte Phytozönosen auf. Andererseits werden sehr nährstoffreiche, oft schon sehr flache Wasserkörper von weitgehend monotypischen Hornkrautbeständen eingenommen. Während die Terminalphase mit

Stratiotes aloides einen hohen Schutz- und Pflegestatus genießt, sind Massenvorkommen von *Ceratophyllum demersum* nicht schutzwürdig und stellen eher ein Problem dar.

Werden Makrophyten für eine Bewertung von Oberflächengewässern im Rahmen der Umsetzung der WRRL herangezogen, dann ist PHYLIB (Schaumburg et al. 2006, 2007) ein verbreitet genutztes Bewertungsverfahren. Bei dieser Methode erfolgt die Bewertung eines Gewässerabschnittes über „ökologische Zustandsklassen", wobei ein Referenzindex auf Basis der gewichteten Anteile der vorgefundenen Individuen aus den jeweiligen Artengruppen an der vorgefundenen Phytozönose bestimmt wird. Die jeweiligen Artengruppen sind von entsprechenden Leitbildflächen abgeleitet worden. Eine weitere Methode ist das Bewertungsverfahren für Makrophyten in Fließgewässern in NRW gemäß den Vorgaben der EG-WRRL (LANUV-NRW 2008). Wie durchaus unterschiedlich die Einstufung von Makrophyten in unterschiedlichen Bewertungssystemen für die jeweiligen Gewässertypen ausfallen kann, zeigt u.a. ein Vergleich der Artenlisten der genannten Bewertungsverfahren (s.a. Korte et al. 2005). Beide Methoden können für die Einstufung von Altgewässern in Entwicklungs- oder Altersphasen nur bedingt zu Anwendung gelangen, da sie primär der Bewertung gemäß WRRL dienen und dort außerdem keine Altgewässer als Leitbilder Berücksichtigung finden. Wie bereits ausgeführt, sind Altgewässer weder kontinuierlich durchströmte Fließgewässer, noch entsprechen sie reinen Stillgewässern.

Tabelle 4.11: Vorkommensschwerpunkte (1; 2; 3) von Wasser- und Uferpflanzen in unterschiedlichen Entwicklungsphasen von Altgewässern. Eine Einklammerung bedeutet eine Einschränkung der Aussage; grau unterlegt sind gefährdete Arten mit Schwerpunkt in Altgewässern.

	Phase			
Art	initiale	optimale	terminale	postterminale
Acorus calamus		2	2	
Agrostis stolonifera		1	1	1
Alisma plantago-aquatica		2	2	
Alopecurus aequalis				3
Azolla filiculoides		2	2	
Bolboschoenus maritimus		2	2	
Butomus umbellatus		2	2	
Calla palustris			2	2
Callitriche cophocarpa	2	2		
Callitriche hamulata	3			
Callitriche palustris		2	2	
Callitriche platycarpa	3			
Callitriche stagnalis		3		
Carex acutiformis			2	2
Carex elata			2	2
Carex gracilis (C. acuta)			2	2
Carex paniculata		(2)	2	

	Phase			
Art	initiale	optimale	terminale	postterminale
Carex pseudocyperus		2	2	
Carex riapria		2	2	
Ceratophyllum demersum		2	2	
Chara globularis		3		
Chara vulgaris		3		
Cyperus fuscus		2	2	
Elatine hydropiper	2	2		
Eleocharis acicularis		3		
Eleocharis palustris		2	2	
Elodea canadensis		2	2	
Elodea nuttallii		2	2	
Fontinalis antipyretica		3		
Galium palustre		1	1	1
Glyceria fluitans	3			
Glyceria maxima		1	1	1
Groenlandia densa	3			
Hippuris vulgaris		2	2	
Hottonia palustris		1	1	1
Hydrocharis morsus-ranae		2	2	
Hydrocotyle vulgaris			2	2
Iris pseudacorus		1	1	1
Isolepis fluitans	2	2		
Juncus bulbosus			2	2
Juncus effusus			2	2
Leersia oryzoides			2	2
Lemna gibba		2	2	
Lemna minor		2	2	
Lemna trisulca		2	2	
Lysimachia nummularia			2	2
Lysimachia thyrsiflora		2	2	
Mentha aquatica	1	1	1	1
Menyanthes trifoliata			2	2
Myosotis palustris	1	1	1	1
Myriophyllum alterniflorum	3			
Myriophyllum spicatum	2	2		
Myriophyllum verticillatum		3		

	Phase			
Art	initiale	optimale	terminale	postterminale
Najas marina		3		
Najas minor		3		
Nasturtium microphyllum	2		2	
Nasturtium officinale	2		2	
Nuphar lutea (nur submers)	3			
Nuphar lutea		2	2	
Nymphae alba		2	2	
Nymphoides peltata			3	
Oenanthe aquatica			3	
Oenanthe fistulosa			2	2
Peplis portula	2	2		
Persicaria amphibia	1	1	1	1
Peucedanum palustre		1	1	1
Phalaris arundinacea	2			2
Phragmites australis		1	1	1
Potamogeton acutifolius		2	(2)	
Potamogeton berchtoldii		2	2	
Potamogeton compressus		2	2	
Potamogeton crispus	1	1	1	
Potamogeton frisii		2	2	
Potamogeton lucens		2	2	
Potamogeton natans		2	2	
Potamogeton nodosus	3			
Potamogeton obtusifolius		2	2	
Potamogeton pectinatus	1	1	1	
Potamogeton perfoliatus	2	2		
Potamogeton pusillus		2	2	
Potamogeton trichoides		(2)	(2)	
Potamogeton x zizii		2	2	
Ranunculus aquatilis			3	
Ranunculus circinatus		2	(2)	
Ranunculus peltatus	2		2	
Ranunculus sceleratus			2	2
Ricciocarpus natans		2	2	
Rorippa amphibia	1	1	1	
Rumex hydrolapathum	1	1	1	1

	Phase			
Art	initiale	optimale	terminale	postterminale
Sagittaria sagittifolia	2	(2)		
Sagittaria sagittifolia f. submersa	3			
Salvinia natans		2	2	
Schoenoplectus lacustris		3		
Scutellaria hastifolia		1	1	1
Sium erectum	3			
Sium latifolium		2	2	
Solanum dulcamara		1	1	1
Sparganium emersum	2	2		
Sparganium erectum	2	2		
Sparganium minimum = S. natans		2	2	
Spirodela polyrhiza		2	2	
Stratiotes aloides			3	
Trapa natans			3	
Typha angustifolia		2	2	
Typha latifolia		2	2	
Utricularia australis			3	
Utricularia vulgaris			3	
Veronica anagallis-aquatica	1	1	1	1
Wolfia arrhiza		2	2	
Zannichellia palustris	1	1	1	

4.4.4 Ökologische Artengruppen in Altgewässern

Gewässermakrophyten sind weitgehend ortsgebunden und überwiegend mehrjährig. Das Vorkommen und die Vergesellschaftung von Makrophyten werden durch die Kombination komplexer abiotischer (physiko-chemischer) und biotischer Standortfaktoren bestimmt (Remy u. Pott 2000). Wichtige Einzelfaktoren sind u.a. verfügbare Nährstoffmenge, Karbonatgehalt, Lichteinfluss/Beschattung, Strömung, Wasserstandsschwankungen und Substratausbildung. Die Anwesenheit von Makrophyten indiziert in der Regel nicht unbedingt den momentanen, sondern einen längerfristig anhaltenden Gewässerzustand. Die Makrophyten sind somit integrative Indikatoren für Standortfaktoren. Ihre Anwesenheit in geringen Individuenzahlen lässt auf zumindest noch ausreichende Standortbedingungen schließen, während eine große Abundanz optimale Bedingungen indiziert. Die Abwesenheit von Makrophyten kann auf kurzfristige, katastrophal wirkende u. U. auch nur singulär auftretende Vorgänge hinweisen, wie Hochwasserabflüsse oder Toxine, kann aber auch auf Zufällen der Erstbesiedlung beruhen.

Die Wasserpflanzen reagieren unterschiedlich auf positive wie negative Veränderungen ihres Standortes. Während das Individuum bzw. die Art durch „presence/absence“ bzw. durch Änderung der Abundanz (Häufigkeit) reagiert, kommt es in der typischen Vergesellschaftung außerdem zu einer Veränderung der Artenzusammensetzung in Hinblick auf Qualität (Art) und Quantität (Anzahl der Individuen einer Art). Es handelt sich um einen dynamischen Artenpool, in dem die eine oder andere typische Art ausfallen kann, und außerdem standortsfremde Arten vereinzelt und vorübergehend als Begleiter auftreten.

In Tabelle 4.12 werden die Arten zu Artengruppen zusammengefasst, die an bestimmte Standortskonstellationen gebunden sind. Der Indikationswert der Arten innerhalb einer Artengruppe ist, bezogen auf den angegebenen Faktor, ähnlich, so dass sie sich in dieser Hinsicht gegenseitig ersetzen oder ergänzen können.

Tabelle 4.12: Übersicht über Artengruppen der Hydro- und Helophyten in Altgewässern

amphibische Uferzone von Altgewässern mit starken Wasserstandschwankungen		
Callitriche palustris *Callitriche stagnalis* *Callitriche cophocarpa*	*Hottonia palustris* *Hippuris vulgaris* *Polygonum amphibium*	*Ranunculus aquatilis* *Ranunculus peltatus*
Pleustophyten; vertragen Wasserstandsschwankungen, während der Sommerhochwasser besteht die Gefahr der Verdriftung.		
Azolla caroliniana *Azolla filiculoides* *Hydrocharis morsus-ranae* *Lemna minor*	*Lemna minuta* *Lemna gibba* *Lemna trisulca* *Ricciocarpus natans*	*Salvinia natans* *Spirodela polyrhiza* *Utricularia australis* *Stratiotes aloides* → Klarwasserstadien
Schattige Altgewässerabschnitte		
Callitriche palustris *Callitriche platycarpa* *Callitriche cophocarpa* *Callitriche stagnalis*	*Elodea canadensis* *Hottonia palustris* *Oenanthe aquatica* *Lemna minor*	*Lemna trisulca* *Nuphar lutea* *Polygonum amphibium* *Sparganium emersum*
Unbeschattete Altgewässerabschnitte: Schwimmblattzone (Stillgewässer und langsam fließende Gewässer, auch mit Trübung) mit arten- und wuchsformenreichen Schwimmblatt-Gesellschaften, die in der Regel Wasserstandsschwankungen.		
Myriophyllum verticillatum *Myriophyllum spicatum* *Nuphar lutea*	*Nymphaea alba* *Nymphoides peltata* *Potamogeton natans*	*Potamogeton crispus* *Ranunculus circinatus* *Trapa natans*
Unbeschattete Altgewässerabschnitte: Tauchblattzone und Grundrasen; überwiegend in Klarwasserstadien:		
Ceratophyllum demersum *Chara globularis* *Chara vulgaris* *Elodea canadensis* *Groenlandia densa* *Najas marina* *Najas minor*	*Nitella* spp. *Nitellopsis obtusa* *Potamogeton acutifolius* *Potamogeton compressus* *Potamogeton frisii* *Potamogeton lucens* *Potamogeton pectinatus*	*Potamogeton perfoliatus* *Potamogeton pusillus* *Spirodela polyrhiza* *Sparganium emersum* forma *submersa* *Tolypella* spp. *Zannichellia palustris*
Faulschlamm geprägte Altgewässer		
Ceratophyllum demersum *Elodea canadensis*	*Nuphar lutea* *Nymphoides peltata*	*Potamogeton obtusifolius* *Trapa natans*
Poly- bis hypertrophe Altgewässer mit weitgehend monotypischen Beständen		
Ceratophyllum demersum	*Lemna gibba*	

Abbildung 4.6: *Potamogeton crispus* (Foto: D. Remy)

Abbildung 4.7: *Potamogeton lucens* (Foto: D. Remy)

4.4.5 Vegetationserfassung und -bewertung

Im Kapitel 4.2 wird die Bewertung mit Hilfe der Makroinvertebraten erläutert. Die autökologischen Informationen über die Lebensgewohnheiten und Ansprüche der Makroinvertebraten sind weitestgehend bekannt. Aus diesen wurden die Phasenleitbilder entwickelt, die die Artenspektren mit der wahrscheinlich zu erwartenden Häufigkeit in einer bestimmten Altersphase der Altwässer beinhalten. In ähnlicher Form sollen auch die Makrophyten zur Bewertung herangezogen werden. In Tabelle 4.11 wurden die Makrophyten entsprechend ihres wahrscheinlichen Auftretens in den Alterungsphasen eingestuft (3 – nur in einer Phase; 2 in mindestens 2 Phasen und 1 in mehreren Phasen). Die Bewertung sieht nun wie folgt aus:

1. Das Vorkommen der Makrophyten mit ihren Häufigkeiten (Tab.4.13) an einer Messstelle des Altwassers ist kartiert.
2. Die Häufigkeit einer jeden gefundenen Art wird mit den wahrscheinlichen Auftreten in jeder einzelnen Phase multipliziert (Tab.4.11), z.B. *Ceratophyllum demersum* mit einer Häufigkeit 5 wird mit dem wahrscheinlichen Auftreten in der Initialphase (0) multipliziert, das Ergebnis ist 0
3. Diese Berechnung erfolgt für alle Arten über alle Phasen.
4. Vergleicht man nun die **Summe** der Produkte wird deutlich, welche Alterungsphasen am besten durch die Besiedelung der Makrophyten widergespiegelt werden.
5. Eine graphische Darstellung (Abb.4.8) verdeutlich die Situation zusätzlich.

Tabelle 4.13: Berechnung der Übereinstimmung einer Messstelle mit den Phasenleitbildern auf Grundlage der Makrophyten

Messstelle Mönchsgraben Alte Elbe Magdeburg	Häufigkeit	Phasenzugehörigkeit				Häufigkeit x			
		initial	optimal	terminal	postterminal	initial	optimal	terminal	postterminal
Ceratophyllum demersum	5	0	2	2	0	0	10	10	0
Typha angustifolia	5	0	2	2	0	0	10	10	0
Lemna minor	2	0	2	2	0	0	4	4	0
Mentha aquatica	2	1	1	1	1	2	2	2	2
Hydrocharis morsus-ranae	1	0	2	2	0	0	2	2	0
Iris pseudacorus	1	0	1	1	1	0	1	1	1
Nuphar lutea	1	0	2	2	0	0	2	2	0
Nymphae alba	1	0	2	2	0	0	2	2	0
Phragmites australis	1	0	1	1	1	0	1	1	1
Potamogeton lucens	1	0	2	2	0	0	2	2	0
Typha latifolia	1	0	2	2	0	0	2	2	0
Summe						**2**	**38**	**38**	**4**

Um die Ergebnisse gleichberechtigt in eine Gesamtbewertung des Altwassers einzubinden, muss ein 5-stufiges System entwickelt werden.

Im Gegensatz zu den Makroinvertebraten werden für die postterminale Phase Makrophytenzönosen beschrieben. In eine Berechnung fließt nun neben der Übereinstimmung mit der initialen, optimalen und terminalen Phase die Übereinstimmung mit der postterminalen Phase ein. Die in Kapitel 4.4.3 dargestellten Vorkommensschwerpunkte der Makrophyten zeigen eine gewisse Gleichverteilung: der Initialphase werden 31, der Optimalphase 77, der Terminalphase 81 und der Postterminalphase 28 Arten zugeordnet, wobei einige Arten in mehr als nur einer Phase Lebensraum finden. Für Initial- und Optimalphase gemeinsam stehen 90 Arten, für Terminal- und Postterminalphase 83 Arten. Initial- und Postterminalphase sind von einer geringen Diversität bestimmt, wohingegen Optimal- und Terminalphase von einer größeren Diversität geprägt sind. Die Berechnungsgrundlage für eine Bewertung ist folgende:

1. Die Summe aus der Übereinstimmung mit der Initialphase wird mit der der Optimalphase (Tab.4.13) addiert (2+38=40)
2. Die Summe aus der Übereinstimmung mit der Terminalphase wird mit der der Postterminalphase (Tab.4.13) addiert (38+4=42)
3. Die Differenz aus 1. (40) und 2. (42) gibt Auskunft über das Alter.
    a. positive Differenz → jung,
    b. Differenz = 0 → hohe Diversität, mittelalt,
    c. negative Differenz → alt

In der folgenden Tabelle 4.14 sind die gewählten Grenzen für ein fünfstufiges System dargestellt.

Tabelle 4.14: Anpassung der Übereinstimmungen mit den Altersphasen auf Grundlagen der Makrophytenvorkommen an ein 5-stufiges Bewertungssystem

Differenz der Prozentpunkte (Initial+Optimal) – (Terminal+Postterminal)	Alter	Bewertung
≥+10	sehr jung	5 (sehr gut)
≥+5	jung	4 (gut)
<+5; >-5	mäßig gealtert	3 (mäßig)
≤-5	alt	2 (unbefriedigend)
≤-10	sehr alt	1(schlecht)

Ein Altgewässer ist häufig kein einheitlicher Wasserkörper, da die Sukzession in einzelnen Kompartimenten unterschiedlich ablaufen kann und dann ein einziges Altgewässer mehreren Sukzessionsphasen gleichzeitig zuzuordnen ist. Entsprechend differenziert und kleinflächig kann die Vegetation einzelner Altgewässer ausgebildet sein (Abb.4.8). Regelmäßig durchströmte Altgewässer weisen oft eine unterschiedliche Vegetationsausbildung an Prall- und Gleitufern auf, die nur durch eine getrennte Kartierung der Ufer erfasst werden kann.

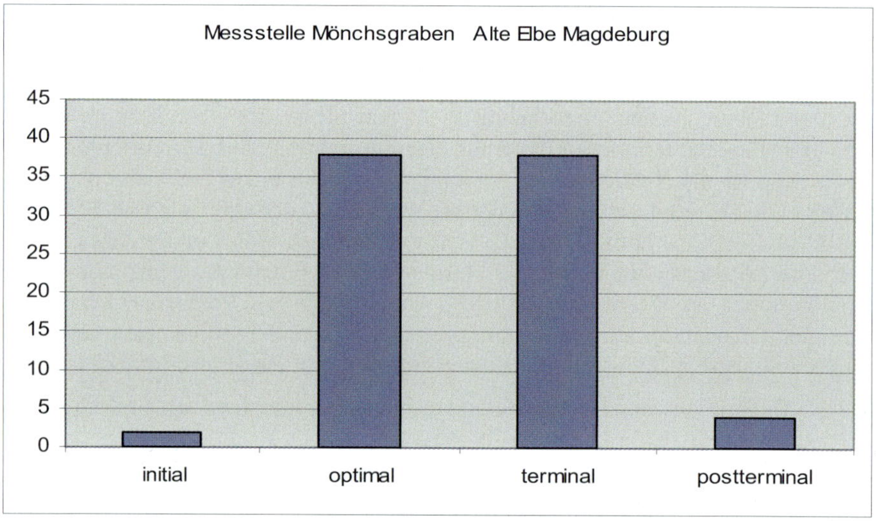

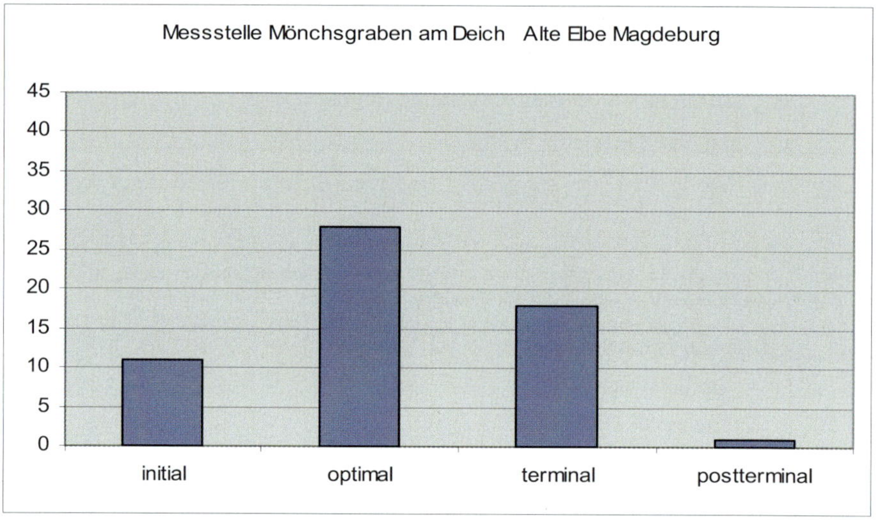

Abbildung 4.8: Unterschiedliche Zuordnung von zwei ineinander übergehenden Abschnitten der Dornburger Alten Elbe, Abschnitt „Mönchsgraben" auf Basis der Artenübereinstimmung mit den Phasenleitbildern (Kap.4.4.3, Tab.4.11) unter Einbeziehung der Häufigkeiten im betrachteten Altwasserabschnitt. Der deichnahe Bereich wird durch Qualmwasser beeinflusst und von einem artenreicheren Myriophyllo-Nupharetum besiedelt, während der deichferne Abschnitt durch artenarme *Ceratophyllum demersum*-Bestände beherrscht wird.

Die Erfassung der Gewässervegetation erfolgt stets in strukturell und ökologisch homogenen Gewässerabschnitten; homogen in Bezug auf Vegetation, Strömung, Beschattung, Sediment/Substrat und potenzielle Nährstoffeinträge. Es sollten innerhalb eines Untersuchungsabschnittes keine gravierenden Veränderungen in der angrenzenden Umlandnutzung auftreten oder Zuflüsse münden. Punktuelle Einflüsse wie einmündende Nebengewässer oder

Durchlässe zwischen Altgewässerabschnitten können die Bewertung stark beeinflussen, wenn es dort z.B. durch eine geringere Nährstoffkonzentration oder erhöhte Strömungsgeschwindigkeit zu einer Erhöhung der Diversität kommt. Die Festlegung der minimalen bzw. maximalen Länge bzw. Fläche von Untersuchungsabschnitten orientiert sich deshalb an der individuellen Ausbildung der Altgewässer und sollte nicht theoretisch vorgegeben werden.

Eine möglichst vollständige Erfassung der Vegetation erfolgt am besten zwischen Anfang Juni und Ende September, dem Zeitraum der optimalen Entwicklung der Makrophyten. Erfahrungsgemäß wird die maximale Entwicklung der Phytomasse im August erreicht. Die Erfassung der Vegetation von im Spätsommer trocken fallenden Uferabschnitten ist nur nach längeren Niedrigwasserphasen möglich.

In der Artenliste werden Hydrophyten und Helophyten getrennt erfasst. Die Vorkommenshäufigkeit kann als Abundanz (Anzahl der Individuen pro Untersuchungsfläche) und als Deckungsgrad = Dominanz (Prozentualer Anteil einer Art an der Untersuchungsfläche als senkrechte Projektion aller Individuen auf die Bodenoberfläche) angegeben werden. Zur Anwendung kommt eine gegenüber der Schätzskala von Kohler (1978) leicht veränderte Skala, mittels der die Abundanz bzw. der Deckungsgrad der vorgefundenen Arten semiquantitativ bestimmt wird. Diese semiquantitative Erfassung per Schätzung ermöglicht eine rasche und gut reproduzierbare Datenerhebung, da keine übermäßige Genauigkeit erforderlich ist (Tabelle 4.15).

Tabelle 4.15: Erweiterte Abundanz-Skala

Skala	Art	Erläuterung (Abundanz bzw. Deckung)
R	rar	1 Individuum
1	sehr selten	2-3 Individuen, vereinzelte Gruppe und < 1% der Fläche
2	selten	4-10 Individuen oder Gruppen und ≤ 5% der Fläche bedeckend
3	verbreitet	6-25% der Fläche bedeckend
4	häufig	26-75% der Fläche bedeckend
5	sehr häufig	> 75% der Fläche bedeckend

Für die Erhebung werden alle Makrophytenarten einer Probestelle herangezogen. Als Hydrophyten werden alle submersen und natanten Arten, sowie alle untergetaucht wachsenden amphibischen Arten gewertet. Eine eigene Kategorie bilden Helophyten (Röhrichtpflanzen), die mit einbezogen werden, da diese mit fortgeschrittener Sukzession wesentlich am Aufbau der Altgewässervegetation beteiligt sind.

Zur Gesamtbewertung auf Grundlage der Makrophyten kann neben der Artenübereinstimmung mit den Phasenleitbildern unter Einbeziehung der Häufigkeiten auch die Diversität (Shannon-Wiener-Index, Kap. 4.2.2.2) genutzt werden. Da dieser Index neben der Gleichverteilung auch von der Individuenzahl bestimmt wird, diese Zahl jedoch schwer zu ermitteln ist (Bsp.: *Phragmites australis* oder *Ceratophyllum demersum*) wird eine fünfstufige, relative Häufigkeit genutzt. Daraus folgt dann, dass diese Zahlen geringer ausfallen als bei den Fischen oder Makroinvertebraten (siebenstufige Häufigkeitsverteilung) und demnach die Grenzen für den Shannon-Wiener-Index niedriger anzusetzen sind (Tabelle 4.16).

Tabelle 4.16: Gewählte Grenzen des Shannon-Wiener-Index bei der Altwasserbewertung mit Makrophyten

H	Gewässerzustand	Diversität
≥ 1,5	5	sehr groß
≥ 1,2	4	groß
≥ 1	3	mäßig
≥ 0,5	2	gering
<0,5	1	sehr gering

4.5 Altwasserbewertung auf Grundlage der Morphologie

Christian Kunz

Im Unterschied zu den „Kleinen Fließgewässern" ist die Strukturgütekartierung bei größeren Gewässern schwieriger, zum einem wegen der größeren Breite und Tiefe, zum anderen wegen der Notwendigkeit größerer Kartierabschnitte. Die größeren Gewässer sind erheblich länger als die bisher für eine morphologische Kartierung nach LAWA (2000 a) berücksichtigten Fließgewässer mit einer Breite zwischen 1m und 10m. Die Abschnittslängen betragen dort maximal 400 m. Sommer (2006) beschreibt als sinnvolle Kartierlänge an großen Strömen wie der Elbe 1000 m und nutzt dabei die Kilometrierung der Bundeswasserstraßen. Probleme zeigten sich vor allem wegen der Breite und Tiefe des Gewässers in der Ansprache des Sohlsubstrates.

4.5.1 Entwicklung eines Strukturgütekartierverfahrens für Altwässer in Anlehnung an das Verfahren der Länderarbeitsgemeinschaft Wasser (LAWA) für kleine Flüsse

Auch in der Gewässermorphologie sind Leitbilder und Entwicklungsziele eine Voraussetzung für eine beobachterunabhängige und zielführende Bewertung. Anders als bei Fließgewässern müssen die Sukzession und die Tatsache berücksichtigt werden, dass Altwässer in der Kulturlandschaft kaum neu entstehen. Somit muss die morphologische Bewertung neben der Naturnähe auch die Nachhaltigkeit der Existenz erwünschter Phasen sowie Strukturelemente berücksichtigen, die die spezifische Fauna und Flora von Altwässern fördern.

4.5.1.1 Die Indexgestützte Bewertung

Im Folgenden soll anhand der Hauptparameter Sohle, Ufer, Land und zusätzlich Alter beschrieben werden, wie eine Bewertung von Altwässern erfolgen kann und für die Alte Elbe bei Magdeburg pilothaft erfolgt ist. Die Note 1 beschreibt dabei einen natürlich Zustand, die Note 7 einen naturfernen, stark degradierten Gewässerabschnitt.

1. Laufausprägung

1.1 Die **Laufkrümmung** ist überwiegend als **mäandrierend** einzustufen, da der Ursprung des Altwassers der natürlicherweise mäandrierende Gewässertyp „Sandgeprägter Strom" ist.

mäandrierend	1
geschlängelt	2
stark geschwungen	3
mäßig geschwungen	4
schwach geschwungen	5
gestreckt	6
geradlinig	7

1.2 **Krümmungserosion** sollte **keine** stattfinden, da es sich hier um ein Altwasser handelt, welches auch bei einer beidseitigen Anbindung nicht mehr genügend Wasser führt, um die Energie aufzubringen, den Lauf zu verändern.

häufig stark	7
vereinzelt stark	5
häufig schwach	4
vereinzelt schwach	3
keine	1

1.3 **Flachwasserzonen** sollten **häufig**, bzw. mit großer Ausdehnung anzutreffen sein, da die potenziell natürliche Mäanderausprägung an Gleithängen Flachwasserzonen bedingt.

viele oder sehr lange (Gleithänge)	1
mehrere	2
zwei	3
eine	4
Reste	5
keine	7

1.4 Die im Allgemeinen nicht notwendige Unterhaltung des Gewässers aus Sicht der Schiffbarkeit lässt **viele besondere Laufstrukturen** in erhöhtem Maße zu, z.B. Sturzbäume.

viele	1
mehrere	2
zwei	3
eine	4
Ansätze	5
keine	7

2.Längsprofil

2.1 **Querbauwerke** sind grundsätzlich als schädlich zu betrachten, eine Bewertung erfolgt nicht, wenn **keine** Querbauwerke vorhanden sind.

Hochwasserschutzanlage	7
Schüttdamm	7
Schüttdamm mit Durchlass	6
Absturz	6
Absturz mit Umgehungsgerinne	5
Rampe/Gleite	5
kein Querbauwerk	x

2.2 Ein **Rückstau** aufgrund von Unterbrechungen oder Einschnürungen des ökologischen Kontinuums sollte **keine** oder nur **geringe** Ausmaße haben.

geringer/kein Rückstau	x
mäßiger Rückstau	5
starker Rückstau	7

(2.3) **Verrohrungen**, egal welcher Länge, sind **schädlich**, allerdings sind sie aufgrund der natürlichen Ausdehnung (Breite) der Gewässer nicht zu erwarten und werden daher nicht in die Kartierung aufgenommen.

2.3 **Querbänke** sind mangels energiereichen Durchflusses kaum zu erwarten und **das Fehlen** sollte **nicht** als **negativ** bewertet werden. Das **Auftreten** von Querbänken wiederum ist durchaus als **positiv** zu bewerten.

viele	1
einige	2
keine	x

2.4 Die **Strömungsdiversität** ist anders als bei den kleinen Fließgewässern bei den größeren weniger stark ausgeprägt. Wird das Gewässer nicht unterhalten und ist es nicht ausgebaut, kann jedoch bei einem durchströmten Altwasser aufgrund der natürlichen Breitenvarianz und des Auftretens von Sturzbäumen und Verklausungen eine Strömungsdiversität zu erkennen sein.

sehr groß – groß	1
mäßig	3
gering	5
keine	7

2.5 Die **Tiefenvarianz** ist nicht immer problemlos zu erkennen. Da die durchschnittliche Tiefe größer ist und zu geringe Sichttiefen durch eine mögliche Algendominanz die Einschätzung erschweren, müssen Hilfsmittel, wie ein Sondierstab, benutzt werden. Die Tiefenvarianz ist bei diesem Gewässertyp natürlicherweise als **groß** einzustufen. Zu den natürlichen Strukturen der Sohle zählen **Inseln** und **Gewässerbänke**. Kolke und Tiefrinnen sind durch die geringen Fließgeschwindigkeiten meist nicht anzutreffen.

sehr groß – groß	1
mäßig	3
gering	5
keine	7

3.Querprofil

3.1 Im **Naturprofil** fehlen Wasserbausteine, auch andere profilverändernde wasserbauliche Maßnahmen haben nicht stattgefunden.

Naturprofil	1
annähernd Naturprofil	2
verfallendes Regelprofil	4
Trapezprofil	6
V-Profil, Kastenprofil	7

3.2 Die **Profiltiefe** ist **flach** bis **mäßig tief (1-3m)**, die Ufer fallen an den ehemaligen Prallhängen stark ab, an den Gleithängen sind Flachwasserzonen dominierend. An den Prallhängen reicht das Wasser bis an die Ufergehölze heran.

sehr flach	2
flach bis mäßig tief	1
tief	5
sehr tief	7
staureguliert/Querbauwerke	x

3.3 Aufgrund der geringen Strömung findet **Breitenerosion** im Gewässer **nicht statt**.

stark	7
schwach	4
keine	1

3.4 Die **Breitenvarianz** des Altgewässers ist **groß**, vergleichbar mit den „Sandgeprägten Strömen“. Pionierröhrichte lassen jedoch in den Flachwasserzonen Aussagen vor Ort kaum zu, aktuelle **Luftbilder** dienen hierbei zur Einschätzung der Breitenvarianz.

sehr groß – groß	1
mäßig	3
gering	5
keine	7

3.5 **Durchlässe** stören das ökologische Kontinuum und sind als **Schadstrukturen** zu bewerten.

Durchlass, Brücke nicht strukturschädlich	x
Lauf verengt	5
Ufer unterbrochen	6
kein Sediment	7
kein Durchlass	x

4.Sohlenstruktur

Im Gegensatz zu den „Kleinen Fließgewässern" lassen sich nur sehr schwer Aussagen über die Sohlenstruktur treffen. Eine Befahrung mit dem Boot ist notwendig, will man auf die Bewertung der Sohle nicht verzichten.

4.1 Das natürliche **Sohlsubstrat** setzt sich aus **Sand** und **Ton** zusammen, aber auch **Schlamm** spielt eine wichtige Rolle. Im Optimalzustand des Gewässers sollte allerdings **Schlamm** die Sohle **nicht** durch größere Mächtigkeiten **dominieren**.

natürlich	1
unnatürlich	7
Sohlverbau	x
Nicht feststellbar	x

4.2 **Sohlverbaue** sind als **Schadstrukturen** zu bewerten.

Steinschüttung	5
Massivsohle mit Sediment	6
Massivsohle ohne Sediment	7
Kein Sohlverbau	x

4.3 Die **Substratdiversität** ist geringer als bei den kleineren Gewässern. Die Durchströmung, ganzjährig oder temporär, sorgt für einen Transport, der **keine Schlammdominanz** zulässt.

Natürlich – org. Material, Ton, Sand, Kies	1
annähernd natürlich – org. Material, Ton, Sand	2
mäßig – org. Material, Ton	4
gering – org. Material	5
keine – org. Material in großen Mächtigkeiten	7

(4.4) Besondere **Sohlstrukturen** wie Kolke, Schnellen, etc. sind auf Grund der geringen Fließgeschwindigkeiten nicht zu erwarten und werden daher nicht bewertet.

5. Uferstruktur

Die Indexbewertungen in 5.1 und 5.2 werden je Ufer (links und rechts) getrennt bewertet, ein Durchschnittswert wird aus beiden Bewertungen gebildet.

5.1 Der **Uferbewuchs** wird durch **Röhrichtgesellschaften** charakterisiert, Uferbewuchs fehlt naturbedingt wenn starke Beschattung durch **bodenständigen Auwald** bis an die Ufer zu verzeichnen ist, z.B. an Prallhängen. Uferbewuchs kann bei Extremhochwässern entwurzelt worden sein.

Röhricht	1	bodenständig
Bodenständiger Auwald	1	
Galerie	2	
Gebüsch, Einzelgehölz	3	
Krautflur, Hochstauden	4	
Wiese, Rasen	6	
Forst, Galerie	5	nicht bodenständig
Gebüsch, Einzelgehölz	6	
Verbau	7	kein Bewuchs
naturbedingt	1	

5.2 Der **Uferverbau** ist als **Schadstruktur** einzustufen.

Lebendverbau	5
Steinschüttung/Steinwurf	5
Holzverbau	6
Böschungsrasen	6
Pflaster, Steinsatz unverfugt	6
wilder Verbau	7
Beton, Mauer, Pflaster	7
kein Verbau	x

5.3 Als **Besondere Uferstrukturen** sind **Sturzbäume**, **Biberburgen** und andere natürlich entstandene Strukturen anzusehen.

viele	1
mehrere	2
zwei	3
eine	4
Ansätze	5
keine	7

6. Gewässerumfeld

Die Indexbewertungen in 6.1 bis 6.3 werden je Ufer (links und rechts) getrennt bewertet, ein Durchschnittswert wird aus beiden Bewertungen gebildet.

6.1 Die **Flächennutzung** kann zwischen **bodenständigem Wald** und intensiver **Landwirtschaft** oder flächenhafter **Bebauung** variieren. Naturferne Nutzung schaden dem Altwasser.

	> 50%	10-50%
Wald, bodenständig	1	1
naturnahe Biotope	1	1
Brache	2	2
Grünland	3	3
Wald, nicht bodenständig	5	4
Äcker, Gärten, Nadelforst	6	5
Park, Grünanlage	3	3
Bebauung mit Freifläche	6	5
Bebauung ohne Freifläche	7	6
Flächenhafte Umfeldstrukturen	x	

6.2 Sind die Nutzungen im Umfeld negativ, finden sich im Leitbild **Gewässerrandstreifen** oder -schonstreifen wieder. Erfolgt keine **schädigende Nutzung**, sind Schonstreifen natürlicherweise nicht notwendig.

	> 50%	10-50%
flächenhaft Wald oder Sukzession	1	1
Gewässerrandstreifen	1	2
Saumstreifen	3	5
intensive Nutzung	7	7

6.3 Sonstige **schädliche Umfeldstrukturen** sind Abgrabungen, Fischteiche, befestigte Verkehrsanlagen, Müllablagerungen und HW-Schutzanlagen.

Abstand	gering	mittel	groß
Abgrabung, Fischteich, befestigte Verkehrsanlagen, Anschüttungen, Müllablagerungen, Hochwasserschutzbauwerke	7	6	5
keine	x		

7. Verlandungserscheinungen/Alter

7.1 Das **natürliche Altersstadium** des durchflossenen Altarms befindet sich teilweise in der Initialphase, größtenteils jedoch in der **Optimalphase** mit einer **Dominanz der Freiwasserflächen** gegenüber den Röhrichtgesellschaften. Künstliche Entkopplungen oder Eutrophierungen (intensive Landwirtschaft) fördern die Sukzession und versetzen das Gewässer schnell in ein Terminalstadium.

natürliches Alter	1
Sukzession durch Entkopplung	3
Sukzession durch Eutrophierung	6
stark gealtert – drohendes Verschwinden	7

7.2 Kleinere **Hochwässer** führen regelmäßig zu einer **Überflutung** des Altwassers.

regelmäßig	1
bei Extremhochwässern	4
fossile Aue - Totarm	7

7.3 **Entwässerung** oder **Wasserentnahmen** finden nicht statt. Ein meliorativer Eingriff durch die Landwirtschaft **fördert** die **Alterung**, da die Verlandung so vorangetrieben wird.

keine Entwässerung	x
steuerbare Entwässerung	5
nicht steuerbare Entwässerung	7

7.4 Die **Korrespondenz** mit dem **Hauptstrom** erfolgt mindestens temporär über das **Oberflächenwasser**, eine Grundwasserkorrespondenz ist ganzjährig zu beobachten. Eintiefungen des Hauptstromes durch Buhnen, etc. wirken sich schädlich auf die Vernetzung aus, festgelegte GW-Stände durch Staustufen im Hauptstrom fördern die Planktondominanz und sind ebenfalls als schädlich zu betrachten.

Oberflächenwasser	1
Grundwasser	2
ja, durch Einstau des Hauptstromes	5
nein, Eintiefung des Hauptstromes	7

4.5.1.2 Pilothafte Bewertung eines Altwassers

Das beschriebene Verfahren wurde exemplarisch im Rahmen des Projektes „Revitalisierung der Dornburger Alten Elbe bei Magdeburg“ erprobt (Kunz 2007). Dieses 20 km lange Altwasser liegt zu einem großen Teil (15 km) in der entkoppelten Aue zwischen Hochwasserschutzdeich der Elbe und einem eingedeichten Umflutkanal, der zum Abschlagen von Hochwasserspitzen im Magdeburger Bereich der Elbe dient. Der kürzere Teil (5 km) befindet sich in eben dieser Umflut und profitiert von der verjüngenden Flutung des Gewässers bei Hochwässern stark. Der entkoppelte Bereich ist vom Hauptstrom vollständig abgeschnitten, das Umfeld wird durch intensive Landwirtschaft, wenige Siedlungen und Restbestände von Auwäldern geprägt. Dieses Altwasser bot auf Grund seiner verschiedenen Prägungen und der Länge von 20 km die Möglichkeit, ein solches Bewertungssystem zu testen. Dieses System hat sich als aussagekräftig erwiesen. Morphologische Qualitätsunterschiede zwischen entkoppelter und temporär durchströmter Aue wurden deutlich, Unterschiede innerhalb der entkoppelten Aue konnten ebenfalls leicht festgestellt werden.

Abbildung 4.9: Kartier- und Bewertungsbogen – Strukturgüte Altwässer; Beispiel der Bewertung eines Abschnittes der Dornburger Alten Elbe bei Magdeburg

A. Gewässerstrukturgütekartierung

Kartierabschnitt

VEL 2 OW 05-00	S11
Gewässerkennzahl	Gewässerabschnitt

Alte Elbe bei Magdeburg	
Gewässername	

DTK-10-Blatt-Nr.	3936nw	23.01.2007
Hochwert	5766927 - 5768517	Erhebungsdatum
Rechtswert	4482286 - 4481286	

Gewässerlage	
Ortslage	
freie Landschaft	x
Gewässernutzung	
Fischerei	
Schifffahrt	
Wasserkraft	
Hochwasserschutz	x
Siedlung	
keine der o. g.	

Codierungsmatrix	Größenklasse	
Altwassertyp/Alter	1	2
Initialphase	11	12
Optimalphase durchströmt / temp. o. ständ.	21	22
Optimalphase Unterwasser angeschlossen	31	32
Optimalphase Oberwasser angeschlossen	41	42
Optimalphase nicht angeschlossen	51	52
Terminalphase	61	62
Bitte nachfolgend Code eingeben:	**52**	

Größenklasse		
Gewässerbreite		Abschnittslänge
0-50m	1	500m
>50m	2	1000m
Bitte nachfolgend Größenklasse eingeben:	**2**	

1. Laufausprägung

	Indexziffer	
1.1 Laufkrümmung	1	mäandrierend
1.2 Krümmungserosion	1	keine
1.3 Flachwasserzonen	5	Reste
1.4 besondere Laufstrukturen	7	keine
	Das Gewässer ist	gekrümmt

Bewertung der fkt. Einheiten

Krümmung	4,3
Beweglichkeit	1,5
Σ	5,8
Wertzahl	2,9
Klasse	3

2. Längsprofil

	Indexziffer	
2.1 Querbauwerke	x	Grundschwellen/kein Querbauwerk
2.2 Rückstau	x	geringer/kein Rückstau
2.3 Querbänke	x	keine
2.4 Strömungsdiversität	7	keine
2.5 Tiefenvarianz	7	keine

natürl. Längsprofilelemente	7
anthropogene Wanderbarrieren	x
Σ	7
Wertzahl	7,0
Klasse	7

3. Querprofil

	Indexziffer	
3.1 Profiltyp	1	Naturprofil
3.2 Profiltiefe	2	sehr flach
3.3 Breitenerosion	1	keine
3.4 Breitenvarianz	1	sehr groß - groß
3.5 Durchlässe	x	kein strukturschädl.Durchlass

Profiltiefe	2
Breitenentwickl.	1
Profilform	1
Σ	4
Wertzahl	1,3
Klasse	1

4. Sohlenstruktur

	Indexziffer	
4.1Sohlensubstrat	7	unnat. - Schlamm
4.2 Sohlverbau	x	kein
4.3 Substratdiversität	7	keine - org. Material in großen Mächtigkeiten

Art/Verteilung der Substrate	7
Sohlverbau	x
Σ	7
Wertzahl	7,0
Klasse	7

5. Uferstruktur

		Indexziffer	
Bewuchs	bodenständig (x); nicht bodenstä. (y); kein Bewuchs (z)	x	<-Zutreffendes eingeben
5.1 Uferbewuchs links		1	Röhricht, Auwald
5.1 Uferbewuchs rechts		3	Gebüsch, Einzelgehölz
5.2 Uferverbau links		x	kein
5.2 Uferverbau rechts		x	kein
5.3 bes. Uferstrukturen links		7	keine
5.3 bes. Uferstrukturen rechts		7	keine

	L	R
naturraumtypische Ausprägung	7	7
naturraumtypischer Bewuchs	1	3
Uferverbau	x	x
Σ einzeln	8	10
Σ gesamt	18	
Wertzahl einzeln	4	5,0
Wertzahl gesamt	4,5	
Klasse	5	

6. Gewässerumfeld

6.1 Flächennutzung links [%]	100
6.1 Flächennutzung rechts [%]	100
6.2 Gewässerrandstreifen links [%]	100
6.2 Gewässerrandstreifen rechts [%]	100

	Indexziffer	
6.1 Flächennutzung links	6	Äcker/Gärten/Bebauung/Nadelforst
6.1 Flächennutzung rechts	6	Äcker/Gärten/Bebauung/Nadelforst
6.2 Gewässerrandstreifen links	3	Saumstreifen
6.2 Gewässerrandstreifen rechts	3	Saumstreifen
6.3 sonst. Umfeldstrukturen links	x	
6.3 sonst. Umfeldstrukturen rechts	X	

	L	R
Gewässerrand-streifen	3	3
Vorland	6	6
Σ einzeln	9	9
Σ gesamt	18	
Wertzahl einzeln	4,5	4,5
Wertzahl gesamt	4,5	
Klasse	5	

7. Verlandungsstadium/Alter

7.1 Altersstadium	7	stark gealtert-drohendes Verschwinden
7.2 Hochwassereinfluß auf Altwasser	7	fossile Aue
7.3 Melioration/Entwässerung	7	nicht steuerbare Entwässerung
7.4 Korrespondenz mit Hauptstrom	7	nein, Eintiefung des Hauptstromes

Alterstadium	7
Wertzahl	7
Klasse	7

In der Abbildung 4.9 wird der speziell für Altwässer entwickelte Kartier- und Bewertungsbogen vorgestellt. Die Ergebnisse der Indexbewertungen (1.- Laufausprägung bis 7. - Alter) werden in den vier Hauptparametern Sohle, Ufer, Gewässerumfeld und Alter zusammengefasst. Dabei setzt sich „Sohle“ aus den Ergebnissen der Indexbewertungen *1.Laufentwicklung, 2.Längsprofil* und *4. Sohlenstruktur* und „Ufer“ aus *3.Querprofil* und *5.Uferstruktur* zusammen. Dazu kommen „Gewässerumfeld“ (*6*) und „Alter / Verlandungsstadium“ (*7*) (Abb.4.10).

Abbildung 4.10: Zusammenfassende Bewertung der Hauptparameter am Beispiel der Dornburger Alten Elbe bei Magdeburg

B.Zusammenfassende Bewertung

	Wertzahl	Klasse
1. Laufentwickl.	2,92	3
2. Längsprofil	7,00	7
4. Sohlenstruktur	7,00	7
Σ	16,92	
Ø	5,64	
	Sohle	6

	Wertzahl	Klasse
6. Gewässerumf.	4,50	5
Σ	4,50	
Ø	4,50	
	Land	5

	Wertzahl	Klasse
3. Querprofil	1,33	1
5. Uferstruktur	4,50	5
Σ	5,83	
Ø	2,92	
	Ufer	3

	Wertzahl	Klasse
7. Verlandungsstadium/A	7,00	7
Σ	7,00	
Ø	7,00	
	Alter	7

	Wertzahl	Klasse
Σ	20,06	
Ø	5,01	
	Gesamt	**5**
	STARK VERÄNDERT	

Das siebenstufige Bewertungssystem der Strukturgütekartierung (‚1’ – unverändert bis ‚7’ – vollständig verändert) muss zur Vereinheitlichung in ein fünfstufiges wie bei den vorangegangenen Bewertungsverfahren überführt werden. In der folgenden Tabelle 4.17 sind die Grenzen zur Überführung dargestellt.

Tabelle 4.17: Anpassung des siebenstufigen Bewertungssystems an ein fünfstufiges System

Strukturgüte	Bewertung
<1,75	5
<2,85	4
<3,95	3
<5,35	2
≥5,35	1

4.6 Chemische Bewertung der Qualität von Wasser und Sedimenten in Altwässern

Bernd Feuerstein

Die allgemeinen chemischen Parameter und die spezifischen synthetischen oder nicht synthetischen Stoffe (Tab.4.18) fließen bei der Gewässerbewertung nach EG-WRRL in die Beschreibung des ökologischen Zustands ein.

Tabelle 4.18: Chemische Qualitätskomponenten, die die Bestimmung des ökologischen Zustandes unterstützen

Chemische und physikalisch-chemische Qualitätskomponenten in Unterstützung der biologischen Komponenten: Sichttiefe, Temperaturverhältnisse, Sauerstoffhaushalt, Salzgehalt, Nährstoffverhältnisse	Spezifische nicht synthetische Schadstoffe Spezifische synthetische Schadstoffe

Ausschlaggebend sind jedoch (vgl. Kap. 4.1) die biologischen Qualitätskomponenten (Abb.4.11), während die chemischen Komponenten für die Erreichung eines sehr guten bzw. guten ökologischen Zustandes eine notwendige, aber keine hinreichende Bedingungen darstellen. Bei einer hohen Belastung mit sauerstoffzehrenden Substanzen, mit Pflanzennährstoffen oder auch mit toxischen Stoffen kann ein guter ökologischer Zustand selbstverständlich nur schwer erreicht werden.

Im Falle der Altwässer ist das Problem der Eutrophierung, d. h. des übermäßigen Eintrages von Pflanzennährstoffen, vor allem von Stickstoff und Phosphor, gravierend. Sie können die Alterung von Altwässern gegenüber dem natürlichen Verlauf um das Mehrfache beschleunigen, da sie in höheren Konzentrationen nicht nur das Pflanzenwachstum an sich, sondern gerade das solcher Arten, die Verlandung besonders begünstigen (z. B. *Ceratophyllum demersum*), beschleunigen. Als Ursachen der Eutrophierung kommen der Eintrag aus den umliegenden, zumeist landwirtschaftlich genutzten Flächen über Auswaschung und Bodenerosion und die Rücklösung aus belasteten Sedimenten infrage. Demgegenüber hat der direkte allochthone Eintrag von sauerstoffzehrenden Substanzen über Abwässer heute kaum noch eine Bedeutung, da dieser gesetzlich untersagt ist.

Ein weiteres Problemfeld ist der chemische Zustand der Sedimente. Revitalisierungsvorhaben an Altwässern werden nur selten ohne Entschlammungsmaßnahmen auskommen (vgl. Kap. 5). Die Verbringung des Schlammes ist ein erheblicher Kostenfaktor, die Kosten wachsen mit der Belastung. Deshalb müssen die Sedimente hinsichtlich ihres Risikopotenzials und ihrer möglichen Verwertungs- und Entsorgungspfade untersucht werden.

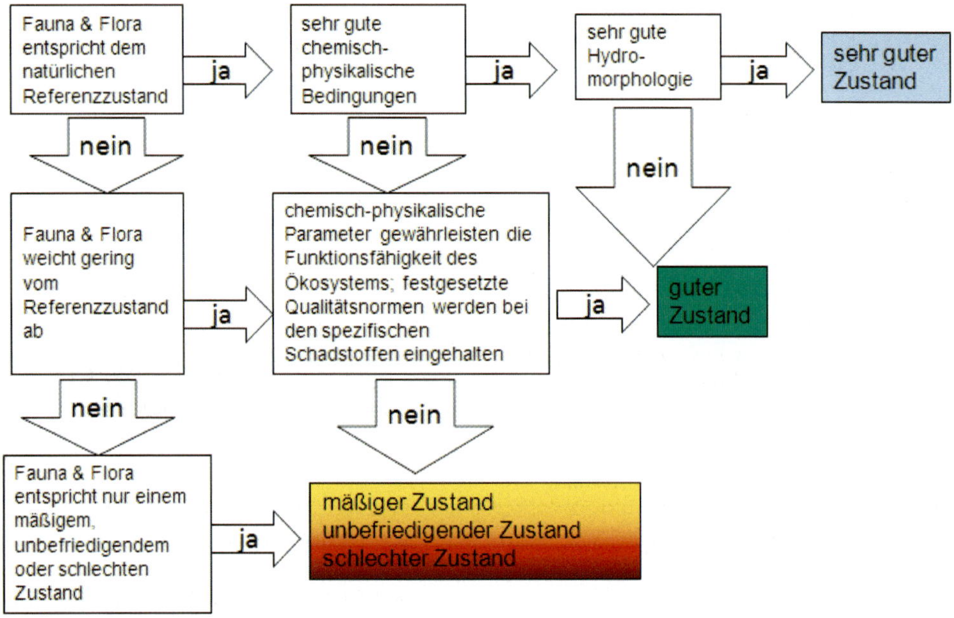

Abbildung 4.11: Die relative Bedeutung der biologischen, hydromorphologischen und physikalisch-chemischen Qualitätskomponenten zur Bewertung des ökologischen Zustandes gemäß Anhang V der EG-WRRL

Die chemischen Komponenten des ökologischen Zustandes müssen also bei Altwässern mit einem besonderen Fokus auf die beiden Hauptprobleme Eutrophierung und Sedimentbelastung bewertet werden. Existierende Bewertungssysteme sind unter diesem Gesichtspunkt auf ihre Eignung hin zu überprüfen.

Generell kann der chemische Zustand eines Gewässers mit verschiedenen Methoden bewertet werden. Sowohl ökologische Gesamtbetrachtungen von biologischen und physikalisch- chemischen Faktoren, wie sie in der EG-WRRL für eine Vielzahl von Gewässertypen gefordert werden, als auch mehr oder weniger auf spezielle Fragestellungen abzielende ökotoxikologische Methoden sind angewandt worden. Prinzipiell lassen sich Verfahren mit einem naturräumlichen Ansatz (Hellmann 1999) und einem wirkungsbezogenen Ansatz unterscheiden (Norra 2000). Aus benannten Gründen soll hier einem wirkungsbezogenen Ansatz gefolgt werden.

Am besten dokumentiert und untersucht ist für Deutschland die Einordnung für Fließgewässer, wie dem Rhein, der Donau oder der Elbe, einschließlich ihrer Nebenflüsse. Die WRRL macht für deren Wasserkörper eindeutige und in nationales Recht umgesetzte Vorgaben. Die LAWA hat für Deutschland aus diesen Vorgaben einen Handlungsrahmen für die Gefährdungsabschätzung (LAWA 2003) in den geforderten einheitlichen und bedeutenden Abschnitten des Wasserkörpers erarbeitet:

- gefährdet und es besteht Handlungsbedarf,
- möglicherweise gefährdet und es besteht weiterer Untersuchungsbedarf sowie

- nicht gefährdet und es besteht kein Handlungsbedarf.

Zusätzlich korrespondieren die in der WRRL in den Anhängen IX und X selbst genannten prioritären und prioritär gefährlichen Stoffe und die damit vorgegebenen Qualitätsziele mit weiteren Richtlinien der EU wie:

- Gewässerschutzrichtlinie mit Tochterrichtlinien (Richtlinie 76/464/EWG)
- Pflanzenschutzmittelrichtlinie (Richtlinie 91/414/EWG)
- Nitratrichtlinie (Richtlinie 91/676/EWG)
- Fischgewässerrichtlinie (Richtlinie 78/659/EWG)

Schließlich sind gemäß Anhang VIII der WRRL spezifische synthetische und nichtsynthetische Schadstoffe zu berücksichtigen, hierbei handelt es sich vornehmlich um die in der Gewässerschutzrichtlinie (76/464/EWG) und in deren Tochterrichtlinien genannten Stoffe. Eine chemische Beurteilung des Wasserkörpers erfolgt durch Umweltqualitätsnormen, welche als Konzentration eines bestimmten Schadstoffes oder einer bestimmtem Schadstoffgruppe, die in Wasser, Sedimenten oder Biota aus Gründen des Gesundheitsschutzes nicht überschritten werden darf, definiert werden (LAWA, 2000 b) In der Tabelle 4.1 (Kap. 4.1) ist das Schema für eine ökologische und chemische Zustandsbewertung angegeben.
Andererseits sind durch Artikel 16 und Anhang X der Richtlinie 2000/60/EG in einer Liste prioritäre Stoffe angeführt, die ein erhebliches Risiko für die aquatische Umwelt darstellen. Diese Stoffe sind nach Verordnung Nr. 793/93 des Rates (EWG 793/93), der Richtlinie 91/414/EWG des Rates (EWG 91/414) Richtlinie 98/8/EG (EG 98/8) risikobewertet oder nach Verordnung Nr. 793/93 auf ihre aquatische Ökotoxizität und die damit verbundene Humantoxizität geprüft. Die Liste wird fortgeschrieben.

Die chemische Bewertung der Fließgewässer nach LAWA (2000 b) orientiert sich derzeit noch an den sieben Wassergüteklassen des Saprobiensystems (Tab.4.19, Tab.4.20). Gemäß den Vorgaben der EG-WRRL ist in Zukunft mit einer fünfstufigen Klassifizierung zu rechnen.

Tabelle 4.19: Güteklassifikation der Nährstoffe, Salze und Summenkenngrößen; Vergleichswert: 90-Perzentil (Quelle: Umweltbundesamt, Daten der Länderarbeitsgemeinschaft Wasser)

		Stoffbezogene chemische Gewässergüteklasse						
Stoffname		I	I - II	II	II - III	III	III - IV	IV
Gesamtstickstoff	mg/l	≤1	≤ 1,5	≤ 3	≤ 6	≤ 12	≤ 24	> 24
Nitratstickstoff	mg/l	≤ 1	≤ 1,5	≤ 2,5	≤ 5	≤ 10	≤ 20	> 20
Nitritstickstoff	mg/l	≤ 0,01	≤ 0,05	≤ 0,1	≤ 0,2	≤ 0,4	≤ 0,8	> 0,8
Ammoniumstickstoff	mg/l	≤ 0,04	≤ 0,1	≤ 0,3	≤ 0,6	≤ 1,2	≤ 2,4	> 2,4
Gesamtphosphor	mg/l	≤ 0,05	≤ 0,08	≤ 0,15	≤ 0,3	≤ 0,6	≤ 1,2	> 1,2
Orthophosphat-P	mg/l	≤ 0,02	≤ 0,04	≤ 0,1	≤ 0,2	≤ 0,4	≤ 0,8	> 0,8
Sauerstoffgehalt*	mg/l	> 8	> 8	> 6	> 5	> 4	> 2	≤ 2
Chlorid	mg/l	≤ 25	≤ 50	≤ 100	≤ 200	≤ 400	≤ 800	> 800
Sulfat	mg/l	≤ 25	≤ 50	≤ 100	≤ 200	≤ 400	≤ 800	> 800
TOC	mg/l	≤ 2	≤ 3	≤ 5	≤ 10	≤ 20	≤ 40	> 40
AOX	µg/l	"0"	≤ 10	≤ 25	≤ 50	≤ 100	≤ 200	> 200

Tabelle 4.20: Güteklassifikation der 7 Schwermetalle im Schwebstoff in mg/kg nach der jeweils strengsten Zielvorgabe über alle Schutzgüter; es bedeuten: A = Schutzgut "Aquatische Lebensgemeinschaften", S = Schutzgut "Schwebstoffe und Sedimente"; Vergleichswert: 50-Perzentil (Quelle: Umweltbundesamt, Daten der Länderarbeitsgemeinschaft Wasser (LAWA)

		Stoffbezogene chemische Gewässergüteklasse						
Stoffname	S	I	I - II	II	II - III	III	III - IV	IV
Blei	A/S	≤ 25	≤ 50	≤ 100	≤ 200	≤ 400	≤ 800	> 800
Cadmium	A	≤ 0,3	≤ 0,6	≤ 1,2	≤ 2,4	≤ 4,8	≤ 9,6	> 9,6
Chrom	S	≤ 80	≤ 90	≤ 100	≤ 200	≤ 400	≤ 800	> 800
Kupfer	S	≤ 20	≤ 40	≤ 60	≤ 120	≤ 240	≤ 480	> 480
Nickel	S	≤ 30	≤ 40	≤ 50	≤ 100	≤ 200	≤ 400	> 400
Quecksilber	A	≤ 0,2	≤ 0,4	≤ 0,8	≤ 1,6	≤ 3,2	≤ 6,4	> 6,4
Zink	S	≤ 100	≤ 150	≤ 200	≤ 400	≤ 800	≤ 1600	> 1600

Für Altwässer liefern diese Tabellen allerdings nur Anhaltspunkte, da Altwässer keinen Fließgewässercharakter mehr aufweisen. Nur die Initialphase kann ohne größere Probleme dem LAWA-Bewertungssystem unterzogen werden.

Für stehende bzw. quasi-stehende Gewässer ist nach wie vor das Bewertungssystem nach Klapper (1992) das aussagekräftigste. Es beruht auf den Merkmalskomplexen

- hydrographische und territoriale Kriterien,
- trophische Kriterien sowie
- Salzgehalt, besondere und hygienisch relevante Kriterien.

Da die hydrographischen und territorialen Kriterien in einer für Altwässer spezifischen Weise durch die hydromorphologische Bewertung (Kap. 4.5) abgedeckt werden und der letztgenannte Punkt für Altwässer kaum relevant ist, erfolgt die Bewertung über die trophischen Kriterien (Tab.4.21). Die Bewertungsmaßstäbe liegen hier deutlich höher, d. h. die Grenzwerte der einzelnen Güteklassen für N und P niedriger als bei der Fließgewässerbewertung. Dies ist zum einen damit zu begründen, dass auch im Naturzustand der Nährstoffgehalt von Fließgewässern durch ihre erodierende und herauslösende Wirkung üblicherweise höher ist als in stehenden Gewässern. Zum anderen entfalten die Pflanzennährstoffe ihre eutrophierende Wirkung unter stagnierenden Bedingungen wesentlich stärker als im Fließgewässer, was sich an der Veralgung von aufgestauten Flüssen, z. B. am Rhein, eindrucksvoll beobachten lässt.

Als Maßstab der mit der Trophie korrelierten Biomasseproduktion wird die Chlorophyll-a-Konzentration gewählt (Tab.4.21). Sie ist allerdings nur in planktondominierten Altwässern relevant und anwendbar. Die meisten Altwässer der sandgeprägten Flüsse und Ströme sind aber aufgrund ihres flachen Profils durch submerse und emerse Makrophyten geprägt.

Die Zuordnung der trophischen Beschaffenheitsklassen zu den fünf ökologischen Zustandsklassen nach EG-WRRL ist nicht unproblematisch. Die Differenzierung in den unteren Trophiebereichen ist wenig sinnvoll, da Altwässer in meist nährstoffreichen Auen keinen oligotrophen Status erreichen können. Somit ist es sinnvoll, den oligo- und den mesotrophen als den sehr guten ökologischen Zustand zu definieren, den natürlich eutrophen als den guten, den polytrophen als den mäßigen und den hypertrophen als den unbefriedigenden bzw. schlechten (Tab.4.22).

Tabelle 4.21: Klassifizierung nach trophischen Eigenschaften (Klapper 1992, gekürzt); a: geschichtet, b: ungeschichtet

Kriterien	**Beschaffenheitsklasse**					
	1	2	3a	3b	4	5
I Sauerstoffverhältnisse						
Schwankungsbreite der O_2-Sättigung an der Oberfläche (Sommer, Windstille, Tag-Nacht) [%]	90-120	80-150	60-200		20-300	0-500
II Nährstoffverhältnisse						
Orthophosphat P [mg/l] [a)]	≤0,005	≤0,01	≤0,03		≤0,05	>0,05
	≤0,005	≤0,015	≤0,2		≤1,2	>1,2
Gesamtphosphat P [mg/l] [a)]	≤0,015	≤0,025	≤0,04		≤0,06	>1,5
	≤0,015	≤0,045	≤0,3		≤1,5	>1,5
anorg. gebundener N [mg/l] [b)]	≤0,3	≤0,5	≤1,0		≤1,5	>1,5
a)	*Niedrigere Werte für Gewässer mit geringer Karbonathärte, höhere Werte für Gewässer mit hoher Karbonathärte*					
b)	*Berücksichtigung, wenn Stickstoff eindeutig als limitierender Nährstoff auftritt*					
III Produktionsverhältnisse						
Chlorophyll a^{665} [mg/m³]	≤3	≤10	10-20	20-40	40-60	>60
Sichttiefe [m]	≥6	≥4	≥1		≥0,5	<0,5
Trophiegrad	oligotroph	mesotroph	eutroph geschichtet	eutroph ungeschichtet	polytroph	hypertroph

Als Alternative zu der Trophiebewertung nach Klapper (1992) kann auch der von Carlson (1977) entwickelten *Trophic-State-Index (TSI)* bestimmt werden. Dieser wird bei Untersuchung von Altwässern im Gebiet der Mittleren Elbe seit vielen Jahren erfolgreich genutzt (Lüderitz et al. 1994, Lüderitz et al. 1997, Lüderitz et al. 2000, Langheinrich et al. 2002).

Zur Berechnung dieses Indexes benötigt man die Chlorophyll-a-Konzentration, die Sichttiefe sowie die Gesamtphosphorkonzentration im Wasser. Da es sich bei Altwässern meist um relativ flache Gewässer handelt, wird auf die Sichttiefe verzichtet und der TSI aus dem TSI(TP) - *Gesamtphosphor* und dem TSI(Chla) - *Chlorophyll-a* gebildet. Aus den genannten Teilindices wird mit Hilfe des arithmetischen Mittels der TSI (Carlson 1977) gebildet.

$$\mathrm{TSI(Chla)} = 10 * (6 - (2{,}04 - 0{,}68 * \ln \mathrm{Chla})/\ln 2)$$

$$\mathrm{TSI(TP)} = 10 * (6 - \ln(48/\mathrm{TP})/\ln 2)$$

Die Konzentrationen - Chlorophyll-a und Phosphor - werden in mg/m^3 angegeben. Geringe TSI (TP)-Werte stehen für ein oligotrophes Gewässer, höhere Werte beschreiben entsprechend eutrophere Zustände (Tab.4.22).

Der TSI (Chla) spiegelt die Dominanzverhältnisse zwischen Makrophyten und Phytoplankton wider.

In die Gesamtbewertung des Gewässers geht hier nur der TSI(TP) ein.

Tabelle 4.22: Bewertung der Trophie mit Hilfe der Beschaffenheitsklassen nach Klapper (1992) und dem Trophic-State-Index (Henning 1986)

Beschaffenheits-klasse nach Klapper	TSI (TP)	Trophie	Bewertung nach WRRL
1	≤40	oligotroph	5
2	≤60	mesotroph	5
3	≤80	eutroph	4
4	≤100	polytroph	3
5	>100	hypertroph	2 / 1

4.7 Zusammenfassende Altwasserbewertung aus chemischer, biologischer und morphologischer Sicht

Volker Lüderitz, Christian Kunz

Die in den vorangegangenen Kapiteln beschriebenen Bewertungsmöglichkeiten geben einen Einblick in den Zustand (Qualität, Alter) des bewerteten Altwassers aus der chemischen, biologischen und morphologischen Sicht. Jedoch ist es notwendig, einen Gesamtüberblick über das Altwasser zu erhalten und Zusammenhänge zwischen erkannten Defiziten abzuleiten. Die Gewässermorphologie hat direkten Einfluss auf die Flora und Fauna, die Nutzungen im Umfeld können Gründe für die Verlandungssituation liefern oder das Nährstoffangebot im Wasserkörper begründen. Im Folgenden soll ein zusammenfassendes Bewertungssystem dargestellt werden, dass diese Zusammenhänge erkennen lassen soll. Ein weiterer Grund für eine ganzheitliche Bewertung ist die Verdeutlichung von Fehlern bei Einzelbewertungen. Die Gesamtheit der Parameter in der Bewertung dient der Plausibilitätskontrolle, um beispielsweise Bewertungsunterschiede durch Fehlbestimmungen aufzuzeigen.

Wurde dem Altwasser eine geringe Trophie bescheinigt, kann dies durch die Lebensgewohnheiten und Ansprüche der Flora und Fauna verifiziert oder falsifiziert werden. Die Zusammenfassung ist also ein Kontrollmechanismus, der auf der Betrachtung des Ökosystems aus verschiedenen Blickwinkeln beruht. Die ganzheitliche Betrachtung dient auch dazu, Strategien und Maßnahmen zur Lösung der Probleme zu entwickeln.

Um eine Vergleichbarkeit der einzelnen Parameter zu ermöglichen, ist es wichtig, ein einheitliches Bewertungssystem herzustellen. In diesem Fall wurde eine Notenskala von *5: sehr guter Zustand – das Altwasser ist jung* bis *1: schlechter Zustand – das Altwasser ist deutlich in der Terminalphase* gewählt.

Es muss bei einer Gesamtbewertung mit verschiedenen Parametern darauf geachtet werden, ob diese in ihrer Aussage kompatibel sind und die Nähe zum Leitbild beschreiben können. So kann zwar mit einer chemischen Bewertung (Belastung durch prioritäre Stoffe nach WRRL) die Wasserqualität, nicht aber das Alter des Altwassers bestimmt werden. Das Vorhandensein von bestimmten Arten der Flora und Fauna wiederum kann das Alter und damit die Nähe zum Leitbild beschreiben und mit der Gewässermorphologie, als wichtigem Einflussfaktor der Alterung, zusammengefasst werden. Die chemische Gewässerqualität (guter oder schlechter Zustand) muss also von der biologischen und morphologischen Bewertung (altes oder junges Altwasser) getrennt werden.

Die ganzheitliche Betrachtung eines Altwassers soll im folgenden multimetrischen Index (MMI) in vier Modulen vorgenommen werden.

Modul 1: Trophie / Wassergüte

Das erste Modul fragt nach den trophischen Eigenschaften des Gewässers und gleichzeitig nach den Dominanzverhältnissen der Flora. Im Leitbild Altwasser in der Optimalphase ist das Klarwasserstadium ein Ziel. Dieses wird erreicht, wenn das Phytoplankton und damit die Chlorophyll-a-Konzentration eine geringe Dichte aufweist. Da Altwässer meist eutrophe Zustände innehaben, müssen also andere Verbraucher die verfügbaren Nährstoffe aufnehmen, um dem Phytoplankton die Nahrungsgrundlage zu entziehen. Diese Konsumenten sind die

Makrophyten. Ziel ist also die Dominanz der Makrophyten gegenüber dem Phytoplankton, jedoch kein makrophytendominiertes Gewässer.

Bereits in den Untersuchungen an Altwässern im Raum Dessau in den 1990er Jahren (Langheinrich et al., 2002) wurde die Wassergüte mit Hilfe des von Carlson (1977) entwickelten *Trophic-State-Index (TSI)* bestimmt.

Die Berechnungsformeln und die Bewertungsgrenzen des TSI wurden im Zusammenhang mit der chemischen Bewertung im Kapitel 4.6 beschrieben. Die Bewertungsgrenzen entsprechen denen in der Tabelle 4.22, wobei in unserem Bewertungssystem die Grenzen der EG-WRRL genutzt werden (Tab.4.23).

Der TSI, wie er hier genutzt wird, spiegelt jedoch nicht unbedingt die Trophie im gesamten Wasserkörper wider, sondern ist lediglich ein Mittel, um den Beweis zu führen, dass die Makrophyten den nutzbaren Phosphor verwenden und dass das Phytoplankton nicht mehr ausreichend Nährstoffe zur Verfügung hat.

Tabelle 4.23: Bewertung der Trophie mit Hilfe des Trophic-State-Index (Henning 1986)

TSI	Trophie	Bewertung
≤40	oligotroph	5
≤60	mesotroph	5
≤80	eutroph	4
≤100	polytroph	3
>100	hypertroph	2 / 1

Der TSI dient dazu, die Dominanzverhältnisse zwischen Makrophyten und Phytoplankton darzustellen. Um eine Aussage über den trophischen Zustand des Wasserkörpers insgesamt treffen zu können, müssen die Makrophyten in ihren Gesellschaften und Deckungsgraden sowie den Dominanzverhältnissen untereinander dargestellt werden.

Modul 2: Gewässerstruktur

Im Kapitel 4.5 (Altwasserbewertung auf Grundlage der Morphologie) wurde die Vorgehensweise der morphologischen Kartierung und Bewertung beschrieben. Die Störung des Altwassers durch Bauwerke (Hochwasserschutzdeiche, Schüttdämme, Entwässerungssysteme), durch unverträgliche Umfeldnutzung (fehlende Schonstreifen bei intensiver landwirtschaftlicher Nutzung) und durch Gewässerbettveränderungen (steile Ufer an ursprünglichen Gleithängen) haben direkten Einfluss auf die Alterungsgeschwindigkeit des Altwassers.

In diesem Modul sollen die vier Hauptparameter Sohle, Ufer, Umfeld und Alter den morphologischen Zustand und die Probleme aus dieser Sicht darstellen. Das 7-stufige Bewertungssystem wurde zu diesem Zweck in ein 5-stufiges umgewandelt. Die Grenzen sind der Tabelle 4.17 zu entnehmen.

Modul 3: Naturnähe

Dieses Modul beschreibt die Naturnähe, bzw. die Nähe zum Leitbild *Altwässer der Optimalphase*. Im Kapitel 4.2 wurde ein multimetrischer Index mit Hilfe der Makroinvertebraten beschrieben. Dieser Index soll mit der Kenntnis über das Vorkommen von Makrophyten und den zu erwartenden Makrophytenvorkommen in den verschiedenen Altwasserstadien (Kapitel 4.4) von der Initialphase bis zur Terminalphase ergänzt werden.

Das 3. Modul besteht aus vier Metrics bestehen, die sich auf Makroinvertebraten und Makrophyten beziehen.

1. Nähe zum Leitbild: Übereinstimmung Strömung, Ernährung, Habitate, längszonale biozönotische Verteilung der Makroinvertebraten mit den verschiedenen Altersphasen. Ist die Übereinstimmung mit der Initialphase größer als mit der Terminalphase, dann handelt es sich um ein jüngeres Altwasser und umgekehrt, die Grenzen für die Bewertung und Benotung ist der Tabelle 4.4 zu entnehmen.
2. Der Sørensen-Index vergleicht unter Vernachlässigung der Dominanzverhältnisse die Artenübereinstimmung mit den Leitarten (Makroinvertebraten) der Optimalphase. Die Grenzen der Bewertung und die Benotung sind der Tabelle 4.5 zu entnehmen.
3. Der Leitartenanteil Makroinvertebraten gibt an wie hoch der Anteil der Leitarten (Optimalphase) innerhalb einer Messstelle ist. Die Grenzen der Bewertung sind in der Tabelle 4.5 aufgeführt.
4. In diesem Teilmodul kommen die Makrophyten zum Tragen. Die erfasste Vegetation einer Messstelle wird mit den Vorkommensschwerpunkten der Pflanzen verglichen. Der Berechnung (Kap. 4.4.5) folgt die Bewertung und Benotung gemäß Tabelle 4.14.

Modul 4: Diversität / Schutzwürdigkeit

Das letzte Modul trägt der Tatsache Rechnung, dass gerade in der Optimalphase die höchste Artendiversität vorhanden ist und bedrohte Biotope in einem guten Zustand in der Regel auch bedrohten Arten Lebensraum bieten. Die zu erwartende hohe Diversität soll mit der Berechnung des Shannon-Wiener-Index (siehe Kapitel 4.2) für die Fische, die Makroinvertebraten und für die Makrophyten verglichen werden. Da die Artenzahl der Makroinvertebraten im ungestörten Gewässerökosystem erwartungsgemäß hoch ist, sollten die Grenzen in einem 5-stufigen System höher sein als bei den Makrophyten oder gar bei den Fischen (Tabelle 4.24).

Tabelle 4.24: Gewählte Grenzen des Shannon-Wiener-Index bei der Altwasserbewertung mittels Fischen, Makrophyten und Makroinvertebraten

H_{Fische}	$H_{Makrophyten}$	$H_{Makroinvertebraten}$	Note	Diversität
≥ 2	$\geq 1,5$	≥ 4	5	sehr groß
$\geq 1,5$	$\geq 1,2$	≥ 3	4	groß
≥ 1	≥ 1	≥ 2	3	mäßig
$\geq 0,5$	$\geq 0,5$	≥ 1	2	gering
<0,5	<0,5	<1	1	sehr gering

Im Kapitel 4.2 wird der Conservation- oder Naturschutzindex nach Kaule (1991) beschrieben. Diese Beschreibung der Schutzwürdigkeit anhand vorgefundener bedrohter Arten der Roten Liste wird im Modul 4 um die Fische und Pflanzen erweitert. Die Grenzen im Bewertungssystem entsprechen denen der im Kapitel 4.2 beschriebenen Bewertung mit Makroinvertebraten (Tabelle 4.6).

Gesamtbewertung: Multimetrischer Index

Das arithmetische Mittel aus den beschriebenen vier Modulen ist der Multimetrische Index und gibt Auskunft über das Alter des Altwassers (Tabelle 4.25).

Tabelle 4.25: Altereinschätzung auf Grund des Ergebnisses des Multimetrischen Index

Multimetrischer Index	Einschätzung
>=4,5	jung
>=3,5	nicht deutlich gealtert
>=2,5	drängt in die Terminalphase
>=1,5	Terminalphase
<1,5	deutlich in der Terminalphase

4.8 Beispielhafte Gesamtbewertung von Altwässern

Christian Kunz, Volker Lüderitz

An zwei Beispielen soll die vorgestellte multimetrische Gesamtbewertung von Altwässern durchgeführt werden. Die gewählten Beispiele unterscheiden sich in der vorhandenen/fehlenden Verbindung zum Muttergewässer und in der hydrologischen Situation. Sie vereint der ursprüngliche, natürliche Wasserkörper und die geographische Lage sowie der Zeitpunkt der Untersuchung in den Jahren 2006/2007. Es handelt sich bei diesen Beispielen in beiden Fällen um die Dornburger Alte Elbe bei Magdeburg, allerdings liegt der eine zu bewertende Bereich vollständig entkoppelt in der fossilen Aue, der andere Bereich wird temporär durchströmt und erfährt bei Hochwasser sogar eine Spülung, da dieser Bereich genutzt wird, um Hochwasserspitzen der Elbe im Bereich Magdeburg abzufangen.

Die folgenden Abbildungen 4.12 und 4.13 unterstreichen die Verschiedenheit der Bereiche des Altwassers.

Abbildung 4.12: Der untersuchte Bereich der Dornburger Alte Elbe innerhalb der entkoppelten/fossilen Aue (Messstelle 1) (Foto: U. Langheinrich)

Der entkoppelte Abschnitt wird von *Stratiotes aloides* (Krebsschere) dominiert und verändert sein Bild auf wenigen Metern über Seggen und Binsen zu fast Reinbeständen aus *Phragmites australis,* innerhalb derer die Erle bereits aufwächst.
Der Abschnitt in der temporär durchströmten zur Umflut genutzten Aue hingegen erscheint ganzjährig als Altwasser mit großen Freiwasserflächen und einer gut ausgeprägten Ufervegetation.

Abbildung 4.13: Der untersuchte Bereich der Dornburger Alte Elbe mit temporärer Durchströmung innerhalb des Hochwasserschutzsystems Pretziener Wehr – Dornburger Alte Elbe (Messstelle 2) (Foto: C. Kunz)

Modul 1 – Wassergüte - Trophie

Die chemischen Beprobungen der Dornburger Alten Elbe innerhalb der fossilen Aue (Messstelle 1) und innerhalb des temporär durchströmten Bereiches (Messstelle 2) ergaben unterschiedliche PO_4-P- und Chlorophyll-a-Gehalte. Die Berechnungen des Trophic-State-Index (TSI) nach Carlson (1977) sind in der Tabelle 4.31 aufgeführt, zusätzlich kann der Tabelle die Berechnung der Modulbewertung entnommen werden.

Tabelle 4.26: Modul 1 der Gesamtbewertung für die Messstellen1 und 2

Modul 1	Messstelle 1	Messstelle 2
Gesamtphosphor PO_4-P [mg/m³] (TP)	77	256
TSI(TP) = 10*(6-(ln(48/TP)/ln2)	67	84
Chlorophyll-a-Gehalt [mg/m³] (Chla)	2	13
TSI(Chla) = 10*(6-(2,04-0,68*ln Chla)/ln2	38	56
TSI(TP+Chla)/2	53	70
Modulnote Ø	**4,0**	**3,0**

Modul 2 - Gewässerstruktur

In diesem Modul werden die morphologischen Gegebenheiten bewertet. Im Kapitel 4.5 wurde das Verfahren vorgestellt, eine Bewertung der Messstellen 1 und 2 auf ausgearbeiteten Kartier- und Bewertungsbögen ist in den folgenden Abbildungen 4.14 bis 4.19 dargestellt.

Abbildung 4.14: Strukturgütekartier- und -bewertungsbogen der Messstelle 1 Teil 1

A. Gewässerstrukturgütekartierung

Kartierabschnitt

MEL 1 OW 09-00	59
Gewässerkennzahl	Gewässerabschnitt

Alte Elbe bei Magdeburg	
Gewässername	

DTK-10-Blatt-Nr.	3936 no – 3936 nw	01.11.2006
Hochwert	5770042 - 5769242	Erhebungsdatum
Rechtswert	4463240 - 4462875	

Gewässerlage	
Ortslage	
freie Landschaft	x
Gewässernutzung	
Fischerei	
Schifffahrt	
Wasserkraft	
Hochwasserschutz	
Siedlung	
keine der o. g.	x

Codierungsmatrix	Größenklasse	
Altwassertyp/Alter	1	2
Initialphase	11	12
Optimalphase durchströmt / temp. o. ständ.	21	22
Optimalphase Unterwasser angeschlossen	31	32
Optimalphase Oberwasser angeschlossen	41	42
Optimalphase nicht angeschlossen	51	52
Therminalphase	61	62
Bitte nachfolgend Code eingeben:	52	

Größenklasse		
Gewässerbreite		Abschnittslänge
0-50m	1	500m
>50m	2	1000m
Bitte nachfolgend Größenklasse eingeben:	2	

1. Laufausprägung

	Indexziffer	
1.1 Laufkrümmung	1	mäandrierend
1.2 Krümmungserosion	1	keine
1.3 Flachwasserzonen	5	Reste
1.4 besondere Laufstrukturen	2	mehrere
	Das Gewässer ist	gekrümmt

Bewertung der fkt. Einheiten	
Krümmung	2,7
Beweglichkeit	3,5
Σ	6,2
Wertzahl	3,1
Klasse	3

2. Längsprofil

	Indexziffer	
2.1 Querbauwerke	3	Schüttdamm mit Durchlass/Absturz
2.2 Rückstau	5	mäßiger Rückstau
2.3 Querbänke	x	keine
2.4 Strömungsdiversität	7	keine
2.5 Tiefenvarianz	7	keine

natürl. Längsprofilelemente	7
anthropogene Wanderbarrieren	6
Σ	13
Wertzahl	6,5
Klasse	7

3. Querprofil

	Indexziffer	
3.1 Profiltyp	2	annähernd Naturprofil
3.2 Profiltiefe	x	stauereguliert/Querbauwerk
3.3 Breitenerosion	1	keine
3.4 Breitenvarianz	1	sehr groß - groß
3.5 Durchlässe	7	kein Sediment

Profiltiefe	x
Breitenentwickl.	1
Profilform	2
Σ	3
Wertzahl	1,5
Klasse	1

Abbildung 4.15: Strukturgütekartier- und -bewertungsbogen der Messstelle 1 Teil 2

4. Sohlenstruktur

	Indexziffer	
4.1Sohlensubstrat	7	unnat. - Schlamm
4.2 Sohlverbau	x	kein
4.3 Substratdiversität	7	keine - org. Material in großen Mächtigkeiten

Art/Verteilung der Substrate	7
Sohlverbau	x
Σ	7
Wertzahl	7,0
Klasse	7

5. Uferstruktur

		Indexziffer	
Bewuchs	bodenständig (x); nicht bodenstä. (y); kein Bewuchs (z)	x	<-Zutreffendes eingeben
5.1 Uferbewuchs links		2	Galerie
5.1 Uferbewuchs rechts		3	Gebüsch, Einzelgehölz
5.2 Uferverbau links		6	Böschungsrasen, Holzverbau, Steinsatz
5.2 Uferverbau rechts		6	Böschungsrasen, Holzverbau, Steinsatz
5.3 bes. Uferstrukturen links		2	mehrere
5.3 bes. Uferstrukturen rechts		2	mehrere

	L	R
naturraumtypische Ausprägung	2	2
naturraumtypischer Bewuchs	2	3
Uferverbau	6	6
Σ einzeln	10	11
Σ gesamt	21	
Wertzahl einzeln	3,3	3,7
Wertzahl gesamt	3,5	
Klasse	3	

6. Gewässerumfeld

6.1 Flächennutzung links	[%]	100
6.1 Flächennutzung rechts	[%]	100
6.2 Gewässerrandstreifen links	[%]	100
6.2 Gewässerrandstreifen rechts	[%]	100

	Indexziffer	
6.1 Flächennutzung links	6	Äcker/Gärten/Bebauung/Nadelforst
6.1 Flächennutzung rechts	6	Äcker/Gärten/Bebauung/Nadelforst
6.2 Gewässerrandstreifen links	1	Wald/Sukzession/Randstreifen
6.2 Gewässerrandstreifen rechts	1	Wald/Sukzession/Randstreifen
6.3 sonst. Umfeldstrukturen links	x	
6.3 sonst. Umfeldstrukturen rechts	X	

	L	R
Gewässerrand-streifen	1	1
Vorland	6	6
Σ einzeln	7	7
Σ gesamt	14	
Wertzahl einzeln	3,5	3,5
Wertzahl gesamt	3,5	
Klasse	3	

7. Verlandungsstadium/Alter

	Indexziffer	
7.1 Altersstadium	6	Sukzession durch Eutrophierung
7.2 Hochwassereinfluß auf Altwasser	7	fossile Aue
7.3 Melioration/Entwässerung	x	keine Entwässerung
7.4 Korrespondenz mit Hauptstrom	7	nein, Eintiefung des Hauptstromes

Alterstadium	6,7
Wertzahl	6,7
Klasse	7

Abbildung 4.16: Strukturgütekartier- und -bewertungsbogen der Messstelle 1 Teil 3

B.Zusammenfassende Bewertung

	Wertzahl	Klasse
1. Laufentwickl.	3,08	3
2. Längsprofil	6,50	7
4. Sohlenstruktur	7,00	7
Σ	16,58	
Ø	5,53	
	Sohle	6

	Wertzahl	Klasse
6. Gewässerumf.	3,50	3
Σ	3,50	
Ø	3,50	
	Land	3

	Wertzahl	Klasse
3. Querprofil	1,50	1
5. Uferstruktur	3,50	3
Σ	5,00	
Ø	2,50	
	Ufer	2

	Wertzahl	Klasse
7. Verlandungsstadium/A	6,67	7
Σ	6,67	
Ø	6,67	
	Alter	7

	Wertzahl	Klasse
Σ	18,19	
Ø	4,55	
	Gesamt	**5**
	STARK VERÄNDERT	

Fehlende Flachwasserzonen durch anthropogene Eingriffe, unnatürlich starke organische Sedimentablagerungen durch die unterbrochen Durchströmung und die intensive landwirtschaftliche Nutzung im Umfeld sowie ein Querbauwerk (Schüttdamm für Straße) spiegeln sich in der Bewertung der Gewässerstruktur der Messstelle 1 wider.

Ein anderes Bild zeichnet die Messstelle 2. Ein Anschluss an das Muttergewässer Elbe besteht zumindest temporär, die Nutzung zur Hochwasserentlastung lässt intensive Landwirtschaft nicht zu, die wiederkehrenden Spülstöße verhindern die Akkumulation und Entstehung größer Schlammmächtigkeiten und störende Querbauwerke sind nicht vorhanden.

Abbildung 4.17: Strukturgütekartier- und -bewertungsbogen der Messstelle 2 Teil 1

A. Gewässerstrukturgütekartierung

Kartierabschnitt

[illegible]	[illegible]
Gewässerkennzahl	Gewässerabschnitt

Alte Elbe bei Magdeburg	
Gewässername	

DTK-10-Blatt-Nr.	[illegible]	27.11.2008
Hochwert	[illegible]	Erhebungsdatum
Rechtswert	[illegible]	

Gewässerlage	
Ortslage	
freie Landschaft	.
Gewässernutzung	
Fischerei	
Schifffahrt	
Wasserkraft	
Hochwasserschutz	x
Siedlung	
keine der o. g.	

Codierungsmatrix	Größenklasse	
Altwassertyp/Alter	1	2
Initialphase	11	12
Optimalphase durchströmt / temp. o. ständ.	21	22
Optimalphase Unterwasser angeschlossen	31	32
Optimalphase Oberwasser angeschlossen	41	42
Optimalphase nicht angeschlossen	51	52
Therminalphase	61	62
Bitte nachfolgend Code eingeben:	22	

Größenklasse		
Gewässerbreite		Abschnittslänge
0-50m	1	500m
>50m	2	1000m
Bitte nachfolgend Größenklasse eingeben		2

1. Laufausprägung

	Indexziffer	
1.1 Laufkrümmung	1	mäandrierend
1.2 Krümmungserosion	1	keine
1.3 Flachwasserzonen	1	viele/sehr lange (Gleithänge)
1.4 besondere Laufstrukturen	1	viele
	Das Gewässer ist	gekrümmt

Bewertung der fkt. Einheiten

Krümmung	1
Beweglichkeit	1
Σ	2
Wertzahl	1,0
Klasse	1

2. Längsprofil

	Indexziffer	
2.1 Querbauwerke	[illegible]	Grundschwellen/kein Querbauwerk
2.2 Rückstau	[illegible]	geringer/kein Rückstau
2.3 Querbänke	[illegible]	einige
2.4 Strömungsdiversität	[illegible]	gering
2.5 Tiefenvarianz	1	sehr groß - groß

natürl. Längsprofilelemente	2,7
anthropogene Wanderbarrieren	x
Σ	2,7
Wertzahl	2,7
Klasse	3

3. Querprofil

	Indexziffer	
3.1 Profiltyp	[illegible]	annähernd Naturprofil
3.2 Profiltiefe	1	flach - mäßig tief
3.3 Breitenerosion	1	keine
3.4 Breitenvarianz	1	sehr groß - groß
3.5 Durchlässe	[illegible]	kein strukturschädl.Durchlass

Profiltiefe	1
Breitenentwickl.	1
Profilform	2
Σ	4
Wertzahl	1,3
Klasse	1

Abbildung 4.18: Strukturgütekartier- und -bewertungsbogen der Messstelle 2 Teil 2

4. Sohlenstruktur

	Indexziffer	
4.1 Sohlensubstrat	1	natürlich
4.2 Sohlverbau	x	kein
4.3 Substratdiversität	1	natürlich - org. Material, Ton, Sand, Kies

Art/Verteilung der Substrate	1
Sohlverbau	x
Σ	1
Wertzahl	1,0
Klasse	1

5. Uferstruktur

		Indexziffer	
Bewuchs	bodenständig (x); nicht bodenstä. (y); kein Bewuchs (z)	x	<-Zutreffendes eingeben
5.1 Uferbewuchs links		1	Röhricht, Auwald
5.1 Uferbewuchs rechts		1	Röhricht, Auwald
5.2 Uferverbau links		x	kein
5.2 Uferverbau rechts		x	kein
5.3 bes. Uferstrukturen links		1	viele
5.3 bes. Uferstrukturen rechts		1	viele

	L	R
naturraumtypische Ausprägung	1	1
naturraumtypischer Bewuchs	1	1
Uferverbau	x	x
Σ einzeln	2	2
Σ gesamt	4	
Wertzahl einzeln	1	1,0
Wertzahl gesamt	1,0	
Klasse	1	

6. Gewässerumfeld

6.1 Flächennutzung links [%]	100
6.1 Flächennutzung rechts [%]	100
6.2 Gewässerrandstreifen links [%]	100
6.2 Gewässerrandstreifen rechts [%]	100

	Indexziffer	
6.1 Flächennutzung links	3	Grünland/Park
6.1 Flächennutzung rechts	3	Grünland/Park
6.2 Gewässerrandstreifen links	1	Wald/Sukzession/Randstreifen
6.2 Gewässerrandstreifen rechts	1	Wald/Sukzession/Randstreifen
6.3 sonst. Umfeldstrukturen links	x	
6.3 sonst. Umfeldstrukturen rechts	x	

	L	R
Gewässerrandstreifen	1	1
Vorland	3	3
Σ einzeln	4	4
Σ gesamt	8	
Wertzahl einzeln	2	2
Wertzahl gesamt	2,0	
Klasse	2	

7. Verlandungsstadium/Alter

	Indexziffer	
7.1 Altersstadium	1	natürliches Alter
7.2 Hochwassereinfluß auf Altwasser	1	regelmäßig
7.3 Melioration/Entwässerung	1	Falsch
7.4 Korrespondenz mit Hauptstrom	1	Oberflächenwasser

Alterstadium	1
Wertzahl	1
Klasse	1

Abbildung 4.19: Strukturgütekartier- und -bewertungsbogen der Messstelle 2 Teil 3

B.Zusammenfassende Bewertung

	Wertzahl	Klasse
1. Laufentwickl.	1,00	1
2. Längsprofil	2,67	3
4. Sohlenstruktur	1,00	1
Σ	4,67	
Ø	1,56	
	Sohle	**1**

	Wertzahl	Klasse
6. Gewässerumf.	2,00	2
Σ	2,00	
Ø	2,00	
	Land	2

	Wertzahl	Klasse
3. Querprofil	1,33	1
5. Uferstruktur	1,00	1
Σ	2,33	
Ø	1,17	
	Ufer	**1**

	Wertzahl	Klasse
7. Verlandungsstadium/A	1,00	1
Σ	1,00	
Ø	1,00	
	Alter	1

	Wertzahl	Klasse
Σ	5,72	
Ø	1,43	
	Gesamt	**1**
	UNVERÄNDERT	

Um einen Überblick über die Defizite zu erhalten, werden die Bewertungen für Sohle, Land Ufer und Alter im Modul 2 aufgezählt, aus der Gesamtbewertung wird dann die Modulnote gebildet (Tabelle 4.27).

Tabelle 4.27: Modul 2 der Gesamtbewertung für die Messstellen1 und 2

Modul 2 - Gewässerstruktur	Messstelle 1	Messstelle 2
Sohle	6	1
Land	2	1
Ufer	3	2
Alter	7	1
Gesamtbewertung Ø	4,5	1,25
Modulnote	**2**	**5**

Modul 3 – Naturnähe – Übereinstimmung der ökologischen Nischen

Dieses sehr komplexe, aber auch besonders aussagekräftige Modul 3 beschreibt die Nähe zum Leitbild Optimalphase und lässt erkennen, ob die Jugend oder das hohe Alter die Abweichung von der Optimalphase begründet.

In Kapitel 4.2.2 (Nutzung der Kenntnisse über Lebensgewohnheiten der Makroinvertebraten) wurde beschrieben, wie das Makroinvertebratenvorkommen in einem Altwasser bzw. bei größeren Altwässern in einem Messbereich mit den Leitartenvorkommen der verschieden Leitbilder Initial- bis Terminalphase verglichen wird. Die Lebensgewohnheiten werden hierbei genutzt, um die Ähnlichkeit mit den Leitbildern darzustellen. Die graphische Darstellung der Übereinstimmungen mit den Altersphasen dient der Verbildlichung des Alterszustandes, in die Bewertung fließt jedoch die Differenz zwischen der Übereinstimmung der betrachteten Messstelle zwischen der Initialphase und der Terminalphase ein.

Bei einer negativen Differenz (Messstelle 1, Abbildung 4.20) handelt es sich um ein Altwasser mit Tendenz oder Befinden in der Terminalphase, bei einer positiven Differenz (Messstelle 2, Abbildung 4.21) um ein jüngeres Altwasser.

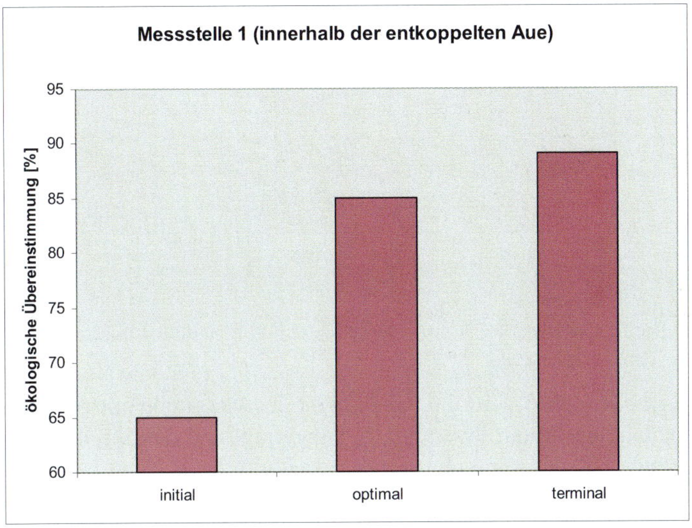

Abbildung 4.20: Deutliche höhere Übereinstimmung der Ansprüche der Makroinvertebraten mit der Terminalphase als mit den anderen Phasen an Messstelle 1

Die Differenz zwischen der Übereinstimmung mit der Initialphase (65%) mit der Übereinstimmung der Terminalphase (89%) beträgt demnach -24 an Messstelle 1. Die vorgegebenen Bewertungsgrenzen (Kap. 4.2) verlangen die Benotung „1“. Die Differenz der Übereinstimmungen bei Messstelle 2 ist positiv (+3); eine deutliche Alterung ist nicht zu erkennen – Benotung „3“.

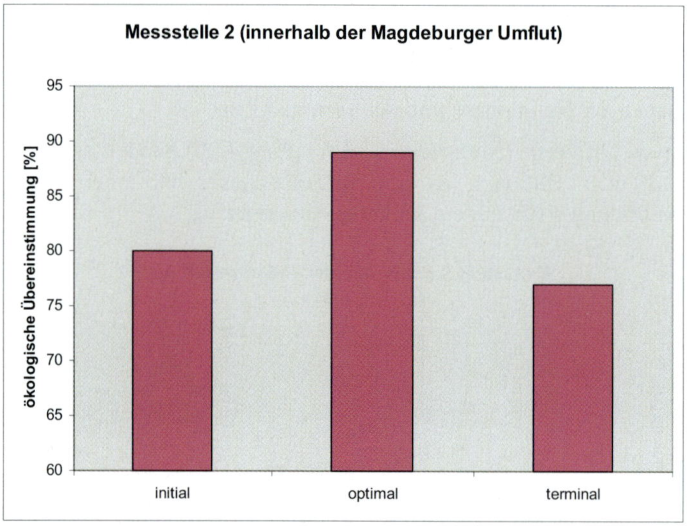

Abbildung 4.21: Die Messstelle 2 weist einen hohen Anteil von Habitatstrukturen der Optimalphase ohne Drang in die Terminalphase auf

Im zweiten Teil des Moduls 3 wird die Ähnlichkeit der Messstelle mit dem Leitbild Optimalphase (auf Grundlage der Makroinvertebraten) abgefragt und der Sørensen-Index berechnet. Da eine vollständige Übereinstimmung mit dem Leitbild in der Natur nicht möglich ist, kann auch kein Sørensen-Index von 100 % erreicht werden, sinnvolle Grenzen sind im Kapitel 4.2 beschrieben. Die Entfernung der Messstelle 1 zum Leitbild Optimalphase wird deutlich. Die Artenübereinstimmung beträgt lediglich 12 %, die Arten der Messstelle 2 hingegen stimmen mit dem Makroinvertebraten des Leitbildes zu 25 % überein.

Allerdings ist der Anteil von Leitarten (Optimalphase) innerhalb der Messstelle 1 sehr hoch. Dies ist kein Widerspruch zur restlichen Bewertung, sondern zeigt, dass die Artenzahl sehr gering ist und bei dem Vergleich die Häufigkeiten der Arten vernachlässigt werden. Die Arten der Messstelle 1 gehören zu 85 % zu den Leitarten, die Arten der Messstelle 2 zu 65 %. Bei dieser Betrachtung wird deutlich, dass die Veränderung einer Zönose im Altwasser nicht sprunghaft, sondern langsam vonstatten geht.

Neben den Makroinvertebraten werden im Modul 3 die Makrophyten berücksichtigt. Im Kapitel 4.4.5 wird beschrieben, wie die Altersstruktur eines Altwassers mit Hilfe der Makrophyten dargestellt werden kann. Wie bei den Makroinvertebraten erfolgt ein Vergleich mit den Leitarten der einzelnen Altersphasen. Zusätzlich kann eine Postterminalphase definiert werden. Die Berechnungen bestätigen die Ergebnisse der faunistischen Erhebungen im Modul 3.

Die Messstelle 1 zeigt deutlich eine Makrophytenzönose mit einem Vorkommensschwerpunkt mit Pflanzen der Terminalphase (Abb.4.22). Die Differenz [(initial+optimal)-(terminal+postterminal)] beträgt -18, Benotung im 3. Modul „1". Das Bewertungsergebnis für die Messstelle 2 (Abb.4.23) beträgt 35, Benotung „5" (Tab.4.29).

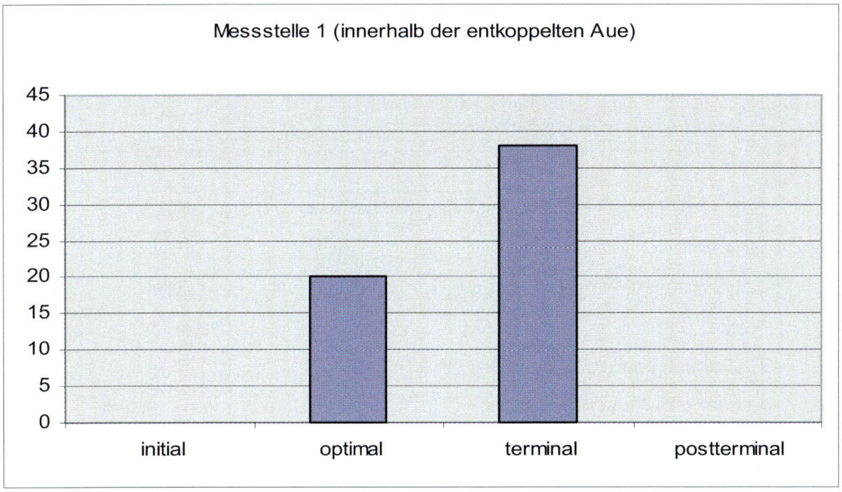

Abbildung 4.22: Die Makrophyten der Messstelle 1 weisen auf die Alterung hin

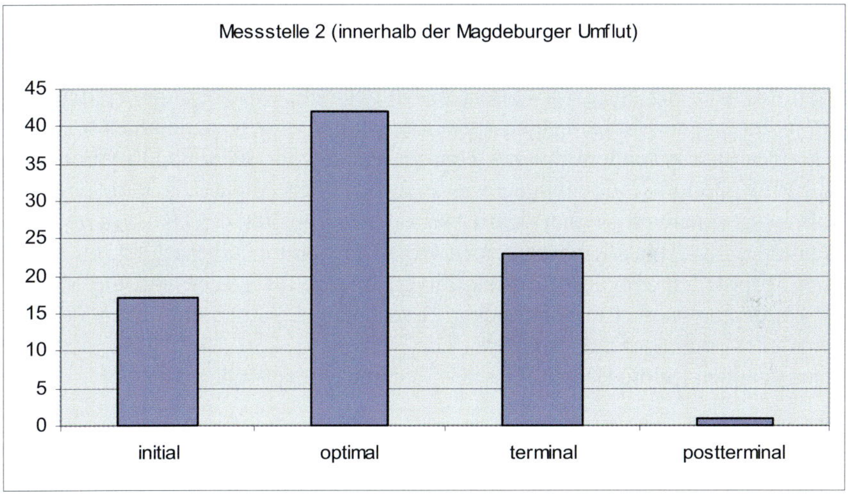

Abbildung 4.23: Die Makrophyten der Messstelle 2 weisen auf ein jüngeres Altwasser hin

Tabelle 4.28: Makrophytenbewertung im Modul 3 - Vergleich mit vier Altersphasen

Makrophytenbewertung Modul 3	Initial	Optimal	Terminal	Postterminal	Differenz (initial+optimal)-(terminal+postterminal)
Messstelle 1	0	20	38	0	-18
Messstelle 2	17	42	23	1	+35

Tabelle 4.29: Zusammenfassung des dritten Moduls für die Messstellen 1 und 2

Modul 3 – Naturnähe - Übereinstimmung der ökologischen Nischen		Messstelle 1	Messstelle 2
Makroinvertebraten	Übereinstimmung Strömung, Ernährung, Habitate, längszonale, biozönotische Verteilung $\Delta_{initial-terminal}$	-24	+3
	Note	1	3
	Sørensen-Index (Vergleich mit der Optimalphase)	12	25
	Note	2	3
	Leitartenanteil (Vergleich mit der Optimalphase)	81	65
	Note	5	5
Makrophyten	Übereinstimmung mit den Altersphasen $\Delta_{(initial+optimal)-(terminal+postterminal)}$	-18	+35
	Note	1	5
	Modulnote Ø	**2,25**	**4,0**

Modul 4 – Diversität / Schutzwürdigkeit

Die Diversität sagt viel über die Qualität in einem Ökosystems aus. Die Beschreibung der zu erwartenden Makrophyten (Kap. 4.4) oder Makroinvertebraten (Kap. 4.2) in den verschiedenen Phasen der Alterung eines Altwassers macht deutlich, wie hoch die Vielfalt sein kann. Vor allem in der langen Übergangsphase zwischen Initial und Terminalphase – der Optimalphase – können sich besonders diverse Zönosen entwickeln, da sowohl hydrologische und morphologische Merkmale des jungen wie auch des alten Altwassers vorhanden sind. Ein Diversitäts-Index (Shannon-Wiener) kann Aussagen zur Qualität des Ökosystems treffen. Der Diversitäts-Index wird für alle untersuchten Organismengruppen berechnet, im Fall der hier bewerteten Messstellen also für die Makroinvertebraten, die Fische und die Makrophyten. Die nicht komplizierten aber umfangreichen Berechnungen sollten mit einem Tabellenkalkulationsprogramm durchgeführt werden. Die Tabellen 4.30 und 4.31 stellen solche Berechnungstabellen für die Berechnung des Shannon-Wiener-Index dar.

Die Berechnung des Shannon-Wiener-Index erfolgt für die Makroinvertebratenfauna in der gleichen Form wie bei den Fischen. Makroinvertebraten und Fische werden gezählt, bei den Makrophyten ordnet man den Häufigkeiten (r, 1-5) Deckung in % zu (Tabelle 4.32). In der Tabelle 4.24 (Kap. 4.7) sind die Grenzen für die Bewertung im 5stufigen System der Diversität für die drei Organismengruppen aufgezählt. Die Unterschiede der Grenzen können damit begründet werden, dass Makroinvertebraten i. d. R. in großen Individuenzahlen und hoher Artenanzahl, die Fische zwar in großen Individuenzahlen, nicht aber in hoher Artenanzahl und die Pflanzen ebenfalls in geringer Artenzahl als Makroinvertebraten vorkommen. Zusätzlich ist es schwierig die Zahl der Pflanzen einer Art zu zählen, deshalb wird mit der Bedeckung der Gewässerfläche in [%] gerechnet (Tabelle 4.32).

Tabelle 4.30: Berechnung des Shannon-Wiener-Index der Ichthyozönose der Messstelle 1

Messstelle 1 Fische Shannon-Wiener	n_i	N	n_i/N	$\ln(n_i/N)$	$n_i/N*\ln(n_i/N)$
Anguilla anguilla (Aal)	3	254	0,012	-4,439	-0,052
Abramis brama (Blei)	1	254	0,004	-5,537	-0,022
Perca fluviatilis (Flussbarsch)	10	254	0,039	-3,235	-0,127
Esox lucius (Hecht)	32	254	0,126	-2,072	-0,261
Carassius carassius (Karausche)	1	254	0,004	-5,537	-0,022
Leucaspius delineatus (Moderlieschen)	43	254	0,169	-1,776	-0,301
Rutilus rutilus (Plötze)	107	254	0,421	-0,865	-0,364
Scardinius erythrophthalmus (Rotfeder)	46	254	0,181	-1,709	-0,309
Tinca tinca (Schleie)	9	254	0,035	-3,340	-0,118
Cobitis taenia (Steinbeißer)	2	254	0,008	-4,844	-0,038
				-H=	-1,615
Summe (N)	254			H=	1,6

Tabelle 4.31: Berechnung des Shannon-Wiener-Index der Makrophytenzönose der Messstelle 1

Messstelle 1 Makrophyten Shannon-Wiener	n_i Deckung [%]	N	n_i/N	$\ln(n_i/N)$	$n_i/N*\ln(n_i/N)$
Ceratophyllum demersum	1	105	0,010	-4,654	-0,044
Hydrocharis morsus-ranae	5	105	0,048	-3,045	-0,145
Lemna minor	1	105	0,010	-4,654	-0,044
Lemna trisulca	5	105	0,048	-3,045	-0,145
Nuphar lutea	5	105	0,048	-3,045	-0,145
Salvinia natans	1	105	0,010	-4,654	-0,044
Spirodela polyrhiza	1	105	0,010	-4,654	-0,044
Stratiotes aloides	85	105	0,810	-0,211	-0,171
Utricularia vulgaris	1	105	0,010	-4,654	-0,044
				-H=	-0,828
Summe* (N)	105			H=	0,8
* Summen über 100 % resultieren aus der Überdeckung der Pflanzengesellschaften					

Tabelle 4.32: Übertragung der Häufigkeiten in Deckung (wenn diese nicht kartiert wurde) für die Berechnung der Diversität nach Shannon-Wiener

Häufigkeit	Deckung [%] für Berechnung Shannon-Wiener-Index
r (rar)	1
1	1
2	5
3	15
4	50
5	85

Neben den Berechnungen der Diversität wird im Modul 4 die Schutzwürdigkeit nach Kaule (1991) bestimmt. Eine besonders hohe Schutzwürdigkeit besteht, wenn Arten im Ökosystem bedroht sind. Je höher die Bedrohung desto größer die Schutzwürdigkeit. In der Tabelle 4.33 sind die bedrohten Arten der untersuchten Organismengruppen zusammengefasst.

Tabelle 4.33: Rote Liste Arten an und in den Messstellen und die entsprechende Einordnung im Naturschutzindex (ausschlaggebende Artenvorkommen sind grün gekennzeichnet)

Rote Liste		Messstelle 1	Messstelle 2
Bundesrepublik Deutschland	A3	*Anguilla anguilla, Carassius carassius , Leucaspius delineatus, Aeshna juncea*	*Viviparus contectus, Anguilla anguilla, Aspius aspius*
	A2	*Cobitis taenia, Aeshna isosceles*	*Somatochlora flavomaculata, Anodonta cygnea, Cobitis taenia*
	A1	*Aeshna virides*	
	A0		
Sachsen-Anhalt	A3	*Anax parthenope, Anguilla anguilla, Carassius carassius , Leucaspius delineatus*	*Anax parthenope, Anguilla anguilla, Somatochlora flavomaculata*
	A2	*Cobitis taenia, Aeshna juncea, Aeshna isosceles*	*Aspius aspius, Cobitis taenia*
	A1	*Aeshna virides*	
	A0		
Naturschutz-index (Kaule)		9 (1 Art A1 RL BRD)	8 (3 Arten A2 RL BRD)
Bewertung im Modul 4		**5**	**4**

Das Modul 4 ist damit beendet, die Tabelle 4.34 fasst die Ergebnisse des Moduls zusammen.

Tabelle 4.34: Zusammenfassung des vierten Moduls

Modul 4 – Diversität / Schutzwürdigkeit	Messstelle 1	Messstelle 2
Shannon-Wiener-Index Makroinvertebraten	2,4	3,7
Note	3	4
Shannon-Wiener-Index Fische	1,6	1,6
Note	4	4
Shannon-Wiener-Index Makrophyten	0,8	1,7
Note	2	5
Naturschutzindex	9	8
Note	5	4
Modulnote	**3,0**	**3,3**

Zusammenfassung der Module zum Multimetrischen Index

Die exemplarisch berechneten Module zu den Messstellen 1 und 2 der Dornburger Alten Elbe müssen nun noch zu einem Gesamtergebnis zusammengefasst werden (Tabelle 4.35). Die daraus folgende verbale Beschreibung der Alterszustände (Tab.4.25) ergibt für die Alte Elbe im entkoppelten Bereich: „drängt in die Terminalphase“ und für den temporär durchflossenen Abschnitt: „nicht deutlich gealtert“.

Tabelle 4.35: Gesamtübersicht der bewerteten Messstelle 1 und 2 der Dornburger Alten Elbe

		Altwässer der „Sandgeprägten Ströme" in der Optimalphase	Messstelle 1	Messstelle 2
1. Wassergüte - Trophie		Gesamtphosphor PO_4-P [mg/m³]	77	256
		TSI (TP)	67	84
		Chlorophyll-a-Gehalt [mg/m³]	2	13
		TSI (Chla)	37	56
		TSI (TP+Chla)/2	52	70
		Modulnote	**4,0**	**3,0**
2. Gewässer-struktur		Sohle	6	1
		Ufer	2	1
		Land	3	2
		Alter	7	1
		Gewässerstruktur Gesamt	4,5	1,3
		Modulnote	**2**	**5**
3. Naturnähe - Übereinstimmung der ökologischen Nischen	Makroinvertebraten	Übereinstimmung Strömung, Ernährung, Habitate, längszonale biozönotische Verteilung ($\Delta_{initial-terminal}$)	-24	3
		Note	1	3
		Sørensen-Index (Vergleich mit der Optimalphase)	12	25
		Note	2	3
		Leit- und Begleitartenanteil (Vergleich mit der Optimalphase)	81	65
		Note	5	5
	Makro-phyten	Übereinstimmung mit den Altersphasen $\Delta_{(initial+optimal)-(terminal+postterminal)}$	-18	+35
		Note	1	5
		Modulnote	**2,25**	**4,0**
4. Diversität / Schutzwürdigkeit		Shannon-Wiener-Index Makroinvertebraten	2,4	3,7
		Note	3	4
		Shannon-Wiener-Index Fische	1,6	1,6
		Note	4	4
		Shannon-Wiener-Index Makrophyten	0,8	1,7
		Note	2	5
		Conservation-Index Flora und Fauna	9	8
		Note	5	4
		Modulnote	**3,5**	**4,3**
		Gesamtnote	**2,9**	**4,1**

4.9 Bewertung der Sedimentzusammensetzung

Volker Lüderitz, Christian Kunz

4.9.1 Problemstellung

Altwässer im Terminalstadium weisen fast immer mehrere Meter mächtige Sedimente mit überwiegend organischem Anteil auf. Eine Verjüngung des Gewässers hin zum Optimalstadium ist ohne eine weitgehende Entnahme dieser Sedimente nicht möglich (Hentschel et al. 2002). Diese so genannte Entschlammung verursacht zugleich einen erheblichen Anteil der Kosten der Altwassersanierung. Diese Kosten variieren in Abhängigkeit von der chemischen Zusammensetzung bzw. der Belastung der Sedimente sehr stark. So verursachen unbelastete Sedimente nur die Entnahmekosten, während die Verbringung auf landwirtschaftlich genutzten Böden weitgehend kostenfrei erfolgen kann. Ist diese landwirtschaftliche Verwertung nicht möglich, da Grenzwerte überschritten werden, muss ein Entsorgungspfad aufgezeigt und beschritten werden. Die Entsorgung bzw. Aufbereitung belasteter Sedimente verursacht je nach Verfahren unterschiedliche, in jedem Fall aber erhebliche Kosten.

Bewertungsverfahren für die Sedimentqualität müssen also die Entscheidungsgrundlage für die Sanierung bilden. Die Bewertung hat sich dabei an den Prinzipien der Nachhaltigkeit, Verhältnismäßigkeit, Sachgerechtigkeit und Erheblichkeit zu orientieren (Henschel et al. 2002). In der Entscheidungsfindung schließlich sind ökologische, toxikologische und ökonomische Kriterien angemessen zu berücksichtigen.

4.9.2 Untersuchungsverfahren

Henschel et al. (2002) schlagen ein dreistufiges Untersuchungsprogramm mit Ersterhebung und historischer Recherche, zunächst ohne Probenahme, Grunduntersuchungen und Detailuntersuchungen vor. Sofern im Ergebnis der ersten bzw. zweiten Stufe eine Gesamtgefährdung mit hinreichender Sicherheit ausgeschlossen wird, kann auf weitere Untersuchungen verzichtet werden, was natürlich zu einer erheblichen Kosteneinsparung führt.

Bei der **Ersterhebung** ist zu prüfen, ob ausreichende Hinweise für Schadstoffbelastungen der Sedimente bzw. Schlämme vorliegen, welche weitere Untersuchungen notwendig machen. Die Ersterhebung schließt die historische Recherche zur Emissionssituation, die Sichtung und Bewertung vorliegender Untersuchungsergebnisse und die Einschätzung der Immissionsrelevanz anhand möglicher Eintragspfade sowie der Erheblichkeit der Kontamination ein.

Sofern die Ersterhebung die Belastung als wahrscheinlich erscheinen lässt bzw. selbige nicht ausschließen kann, sind **Grunduntersuchungen** durchzuführen. Als Ort dieser Untersuchungen ist das vermutete Belastungszentrum zu wählen. Sie erfolgen an einem Basissatz von Parametern (Tab.4.36), der bedarfsweise zu erweitern ist, falls die erste 1. Stufe Hinweise auf spezifische Kontamination ergeben hat.

Tabelle 4.36: Untersuchungsumfang bei Grunduntersuchungen (Henschel et. al 2002)

Schadstoffinventar	Sedimentzusammensetzung
Schwermetalle Cd, Zn, Cr, Ni, Pd, Hg	Farbe, Aussehen, Geruch
6 PCB (nach AbfKlärV)	Trockensubstanz
16 PAK (nach EPA*)	TOC (ersatzweise org. Glühverlust)
Chlorbenzole: Hexachlorbenzol	
*Environmental Protection Agency (USA)	

Die Bewertung der Gesamtschadstoffgehalte wird mit drei Wertstufen vorgenommen, Vorsorgewerte, Prüfwerte und Maßnahmewerte:

- Vorsorgewerte (Geringfügigkeitschwelle),
- Prüfwerte (Gefährdungsverdacht, Überschreitungen erfordern weitergehende chemische und ökotoxikologische Detailuntersuchungen),
- Maßnahmewerte (Bei Überschreitungen werden Maßnahmen zur Gefahrenabwehr veranlasst, sofern nicht durch weitergehende Detailuntersuchungen der Nachweis geringer Bioverfügbarkeit und geringer nachteiliger biologischer Wirkungen erbracht werden kann.)

Die Bewertungsstufen für Gesamtschadstoffgehalte sind in Tab.4.37 aufgeführt.

Tabelle 4.37: Bewertungsstufen für Gesamtschadstoffgehalte (Henschel et al. 2002, gekürzt)

Stoff	Vorsorgewert*)	Prüfwert**)	Maßnahmenwert
Metalle			
Quecksilber	0,15	0,7	10[1)]
Cadmium	1,2	10	50[2)3)]
Nickel	20	50	600[1)]
Blei	50	200	1000[1)3)]
Kupfer	30	300	600[1)]
Chrom	80	400	600[1)]
Zink	150	400	1500[1)]
Arsen	8	70	150[1)]
Silber	1	4	
PCB			
Summe PCB	0,0227	0,18	1[2)]
DDT u. Metabolite			
DDX-Summe	0,001	0,04	40[2)]
DDE (je Metabolit)	0,002	0,03	
DDD (je Metabolit)	0,001	0,03	

Stoff	Vorsorgewert*)	Prüfwert**)	Maßnahmenwert
DDT (je Metabolit)	0,001	0,03	
PAH			
∑ 16 (EPA)			20[2)]
Acenaphten		0,5	
Anthracen	0,08	1,1	
Benzo(a)Anthracen	0,26	1,6	
Benco(a)Pyren	0,43	1,6	2[2)]
Chrysen	0,38	2,8	
Dibenzo(a,h)Anthracen	0,06	0,3	
Fluoranthen	0,6	5,1	
Fluoren	0,02	0,5	
Naphtalin	0,16	2,1	
Phenanthren	0,24	1,5	
Pyren	0,66	2,6	
Pestizide			
α-HCH	0,01[3)]	0,05[3)]	
β-HCH	0,01[3)]	0,05[3)]	
Lindan (γ-HCH)	0,01[3)]	0,05[3)]	
HCB	0,04[3)]	0,2[3)]	5[2)]
Quellen und Bewertungsgrundlagen			
*) Effects Range Low (ERL), USEP (1997)			
**) Effects Range Medium (ERM), USEP (1997)			
1) LAGA			
2) BodSchV Anh. 2 Nr. 1.4; BbSchV (1999)			
3) ARGE-ELBE Klassifizierungsschema 2000			
alle Werte in mg/kg Trockenmasse			

Dieses dreistufige chemisch-ökotoxikologische Verfahren korrespondiert mit dem von der **Länderarbeitsgemeinschaft Abfall (LAGA)** geforderten Untersuchungsprogramm für Sedimente, die bei Entnahme aus Gewässern zu Baggergut werden und unter Umständen verbracht werden müssen (LAGA 2004). Bei unspezifischem Verdacht werden zunächst die in Tab.4.38 aufgeführten Parameter untersucht.

Tabelle 4.38: Mindestuntersuchungsprogramm der LAGA-Mitteilungen M20 (LAGA 2004) bei unspezifischen Verdacht

Parameter	Feststoff	Eluat
Kohlenwasserstoffe	X	
EOX	X	
PAK	X	
TOC	X	
Korngrößenverteilung	X	
Arsen	X	X
Blei	X	X
Cadmium	X	X
Chrom	X	X
Kupfer	X	X
Nickel	X	X
Quecksilber	X	X
Zink	X	X
Chlorid		X
Sulfat		X
pH-Wert		X
Leitfähigkeit		X
Sensorische Prüfung (Aussehen, Geruch)	X	

Die Ergebnisse der einzelnen Parameter begründen die Einstufung in Verbringungs- oder Einbauklassen, Z0 steht dabei für den uneingeschränkten Einbau, z.B. im Landschaftsbau, Z1 steht für einen eingeschränkten Einbau und Z2 verlangt technische Sicherungsmaßnahmen bei der Verbringung (Tabelle 4.39). Der Z2-Wert ist hier vielfach mit dem o. g. Maßnahmewert identisch, allerdings wurden für die Ermittlung der Maßnahmewerte zusätzlich zu den Vorgaben der LAGA auch die Bundesbodenschutzverordnung und das ARGE-Elbe-Klassifizierungsschema herangezogen (Tab.4.39).

Wird bei den Feststoffuntersuchungen der Grenzwert für die Verbringungsklasse Z0 bei einem oder mehreren Stoffen überschritten, wird die Eluierbarkeit des oder der Stoffe(s) untersucht. Der Tab.4.40 sind die zulässigen Eluatkonzentrationen für die jeweilige Verbringungsklasse zu entnehmen.

Tabelle 4.39: Grenzwerte für ausgewählte Schadstoffe in Feststoffen (LAGA 2004)

Parameter		Z0	Z1	Z2
Arsen	mg/kg	15	45	150
Blei	mg/kg	70	210	700
Cadmium	mg/kg	1	3	10
Chrom	mg/kg	60	180	600
Kupfer	mg/kg	40	120	400
Nickel	mg/kg	50	150	500
Quecksilber	mg/kg	0,5	1,5	5
Zink	mg/kg	150	450	1500
TOC	Masse-%	0,5 (1,0)[1)]	1,5	5
EOX	mg/kg	1	3	10
Kohlenwasserstoffe	mg/kg	100	300 (600)[2)]	500 (1000)[2)]
PAK	mg/kg	3	9	30
1) Bei C:N-Verhältnis >25 beträgt der Zuordnungswert 1 Masse-%				
2) Die angegebenen Zuordnungswerte gelten für Verbindungen mit einer Kettenlänge C_{10} bis C_{20}. Der Gesamtgehalt (C_{10}-C_{40}) darf insgesamt den Wert in Klammern nicht überschreiten.				
Alle Werte beziehen sich auf die Trockenmasse				

Tabelle 4.40: Grenzwerte Eluat (LAGA, 2004)

Parameter		Z0	Z1	Z2
pH-Wert		6,5-9,5	6-12	5,5-12
Arsen	µg/l	14	20	60
Blei	µg/l	40	80	200
Cadmium	µg/l	1,5	3	6
Chrom	µg/l	12,5	25	60
Kupfer	µg/l	20	60	100
Nickel	µg/l	15	20	70
Quecksilber	µg/l	<0,5	1	2
Zink	µg/l	150	200	600
Leitfähigkeit	µS/cm	250	1500	2000
Chlorid	µg/l	30	50	100 (300)[1)]
Sulfat	µg/l	20	50	100
1) bei nat. Böden in Ausnahmen bis 300 µg/l				

Sind die Schadstoffe nicht oder nur in geringem Maße eluierbar, unterschreiten also die Eluatgrenzwerte die Schadstoffgrenzwerte deutlich und gehören damit einer anderen Z-Klasse an, kann von einer geringen Bioverfügbarkeit ausgegangen werden. Diese Vermutung ist allerdings durch die Detailuntersuchungen gemäß Stufe 3 nach Henschel (2002) zu untersetzen. Dazu gehören u. a. chronische Toxizitätstests, Bioakkumulationstests, das Verhalten von Benthoszönosen in situ sowie Gentoxizitätstests. Diese Untersuchungen sind sehr aufwändig, so dass hier eine ökonomische Abwägung erfolgen sollte: Überschreiten die Kosten der Untersuchungen bei relativ geringem Volumen der zu verbringenden Sedimente die der Verbringung nach Z1 oder Z2, sollte die jeweils sicherere Verbringungsform a priori gewählt werden.

5 Sanierung und Revitalisierung von Altwässern

Die Notwendigkeit der Sanierung und Revitalisierung von Altwässern wird begründet (vgl. Kap. 1) mit der

- Gefahr des verlandungsbedingten Verschwindens der Altwässer (landschaftsgenetisch),
- an das räumliche und zeitliche Koexistieren unterschiedlicher Entwicklungsphasen gebundenen hohen Biodiversität (ökologisch),
- Gewährleistung der Erlebbarkeit einer vielfältig strukturierten Auenlandschaft (landschaftsästhetisch) und
- der Aufrechterhaltung bzw. erneuten Ermöglichung einer Nutzung für die Binnenfischerei (wasser- und fischereiwirtschaftlich).

Aus dieser multifunktionalen Begründung sollen im folgenden Sanierungsziele abgeleitet werden, die die ökologische und wasserwirtschaftliche Komplexität der gesamten Altwasserproblematik widerspiegeln und angemessen berücksichtigen. Diese Ziele werden im weiteren untersetzt durch die Beschreibung von in diesem Zusammenhang bereits erprobten, aber noch weiter zu entwickelnden ökotechnologischen sowie wasserwirtschaftlichen Methoden und Verfahren. Schließlich werden bisherige sowie für die nächsten Jahre geplante praktische Vorhaben der Altwasserrevitalisierung vorgestellt und – wo möglich – hinsichtlich ihrer Erfolge ausgewertet.

5.1 Sanierungsziele

Andreas Hoffmann, Dominique Remy, Gerhard Böttge, Christian Kunz

5.1.1 Naturschutzziele

Altwässer besitzen als integraler Bestandteil der Auenökosysteme einen hohen naturschutzfachlichen Wert. Ihre Bedeutung aus Sicht des Naturschutzes leitet sich zum einen aus ihrem Artenreichtum (Lüderitz et al. 2000, Langheinrich et al. 2002) in Verbindung mit einem hohen Anteil an gefährdeten, altwassertypischen Arten ab und zum anderen aus der zunehmenden Seltenheit dieses Lebensraumes in mitteleuropäischen Auensystemen (Hentschel et al. 2002).

Bei der Formulierung der für den Schutz der Altgewässer notwendigen naturschutzfachlichen Ziele ist zu beachten, dass sich Altgewässer als Lebensraum natürlicherweise durch eine große zeitliche und räumliche Dynamik auszeichnen, die in direkter Verbindung mit der Flussdynamik steht. Eine natürliche Aue besitzt ein zeitlich-räumlich differenziertes Mosaik von Altwässern in unterschiedlichen Sukzessionsstadien. Auf Grund der Vielzahl an unterschiedlichen Kombinationen abiotischer Randbedingungen ergibt sich eine entsprechend hohe Anzahl an Nischen, die ihren Niederschlag in dem hohen Artenreichtum der Auen mit ihren Altwässern findet. Auf der anderen Seite wurde durch die vielfältigen anthropogenen Nutzungsansprüche in der Aue gerade diese charakteristische Dynamik des Lebensraumes sehr stark eingeschränkt, so dass unter den gegebenen Randbedingungen die Gewässerdynamik als die entscheidende Steuergröße der Auenlebensräume in Mitteleuropa faktisch ausfällt.

Als übergeordnetes Naturschutzziel ist in Auenökosystemen deshalb zu fordern, wenn immer es möglich ist, diese Dynamik wieder zuzulassen, um im Sinne des Prozessschutzes die Neuentstehung von Altwässern zu fördern.

In der überwiegenden Mehrzahl der Fälle sind die Restriktionen (Hochwasserschutz, Nutzungsdruck etc.) jedoch so groß, dass sich eine Flussdynamik nur bedingt einstellt und nur durch gezielte Managementmaßnahmen (Anbindung von Altwässern, Entschlammung, gezielte Durchflusssteuerung etc.) vor allem die frühen Sukzessionsstadien, sprich die Initial- und Optimalphasen eines Altwassers, hergestellt bzw. erhalten werden können. Daher ist bei der Formulierung spezifischer Naturschutzziele und Sollzustände immer das jeweilige Entwicklungspotenzial des Lebensraumes zu berücksichtigen.

Naturschutzziele im Bereich der Alt- und Auengewässer umfassen somit nicht nur konservierenden Arten- und Biotopschutz, sondern auch Ressourcenschutz, den Schutz regionstypischer Landschaften und Landschaftselemente und vor allem den Prozessschutz (vgl. Plachter u. Reich 1994, Riecken et al. 1998). Aufbauend auf den an anderer Stelle in diesem Buch aufgeführten Leitbildarten für Altwässer (Kap.1, Kap.3) kann ein Leitbild für typische Lebensgemeinschaften der unterschiedlichen Sukzessionsstadien abgeleitet werden, das als naturschutzfachliches Zielkonzept dient, um vorhandene intakte bzw. repräsentative Biozönozen und ihre Lebensräume zu erhalten und zu sichern, bzw. sie durch geeignete Maßnahmen wieder herzustellen. Dabei stehen das Zulassen bzw. die Initiierung eigendynamischer Prozesse im Vordergrund.

Legislative Rahmenbedingungen

Kern der europäischen Naturschutzgesetzgebung ist die so genannte Fauna-Flora-Habitat-Richtlinie (ABl. EG Nr. L 305/42 1997). Ziel der Richtlinie ist es, die natürliche biologische Vielfalt in Europa zu schützen und die Lebensräume von wildlebenden Pflanzen und Tieren zu erhalten oder wiederherzustellen. In Artikel 2 der FFH-Richtlinie werden als „natürliche Lebensräume von gemeinschaftlichem Interesse“ solche Lebensräume bezeichnet, die im Bereich ihres natürlichen Vorkommens vom Verschwinden bedroht sind, infolge ihres Rückgangs oder ihres begrenzten Vorkommens ein geringes natürliches Verbreitungsgebiet haben und/oder typische Merkmale einer der biogeographischen Regionen der EU aufweisen. All diese Merkmale treffen auf Altwässer in besonderem Maße zu. Unter der Bezeichnung „Prioritäre natürliche Lebensraumtypen“ bzw. „Prioritäre Arten“ firmieren diejenigen „Lebensraumtypen bzw. Arten, für deren Erhalt der Gemeinschaft eine besondere Verantwortung zukommt“. Im Anhang I der FFH-Richtlinie sind die „natürlichen Lebensräume von gemeinschaftlichem Interesse“, welche im Wesentlichen über ihre Vegetation, auf Basis pflanzensoziologischer Einheiten definiert werden und im Anhang II die „Tier- und Pflanzenarten von gemeinschaftlichem Interesse“ aufgeführt, für die jeweils besondere Schutzgebiete ausgewiesen werden müssen. Für die in Anhang IV genannten, streng zu schützenden Tier- und Pflanzenarten von gemeinschaftlichem Interesse gilt ein Tötungs-, Störungs-, Ausgrabungs- und Fangverbot. Dieses bezieht sich auch auf Lebensräume, die als Fortpflanzungs- und Ruhestätten von den entsprechenden Arten genutzt werden.

Neben der FFH-Richtlinie ist die Vogelschutzrichtlinie der Europäischen Gemeinschaft (ABl. Nr. L 103 1979) das weitere wichtige Naturschutzinstrumentarium. Zu den Kernelementen der Vogelschutzrichtlinie gehören die Erhaltung und Wiederherstellung der Lebensstätten und Lebensräume der Vögel durch Einrichtung von Schutzgebieten. Besonders zu berücksichtigen sind vom Aussterben bedrohte Vogelarten, gegen Lebensraumänderungen empfindliche Arten und seltene Arten. Diese Arten sind im Anhang I aufgeführt. Für sie sind spezielle Schutzmaßnahmen zu treffen. Die geeigneten Gebiete müssen als besondere Schutzgebiete (SPA = Special Protection Areas) für diese Arten sowie für regelmäßig dort auftretende Zugvogelarten ausgewiesen werden. Zusammen mit den FFH-Gebieten bilden die SPA-Gebiete das so genannte Schutzgebietsnetzwerk „NATURA 2000“.

Von den in Deutschland vorkommenden 91 Lebensraumtypen, die im Anhang I aufgelistet sind, betreffen 9 die Auen und damit auch die Altgewässer. Je nach morphologischer Ausprägung, Hydrodynamik und Trophiegrad der Altgewässer sind die folgenden limnisch geprägten FFH-Lebensraumtypen im Auenbereich von Relevanz (vgl. Ssymank et al. 1998, Frank et al. 2007):

- Natürliche eutrophe Seen mit einer Vegetation vom Typ Magnopotamion oder Hydrocharition (NATURA 2000-Code: 3150):
  Ein Großteil der schützenswerten Altwässer in den großen Stromtälern gehört zu dem FFH-Lebensraumtyp „Natürliche eutrophe Seen mit einer Vegetation vom Typ Magnopotamion oder Hydrocharition“, die sich durch eine artenreiche Schwimmblatt- oder (Unter-) Wasserpflanzenvegetation, z.B. Wasserlinsendecken (Lemnetea), Laichkrautgesellschaften (Potamogetonetea pectinati), Krebsschere (*Stratiotes aloides*) oder Wasserschlauch (*Utricularia* ssp.) auszeichnen.

- Oligo- bis mesotrophe kalkhaltige Stillgewässer mit benthischer Armleuchteralgen-Vegetation (Characeae) (NATURA 2000-Code: 3140)
  Basen- oder kalkreiche Altwässer, die als nährstoffarm bis mäßig nährstoffreich einzustufen sind, können Unterwasserrasen von Armleuchteralgen (Chara) beherbergen, so dass sie zum Lebensraumtypus „Oligo- bis mesotrophe kalkhaltige Stillgewässer mit benthischer Armleuchteralgen-Vegetation (Characeae)“ zu rechnen sind.

- Oligo- bis mesotrophe, basenarme Stillgewässer der planaren bis subalpinen Stufe der kontinentalen und alpinen Region und der Gebirge (NATURA 2000-Code: 3130)
  Nährstoffarme bis mäßig nährstoffreiche Altwässer, deren Uferbereiche periodisch trockenfallen, können amphibische Strandlings-Gesellschaften (Littorelletea) bzw. bei spätsommerlichem Trockenfallen einjährige Zwergbinsen-Gesellschaften (Isoëto-Nanojuncetea) aufweisen und somit zum Lebensraumtypus der „Oligo- bis mesotrophe, basenarme Stillgewässer der planaren bis subalpinen Stufe der kontinentalen und alpinen Region und der Gebirge“ gehören.

- Schlammige Flußufer mit Vegetation der Verbände Chenopodion rubri (p.p.) und Bidention (p.p.) (NATURA 2000-Code: 3270)
  Bei durchströmten Altarmen, deren Uferbereiche periodisch trockenfallen, kann auch der Lebensraumtypus der „Schlammigen Flussufer mit Vegetation der Verbände Chenopodion rubri (p.p.) und Bidention (p.p.)“ vorkommen.

- Fließgewässer der planaren bis montanen Stufe mit Vegetation des Ranunculion fluitantis (NATURA 2000-Code: 3260)
  Durchströmte Altwässer mit flutender Wasserpflanzenvegetation des Ranunculion fluitantis-Verbandes oder des Callitricho-Batrachion können zum Lebensraumtypus der „Fließgewässer der planaren bis montanen Stufe mit Vegetation des Ranunculion fluitantis" gerechnet werden.

Neben diesen oben erwähnten limnisch geprägten FFH-Lebensraumtypen, zu denen Altwässern zugeordnet werden können, existieren amphibisch-terrestrisch geprägte FFH-Lebensraumtypen, die direkt mit Altwässern assoziiert sind bzw. deren Vorkommen in unmittelbarem Zusammenhang mit dem Vorhandensein von Altwässern in der Aue steht. Dies sind im Einzelnen:

- Feuchte Hochstaudensäume der planaren bis alpinen Höhenstufe inkl. Waldsäume (NATURA 2000-Code: 6430)
  Altwässer können an ihren eutrophen Uferbereichen uferbegleitende Hochstaudenvegetation der Convolvuletalia sepium und der Glechometalia hederaceae sowie des Filipendulion aufweisen, die zum Lebensraumtypus der „Feuchten Hochstaudensäume der planaren bis alpinen Höhenstufe inkl. Waldsäume" gehören.

- Brenndolden-Auenwiesen der Stromtäler (NATURA 2000-Code: 6440)
  Dieser Lebensraumtypus, der in unmittelbarer Nachbarschaft zu Altwässern auftreten kann, umfasst wechselnasse bis wechselfeuchte Auewiesen mit Brenndolden, die im Frühjahr oder Frühsommer periodisch überflutet werden können. Die Überflutungsdauer schwankt zwischen einem und vier Monaten und im Sommer trocknen die Flächen stark aus.

- Erlen- und Eschenwälder und Weichholzauenwälder an Fließgewässern (Alno-Padion, Alnion incanae, Salicion albae) (NATURA 2000-Code: 91E0)
  Typischerweise weisen Auengewässerkomplexe flussbegleitende Auenwälder auf, die in den Tieflagen der großen Ströme durch Weichholzauenwälder mit verschiedenen Weidenarten dominiert werden und zum Typus der „Erlen- und Eschenwälder und Weichholzauenwälder an Fließgewässern (Alno-Padion, Alnion incanae, Salicion albae)" zu rechnen sind.

- Eichen-Ulmen-Eschen-Auenwälder am Ufer großer Flüsse (NATURA 2000-Code: 91F0)
  Im Anschluss an die flussbegleitende Weichholzaue findet sich im Auengewässerkomplex die Hartholzaue, welche den Lebensraumtypus „Eichen-Ulmen-Eschen-Auenwälder am Ufer großer Flüsse" darstellt.

Im Anhang I fehlen dagegen wichtige Vegetationseinheiten feuchter, wechselfeuchter und nasser Standorte, wie das Alnenion glutinosae, (Magno)Caricion elatae und Phragmition australis. Das ist insofern verwunderlich, da in diesen Lebensraumtypen ein hoher Prozentsatz von Arten der Roten-Liste vertreten ist.

5.1.2 Die Bedeutung von Altwässern für den Naturschutz

Einen wichtigen Hinweis auf die Bedeutung von Altgewässern für den Artenschutz gibt die Auswertung der „Roten Liste der Pflanzen Deutschlands“ (www.floraweb.de). Von den rund 100 Hydro- und Helophyten, die mehr oder weniger regelmäßig in und an Altgewässern auftreten, wird für 11 als Grund für den Rückgang und eine Gefährdung das „Ausbleiben der Neubildung von Altgewässern“ genannt. Vier dieser Arten sind auf Bundesebene in die Kategorien 2/2+ eingestellt, nämlich *Groenlandia densa, Najas minor, Salvinia natans* und *Trapa natans*. *Typha minima*, auf Bundesebene in die Kategorie 1, ist eine typische Pionierpflanze von Umlagerungsstrecken. Sie wächst an frisch entstandenen Altgewässern mit Grund- oder Druckwasseranschluss (Müller 1991). Auch die Schwerpunkte anderer, regional gefährdeter Arten befinden sich inzwischen in Altgewässern, so die Vorkommen von *Hippuris vulgaris* in NRW (Wolff-Straub et al. 1999), wesentliche Bestände der Schwanenblume (*Butomus umbellatus*) in Niedersachsen oder der Schwimmfarn (*Salvinia natans*) in Baden-Württemberg (LFU BW 2001).

Die Untersuchung unterschiedlicher Verlandungsstadien von Altgewässern durch Schwab u. Kiehl (2007) bestätigen deren Bedeutung; dabei wurde außerdem ein signifikant höherer Anteil von Arten der Roten Liste Bayerns in aquatischen Phasen gegenüber verlandeten Phasen (Postterminalphase) nachgewiesen. Besonders die jungen Altgewässerstadien, im Übergang von der Initial- zur Optimalphase sind demnach stärker strukturiert, artenreicher und weisen eine erhebliche naturschutzfachliche Bedeutung auf. Die gilt besonders dann, wenn sie dem direktem Einfluss des aktiven Fließgewässers durch unmittelbaren Anschluss oder regelmäßige Hochwasserereignisse, unterliegen (vgl. Christofor et al. 2003).

Die Wassernuss (*Trapa natans*) hat zumindest gegenwärtig in Mitteleuropa ihren Vorkommensschwerpunkt in Altgewässern, die nicht unmittelbar und regelmäßig von Hochwassern betroffen sind. Da sie stark gefährdet ist (RL Kategorie 2 auf Bundesebene), stehen Vorkommen der Wassernuss im Mittelpunkt der Maßnahmen zur Erhaltung von Altgewässern. Die Betrachtung der Standortansprüche von *Trapa* lässt erkennen, dass es sich nicht um die Optimalphase handelt, da die Art bevorzugt nicht zu tiefe, sauerstoffarme Humusschlammgewässer besiedelt (Hegi 1975). *Trapa* ist also eher als Art einer fortgeschrittenen, aber nicht übermäßig nährstoffreichen Terminalphase anzusprechen. Auch eine weitere, nicht ganz so seltene Art, die Krebsschere (*Stratiotes aloides*) besiedelt flache, klare Wasserkörper mit humosen Schlammböden, wie sie im Übergang von der Optimal- zur Terminalphase auftreten.

Tabelle 5.1 zeigt eine Übersicht über die gefährdeten Wasserpflanzengesellschaften in Altwässern Sachsen-Anhalts, aus der zu erkennen ist, dass ein Drittel der aufgelisteten Gesellschaften als akut bzw. stark gefährdet einzustufen ist.

Die Bedeutung der Auenkomplexe mit ihren Altwässern für den Naturschutz verdeutlichen auch die Angaben vom Landesamt für Umweltschutz Sachsen-Anhalt (2001) für den Landschaftsraum Elbe in Sachsen-Anhalt. So kommen von den 37 Arten des Anhang II der FFH-RL, die für Sachsen-Anhalt gemeldet wurden, 28 Arten im Schutzgebietssystem NATURA 2000 des Landschaftsraumes Elbe vor.

Tabelle 5.1: Gefährdete Wasserpflanzengesellschaften in Altwässern Sachsen-Anhalts

Kat.	Definition
1	Vom Verschwinden bedrohte, in ihren Beständen akut gefährdete Pflanzengesellschaften: Diese Pflanzengesellschaften sind in Sachsen-Anhalt so stark zurückgegangen, dass sie nur noch in kleinflächigen Beständen vorkommen. Sie werden in absehbarer Zeit verschwinden, wenn die Gefährdung anhält und keine bestandserhaltenden Sicherungs- und Entwicklungsmaßnahmen erfolgen oder diese wegfallen.
2	Stark gefährdete Pflanzengesellschaften: Sie sind stark und schnell zurückgegangen und oft auch qualitativ in ihrer Artenkombination verändert. Bestandssichernde Maßnahmen sind unbedingt erforderlich.
3	Gefährdete Pflanzengesellschaften: Sie sind zwar deutlich, aber langsamer zurückgegangen und in ihrer qualitativen Artenzusammensetzung weniger stark beeinträchtigt. Bestandssichernde Maßnahmen sind empfehlenswert.

Najadetum minoris UBRICZY (1948) 1961 (Gesellschaft des Kleinen Nixkrautes)	1
Nymphoidetum peltatae BELLOT 1951 (Seekanne-Gesellschaft)	1
Trapetum natantis TH. MÜLL. et GÖRS 1960 (Wassernuß-Gesellschaft)	1
Caricetum elatae W. KOCH 1926 (Steifseggen-Gesellschaft)	2
Eleocharito-Hippuridetum PASS. 1955 (Sumpfsimsen-Tannenwedel-Kleinröhricht)	2
Lemno-Utricularietum australis PASS. 1977 (Ges. des Südlichen Wasserschlauches)	2
Lemno-Utricularietum vulgaris SOÓ (1928) 1938 (Ges. des Gemeinen Wasserschlauches)	2
Ricciocarpetum natantis (SEGAL 1963) R. TX. 1974 (Schwimmlebermoos-Ges.)	2
Sparganietum minimi SCHAAF 1925 (Zwergigelkolben-Gesellschaft)	2
Spirodelo-Salvinietum natantis SLAVN. 1956 (Schwimmfarngesellschaft)	2
Callitricho-Potamogetonetum berchtoldii PASS. 1982 (Berchtolds Laichkraut Ges.)	3
Caricetum paniculatae WANGERIN 1916 ap. V. ROCHOW 1951 (Rispenseggen-Ges.)	3
Caricetum rostratae RÜBEL 1912 (Schnabelseggen-Gesellschaft)	3
Caricetum vesicariae CHOUARD 1924 (Blasenseggen-Gesellschaft)	3
Caricetum vulpinae Soó 1927 (Fuchsseggen-Gesellschaft)	3
Cicuto virosae-Caricetum pseudocyperi BOER et SISS. 1942 (Wasserschierling-Scheinzyperseggen-Gesellschaft)	3
Equisetetum fluviatilis WILZECK 1935 (Teichschachtelhalm-Röhricht)	3
Potamogetonetum acutifolii PODB. 1967 (Gesellschaft des Spitzblättrigen Laichkrautes)	3
Potamogetonetum lucentis HUECK 1931 (Gesellschaft des Spiegelnden Laichkrautes)	3
Potamogetonetum perfoliati W. KOCH 1926 em. PASS. 1964 (Gesellschaft des Durchwachsenblättrigen Laichkrautes)	3
Potamogetonetum trichoidis FREITAG, MARKUS et SCHWIPPEL 1958 (Gesellschaft des Haarblättrigen Laichkrautes)	3
Ranunculetum circinati SAUER 1937 (Spreizwasserhahnenfuß-Gesellschaft)	3
Ranunculo-Hottonietum palustris R. TX. 1937 (Wasserfeder-Gesellschaft)	3
Riccietum fluitantis SLAVN. 1956 (Gesellschaft des Flutenden Sternlebermooses)	3
Rumici hydrolapathi-Caricetum paniculatae SUCC. 1988 (Rispenseggen-Gesellschaft)	3
Sagittario-Sparganietum emersi R. TX. 1953 (Pfeilkraut-Igelkolben-Kleinröhricht)	3
Scirpetum lacustris (ALL. 1922) CHOUARD 1924 (Teichsimsen-Röhricht)	3

Stratiotetum aloidis (RÜBEL 1920) NOW. 1930 (Krebsscheren-Froschbiß-Gesellschaft)	3
Veronico-Beruletum erecti (ROLL 1939) PASS. 1982 (Berlen-Gesellschaft)	3

Auch eine Reihe von Arten der Tier- und Pflanzenwelt der Dornburger Alten Elbe werden in den Anhängen II und IV der FFH-Richtlinie genannt. Die in Tabelle 5.2 aufgeführten FFH-Arten der Dornburger Elbe weisen eine mehr oder minder starke Assoziation mit Altwässern auf. An Bestände der Krebsschere (*Stratiotes aloides*) gebunden ist das Vorkommen der Grünen Mosaikjungfer (*Aeshna virides*). Die Art gilt als vom Aussterben bedroht, kann aber in geeigneten Gewässern wie dem Crassensee bei Wittenberg oder in Teilen der Dornburger Alten Elbe bei Magdeburg durchaus die dominierende Großlibelle sein (Lüderitz et al. 2000, Langheinrich et al. 2002).

Tabelle 5.2: FFH-Tierarten innerhalb des entkoppelten Bereiches der Dornburger Alten Elbe

Name	Anhang II	Anhang IV
Säuger		
Castor fiber	X	X
Lutra lutra	X	X
Reptilien		
Emys orbicularis	X	X
Amphibien		
Bombina bombina	X	X
Triturus cristatus	X	X
Insekten		
Leucorrhinia pectoralis	X	X
Aeshna virides		X

Neben den genannten FFH-Arten sind in den Altwässern der Mittleren Elbe auch weitere schützenswerte Tierarten nachgewiesen worden. Es handelt sich dabei um Arten der Roten Liste Sachsen-Anhalts (2004). Zu nennen sind die Schnecken *Segmentina nitida* (RL LSA 3), *Gyraulus laevis* (1), den Käfer *Cybister lateralimarginalis* (3) und die Libellen *Aeshna juncea* (2), *A. isosceles* (2) sowie *Libellula fulva* (1).

Unter den Wasserkäfern finden sich mit *Graphoderus bilineatus* und *Dytiscus latissimus* zwei weitere Anhang II-Arten, die ihren Verbreitungsschwerpunkt in oligo- bis schwach eutrophen, größeren, jedoch flachen Standgewässern mit pflanzenreichem Sublitoral haben. Altarme gehören zu den von beiden Arten besiedelten Habitattypen.

Im Landschaftsraum Elbe finden sich 40 Arten des Anhangs I der Vogelschutzrichtlinie, die durch Ausweisung von 6 SPA-Gebieten geschützt werden (Landesamt für Umweltschutz Sachsen-Anhalt 2001). Arten wie die Rohrdommel, der Weißstorch oder die Uferschnepfe haben in diesem Landschaftsraum der Auenkomplexe ihren Verbreitungsschwerpunkt.

5.1.3 Wasserwirtschaftliche Ziele – Hochwasserschutz, Bodenwasserhaushalt

Neben der naturschutzfachlichen Notwendigkeit begründen auch wasserwirtschaftliche Argumente den Erhalt von Altwässern in den Auen der Flüsse.

An Flüssen als Lebensadern haben von je her Menschen gesiedelt. Die Flussfischerei, die Möglichkeit des Warentransportes auf dem Fluss, die Wasserversorgung der Menschen und die ertragreiche Landwirtschaft in den nährstoffreichen Auen waren wichtige Argumente dafür, am Fluss Dörfer zu gründen und Städte zu entwickeln. Mit dem Wachsen der Bevölkerungszahlen wuchsen auch die Siedlungen, die monetären Werte und damit auch der Druck auf die Gewässer. Die Menschen versuchten, den Fluss ihren Bedürfnissen anzupassen. Das Gewässer wurde ausgebaut, um die Schifffahrt zu erleichtern; Deiche wurden gebaut, um Land zu gewinnen und Sicherheit vor Hochwasser zu gewährleisten.

Der Druck auf die Flüsse wuchs jedoch immer weiter, da die Bevölkerungszahlen ebenfalls immer weiter wuchsen. In der Folge werden bis heute die Flüsse kanalisiert, aufgestaut und mit Buhnen versehen. Der Wasserabfluss auf kleinerem Raum wurde beschleunigt, das Gleichgewicht aus Akkumulation und Erosion von Sediment gestört. In den durch Staustufen geprägten Flüssen wie dem Rhein findet Erosion kaum noch statt. Im Bereich der mittleren Elbe kann Akkumulation in großen Volumina nicht mehr beobachtet werden, die Erosion ist hier überwiegend. Die Elbesohle im Bereich Magdeburg ist in den vergangenen 100 Jahren um etwa 1,50 m vertieft worden.

Aus der „Bändigung" des Flusses resultierten weitere Probleme: Die Grundwasserneubildung durch Überschwemmungen und den folgenden Wasserrückhalt in den Mulden (Altwässern) der Aue wurde stark verringert. Der schnellere Abfluss durch Laufverkürzungen, die Vorgabe eines engen definierten Bettes mit erhöhter Sohlerosion verringern den Wasserstand. Der durch fehlende Neubildung gestörte Grundwasserkörper wird zusätzlich entwässert.

Ebenfalls problematisch ist der beschleunigte Hochwasserabfluss. Der natürliche Hochwasserrückhalt in der Aue ist minimiert, die Spitzenwasserstände steigen, während die Hochwasserwelle beschleunigt die Aue durchläuft.

Dass sich Hochwasserschutz und Regeneration von Auen sinnvoll miteinander verbinden lassen, konnte am Beispiel des BfN - Erprobungs- und Entwicklungsvorhabens „Auenregeneration an der Oberweser" (Gerken et al. 2002) aufgezeigt werden. Das Anbinden von Flutrinnen wirkt sich positiv auf das Retentionsvermögen der Aue aus. Die Differenz zwischen den Abflüssen oberhalb des Regenerationsraumes bei Würgassen (Weser) und unterhalb steigt prozentual mit stärker werdenden Hochwässern. Bei einem Hochwasserscheitelabfluss oberhalb von 770 m^3/s konnten unterhalb nur noch 730 m^3/s gemessen werden. Die Flutrinne selbst übernimmt bei Abflüssen um 700 m^3/s etwa 10 %, bei Abflüssen um 1100 m^3/s 23 % und bei Spitzenabflüssen von 1490 m^3/s sogar 28 % der Abflussmenge (Gerken et al. 2002). Die Umgestaltung der Aue durch die Anbindung und Vertiefung einer Flutrinne wirkte sich also auf den Hochwasserscheitel direkt aus. Dabei wurde die Aue an sich nicht verbreitert. Wenn man darüber hinaus von einer revitalisierten Aue mit Altwässern als Flutrinnen ausgeht und dabei die Zahl der entkoppelten Altwässer an den großen Strömen einbezieht, wird schnell deutlich, wie groß das Potenzial der Aue mit ihren Altwässern bei der Optimierung des Hochwasserschutzes ist.

Für die Elbe legte die Internationale Kommission zum Schutz der Elbe (IKSE) im Oktober 2003 den *„Aktionsplan Hochwasserschutz Elbe"* (IKSE 2003) vor, der unter anderem umfangreiche Maßnahmen zur Verbesserung des vorbeugenden Hochwasserschutzes vorsieht, so die Vergrößerung des Überflutungsraumes durch Deichrückverlegungen und den Wiederanschluss von Altwässern. Insgesamt betreffen diese Vorschläge eine Fläche von 2685 ha. Dabei entfallen auf Niedersachsen 100 ha, auf Sachsen 350 ha, auf Brandenburg 775 ha und auf Sachsen-Anhalt 1460 ha. Ein Projekt bei *Lenzen* in Brandenburg wurde mit einem Finanzvolumen von 11,5 Mio. € bereits realisiert und war mit einer Reaktivierung bzw. Neuschaffung von Flutrinnen gekoppelt (Abb.5.1).

Abbildung 5.1: Deichrückverlegung Lenzen/Elbe (Beginn der Realisierung 2005) (Foto: J. Purps)

Das in solchen Flutrinnen, Altwässern und sonstigen Mulden der intakten Aue zurückgehaltene Wasser speist den Grundwasserleiter und damit auch den Fluss in der niederschlagsarmen Zeit, d.h. die Verbesserung der hydraulischen Situation im Hochwasserfall verbessert die hydrologische Situation in Niedrigwasserzeiten.

Eine Aktivierung/Einbeziehung von entkoppelten Auenbereichen schafft aus hochwasserschutztechnischer und wasserwirtschaftlicher Sicht Vorteile:

- Wasserstands-Abfluss-Beziehungen verändern sich zu Gunsten eines geringeren Wasserstandes bei gleichen Abflüssen → Die Häufigkeit hoher Wasserstände verringert sich.
- Geschwindigkeits-Abfluss-Beziehungen verändern sich zu Gunsten einer geringeren Fließgeschwindigkeit bei gleichen Abflussvolumen → Erosionswirkung und damit Vertiefung des Flusses wird minimiert, Sedimentationen in der Aue werden gefördert.
- Die Verlangsamung des Wasserabflusses, vor allem bei Hochwässern, begünstigt die Grundwasserneubildung in der Aue → die damit verbesserte Grundwasserprägung des Flusses erhöht die Wasserstände in niederschlagsarmen Monaten und erhöht die Gewährleistung der Schiffbarkeit.

Neben den beschrieben Vorteilen werden sich jedoch auch Änderungen in der Gewässer- und Auennutzung einstellen:

- Ackerbaulich genutzte Flächen in der bis dahin inaktiven/entkoppelten Aue sind nun von regelmäßigen Überschwemmungen betroffen → die landwirtschaftliche Nutzung wird sich den neuen Gegebenheiten anpassen müssen, Weide- und Grünlandnutzung werden Priorität haben.
- Die Veränderung der Sedimentsituation im Fluss wird auch eine Anpassung der Unterhaltung zur Sicherung der Schiffbarkeit nach sich ziehen → es können sich Gleichgewichtszustände (Akkumulation und Erosion des Sedimentes) einstellen, es ist jedoch auch möglich, dass die Akkumulation von Sediment in der Fahrrinne zu einer Erhöhung des Unterhaltungsaufwandes führt.

Die beschriebenen Veränderungen der hydrologischen, hydraulischen und morphologischen Situation im System Fluss-Aue haben also positive Folgen für das ökologische System und kommen ohne eine Änderung der Bewirtschaftung und Nutzung nicht aus.

5.2 Methoden und Probleme der Sanierung

Gerhard Böttge, Christian Kunz, Bernd Feuerstein, Volker Lüderitz, Dominique Remy

Die Sanierung und Revitalisierung von Altwässern muss im Unterschied zu entsprechenden Maßnahmen an Fließgewässern andere Rahmenbedingungen beachten. Im Vergleich zu Bächen und Flüssen ist ihre Dynamik und Selbstreinigungsfähigkeit stark eingeschränkt, es sind also bei einem stark beeinträchtigten Altwasser weit mehr Aufwendungen nötig, um die Sanierung nachhaltig zu gestalten. Gegenüber Seen weisen Altwässer wiederum aufgrund ihrer linearen Struktur meist ein erheblich größeres Einzugsgebiet auf und können somit durch Nutzungseinflüsse stärker in Mitleidenschaft gezogen werden.

Aus diesen Gründen bedarf eine langzeitwirksame Sanierung eines komplexen und je nach Zustand des konkreten Gewässers zu differenzierenden Methodenspektrums. Dieses soll zunächst im Überblick erläutert und in den folgenden Kapiteln mit Fallbeispielen unterlegt werden.

Grundsätzlich sind folgende Sanierungs- und Revitalisierungsansätze zu unterscheiden:

a) Hydrologisch-hydraulische Maßnahmen – dazu zählen der permanente oder temporäre Wiederanschluss an den Hauptstrom und die Vermeidung von Wasserverlusten durch den Umbau von Sielen und Wehren.
b) Hydromorphologische Umgestaltungen – hierzu gehören v. a. Entschlammungsmaßnahmen, aber auch die Umgestaltung von Ufern (Abflachung) und die Herstellung der ökologischen Durchgängigkeit.
c) Pflegemaßnahmen – dazu zählt die Entnahme von Biomasse nach Bedarf durch Entkrautung und Schilfmahd.
d) Ingenieurbiologische Methoden - dazu zählen das Ausbringen bzw. Aussetzen erwünschter, standortgerechter Pflanzen (Ansalbung) und Tiere im Sinne einer Wiederbesiedelung, aber auch der Einsatz von Megaherbivoren zur dauerhaften Offenhaltung von Ufern und Freiwasserflächen.
e) Sanierung des Einzugsgebiets – das bedeutet die Anlage funktionsfähiger Gewässerschonstreifen und ggf. die Extensivierung der landwirtschaftlichen Nutzung in besonders sensiblen Bereichen.

5.2.1 Hydrologisch-hydraulische Maßnahmen - dauernder oder temporärer Anschluss an den Hauptstrom

5.2.1.1 Mögliche Anschlussformen

Im Kapitel 5.3.3 wird auf das E+E-Projekt: „Revitalisierung der Dornburger Alten Elbe bei Magdeburg" eingegangen. Dieses Beispiel soll an dieser Stelle dazu dienen, die verschiedenen Auswirkungen von Anschlüssen eines Altarmes oder Altwassers an den Hauptstrom aufzuzeigen. Dieser Altarm kann aus hydraulischer Sicht in drei Abschnitte untergliedert werden (Abb.5.2):

1. Abschnitt: der Bereich von der Stromelbe bis zum Pretziener Wehr,

2. Abschnitt: der Bereich hinter dem Pretziener Wehr bis zur Haberlandbrücke,

3. Abschnitt: der Bereich zwischen den Deichen des Umflutkanales und dem Elbedeich.

In Folge der landwirtschaftlichen Nutzung und infrastrukturellen Erschließung des Gebietes durch den Wegebau wurden zahlreiche Querungen mit Durchlässen geschaffen, die das heutige Bild und die aktuelle gewässermorphologische und hydraulische Situation der Dornburger Alten Elbe bestimmen. Die hydrologische Situation des Untersuchungsgebietes wird durch das Abflussgeschehen der Elbe dominiert. In Folge des großräumigen Grundwasserleiters der Elbe wird auch der vom Elbstrom abgekoppelte Altarm durch korrespondierende Wasserstandsschwankungen beeinflusst. Generell kann die Dornburger Alte Elbe zwischen Umflutkanaldeich und Stromelbedeich als stehendes Altgewässer bezeichnet werden, in dem nur sehr geringe Fließprozesse stattfinden. Diese resultieren aus dem abzuführenden Grundwasserzustrom bzw. aus Zuflüssen des Hinterlandes. Allein der Mündungsbereich bis zum Pretziener Wehr wird direkt durch die Abfluss- und Wasserstandsdynamik der Elbe beeinflusst. Nur bei Hochwasserabfluss durch den Umflutkanal, das heißt bei geöffnetem Pretziener Wehr, wird auch der Abschnitt 2 bis zur Haberlandbrücke durch den Abfluss stark durchströmt. Somit kann das Fehlen freier Abflussverhältnisse als ein wesentliches Defizit für das Abflussgeschehen angesehen werden. Um bei einer Anbindung des Altarms an die Elbe einen möglichst effektiven, d.h. die Verlandung und Eutrophierung unterbindenden Durchfluss zu erreichen, ist die Erzeugung einer ausreichenden Fließgeschwindigkeit in den Altgewässerabschnitten notwendig. Da die Ablagerungen in den beiden ersten Abschnitten durch die periodisch auftretenden Hochwässer der Elbe ausgeräumt werden, trifft dies im Wesentlichen auf den Abschnitt 3 zu.

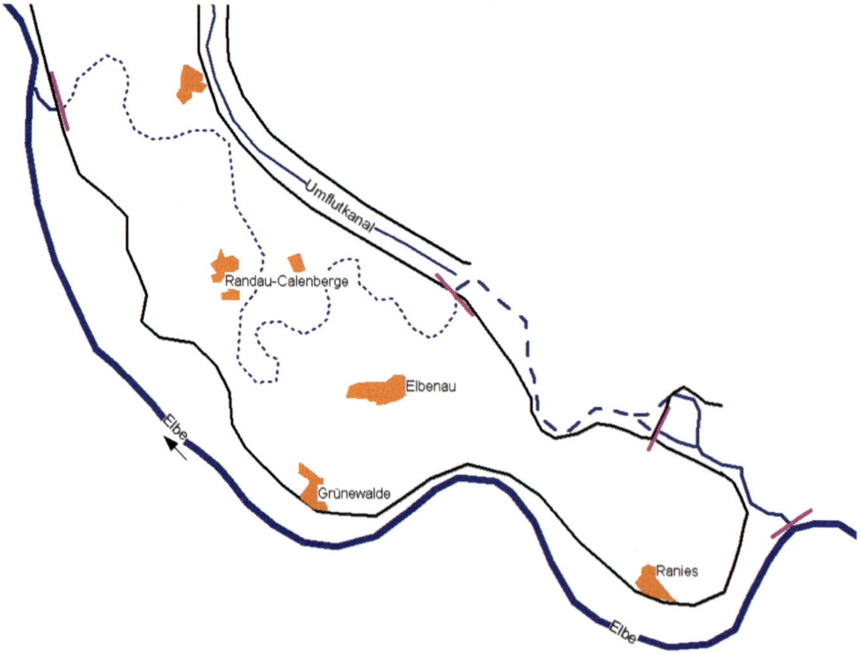

Abbildung 5.2: Abschnitte der Dornburger Alten Elbe mit unterschiedlichen hydraulischen Zuständen (Abschnitt 1 → ▬ (3km); Abschnitt 2 → ▬ ▬ (5km); Abschnitt 3 → • • • (15km))

Wesentliche Informationen zur hydraulischen Leistungsfähigkeit der Gewässer und Vorländer liefern die topographischen Daten. Hierzu wurden umfangreiche terrestrischen Vermessungsdaten einschließlich der Gewässersohle und Querprofile des Abschnittes 3 aufgenommen. Gleichzeitig wurden auch die den Querschnitt einengenden Bauwerke in Lage und Höhe vermessen. Beispielhaft sind Bauwerke in den folgenden Abbildungen 5.3 und 5.4 dargestellt.

Abbildung 5.3 und Abbildung 5.4: Typische Durchlassbauwerke an Querdämmen in Altwässern (Fotos: S. Müller)

Diese Bauwerke sind weitestgehend Dämme mit Rohrdurchführungen, die den Fließquerschnitt des Altgewässers sehr stark einengen. Der Längsschnitt (Abbildung: 5.5) zeigt die daraus resultierenden Gefälleverhältnisse sowie die entstandenen Schlammablagerungshöhen.

Um die Verlandung zu unterbrechen bzw. zu beseitigen, sind mittlere Fließgeschwindigkeiten von $v_m > 0{,}3$ m/s über längere Zeiträume erforderlich. Nach einer hydraulischen Berechnung zum Durchströmungsverhalten des Bereiches 3 würden sich bei einem Zufluss von Q = 1 m^3/s bereits Ausuferungen in dem Bereich zwischen Haberlanddamm und Hochwasserschutzdeich zur Elbe einstellen, die mittleren Fließgeschwindigkeiten aber noch weit unter den angestrebten $v_m = 0{,}3$ m/s liegen. Bei temporärem und besonders bei dauerndem Wiederanschluss des Altgewässers an den Hauptstrom müssen die den Fließquerschnitt des Altgewässers einengenden Bauwerke beseitigt bzw. den erforderlichen hydraulischen Bedingungen angepasst werden.

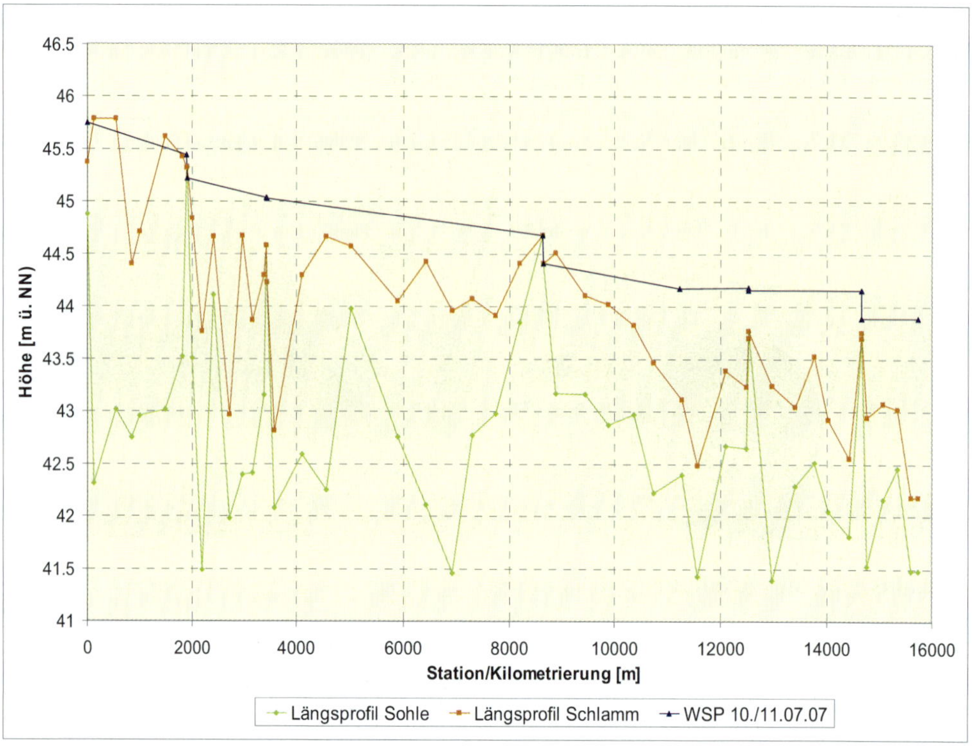

Abbildung 5.5: Längsschnitt des segmentierten Altwassers „Dornburger Alte Elbe“ bei Magdeburg

5.2.1.2 Folgen der Reaktivierung von Altgewässern für die Morphologie des Gewässergrundes

Die Reaktivierung von Altgewässern durch vollständigen Wiederanschluss führt einerseits zu tief greifenden Veränderungen der aktuellen Lebensgemeinschaften und wirkt sich andererseits auf die Morphologie des Gewässergrundes aus, wie Echolotungen im Zuge des E+E-Vorhabens „Hasetal“ zeigten (Remy 2006; Remy 2007).

Im Rahmen der Renaturierung der Unteren Hase im Emsland (Niedersachsen) (Abb.5.6) wurden in den Jahren 1999 und 2001 zwei Altgewässer an den aktiven, verkürzten Lauf der Hase angeschlossen, von dem sie im Zuge der Kanalisierung Ende der 50er Jahre abgetrennt worden waren. In ihrer ursprünglichen Konstellation stellten die beiden Altgewässer zwei unmittelbar aufeinander folgende Flussschlingen dar, die durch zwei Durchstiche und das Einbringen abschließender Flussdeiche abgetrennt wurden. Die ursprüngliche Lauflänge von etwa 1600 m war auf 500 m verkürzt worden, gleichzeitig erfolgte in der verkürzen Laufstrecke Tiefenerosion. Nach dem Wiederanschluss der Altarme blieben die kanalisierten Abschnitte erhalten. Sie sollten weiterhin mindestens 25 % der mittleren Abflussmenge aufnehmen. Außerdem ist der Abflussquerschnitt der reaktivierten Altarme verringert worden, da mit dem Wiederanschluss der mittlere Wasserstand um etwa 70-80 cm auf das Niveau der kanalisierten Hase absank. Folglich sind Abfluss und Strömung in den reaktivierten Flussschlingen gegenüber dem ursprünglichen Zustand reduziert und die Laufverlängerung ist nur bedingt hydraulisch wirksam.

Abbildung 5.6: Altwasser der Hase bei Lahre nach erfolgtem Wiederanschluss (aus Remy 2006)

Eine Echolotung vor dem Wiederanschluss im Jahr 1999 lässt das ursprüngliche Relief des Gewässeruntergrundes aus der Zeit vor der Abtrennung des Altgewässers gut erkennen. In der Laufkrümmung verlagert sich die Rinne zum Prallhang. Sie verbreitert und vertieft sich auf etwa 60 m Länge zu einem streckenweise über 4,8 m tiefer Kolk. Dem Prallhang gegenüber war ein flach einfallendes Gleithangufer ausgebildet. Gleichzeitig wurde damit belegt, dass seit Ende der 50er Jahre kein nennenswerter Sedimenteintrag mehr stattfand (Remy 2007).

Die Baumaßnahmen im Zuge der Reaktivierung umfassten folgende Schritte:

1. Langsame Absenkung des Wasserstandes des Altgewässers auf das Niveau der kanalisierten Hase durch Einbau eines Durchlassrohres im Bereich des in Fließrichtung unterhalb liegenden Endes des Altgewässers,
2. Beseitigung des Deiches am unteren Ende des Altgewässers,
3. Öffnung und Beseitigung des Deiches am oberen Ende des Altgewässers.

Die abschließende Tiefenmessung vom 28.08.2003 ließ die weitgehende Veränderung des Gewässergrundes erkennen (Abb.5.7). Am rechten Ufer im Bereich des Einstroms hat sich eine lagestabile Sandbank gebildet, die bei mittlerem Abfluss mehr als 0,4 m über die Wasseroberfläche ragt. Der verbleibende Gewässerquerschnitt hat sich auf durchschnittlich unter 1,6 m verringert. Der noch 2003 ausgeprägte Rinnencharakter im Scheitel des Mäanderbogens ist weitgehend verschwunden. Stattdessen hat sich vor dem Bogen eine etwa 50 m lange Flachwasserzone ausgebildet mit Wassertiefen zwischen 0,2-0,8 m. Der in den Vorjahren deutlich ausgebildete, durchgehend über 3,6 m tiefe Kolk ist vollständig verschwunden.

Die Entwicklung des reaktivierten Lahrer Altwassers ist anders als angenommen verlaufen. Der noch vor Beginn der Baumaßnahmen vorhandene Gewässerquerschnitt hat sich nicht erhalten, eine Tiefenerosion als Anpassung der tiefer liegenden Gewässersohle des kanalisierten Laufs hat nicht stattgefunden. Die im Vorfeld noch vorhandenen durchgehenden Strömungsrinnen sind ebenso verschwunden wie die Kolke vor dem Prallhang. Die relative Vielfalt der Gewässermorphologie, bestehend aus Kolken, Sandbänken, Gleithang und unterschiedlichen Strömungen, ist an sich zu begrüßen, da so recht unterschiedliche Lebensräume entstanden sind. Die Etablierung einer lagestabilen Sandbank im Einlauf, sowie die durchschnittliche Abnahme der Wassertiefe, lässt aber eher eine allmähliche oder auch rasche Verlandung des reaktivierten Altgewässers erwarten. Als Grund für diese Entwicklungen sind im wesentlichen die zu geringen Durchflussmengen zu sehen, da trotz aller Bemühungen, wie der Anlage von Leitbauwerken, erhebliche Abflussmengen den Weg über den mit insgesamt 500 m Länge kürzeren, kanalisierten Lauf der Hase nehmen. Die beiden Altgewässer fungieren somit ungewollt als längere „Bypasse“, die dann eher als Sedimentationsräume dienen.

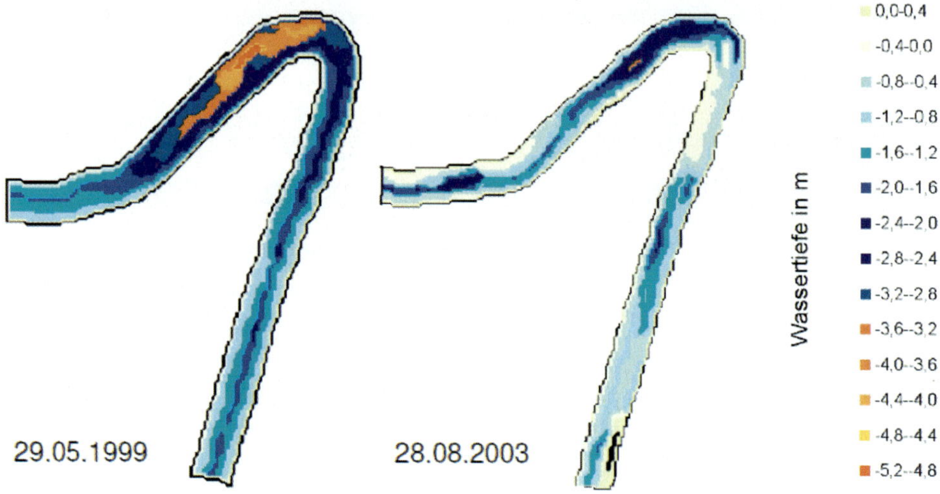

Abbildung 5.7: Wassertiefe im Altwasser der Hase bei Lahre in den Jahren 1999 (vor dem Anschluss) und 2003 (4 Jahre nach dem Anschluss). Die Tiefenmessungen erfolgten mit Echolotung

5.2.2 Entschlammung und Schlammentsorgung

Die ursprünglich kiesig-sandige Sohle ist in den Altwässern des Terminalstadiums, in dem die weitaus meisten dieser Gewässer heute vorliegen, meist von einer zwischen einigen Dezimetern und mehreren Metern mächtigen Schlammschicht bedeckt. Diese überwiegend organischen Auflagen stammen teilweise aus allochthonen Quellen (Totholz, Laub), aber überwiegend aus der pflanzlichen Produktion des Gewässers selbst. Dabei treiben terminaltypische Arten wie *Typha* spp. und *Ceratophyllum demersum* die Schlammbildung und damit die Verlandung besonders schnell voran.

Die Schlämme tragen vor allem bei hohen Temperaturen maßgeblich dazu bei, dass die Sauerstoffkonzentrationen kritische Werte unterschreiten und Fischsterben auftreten können. Zudem sind die Sedimente fast immer stark mit Pflanzennährstoffen belastet und üben einen eigen-düngenden Effekt aus.

Deshalb wird kaum ein Projekt der Altwassersanierung ohne Entschlammungen auskommen. Sedimententnahmen können bei relativ schmalen Gewässern von den Ufern aus erfolgen, in den meisten Fällen wird aber entweder eine Nassbaggerung mit einem Schwimmbagger oder eine Abspundung von Gewässerabschnitten mit temporärer Trockenlegung und anschließender Trockenbaggerung notwendig sein.

Eine wichtige Rolle bei der Planung von Entschlammungsmaßnahmen spielt jedoch die Zusammensetzung des zu entnehmenden Sedimentes. Die Vorgaben der Länderarbeitsgemeinschaft Abfall (LAGA 2004) zu den „Anforderungen an die stoffliche Verwertung von mineralischen Abfällen" kann bei der Untersuchung des potenziellen Baggergutes Beachtung finden.

Die Belastungen des Auebodens der Elbe, z.B. in den Bereichen Dessau (Ing.-Büro Wasser und Umwelt 1998) und Magdeburg (Feuerstein u. Kunz 2008), vor allem mit Arsen, sind nicht auf die Schlammablagerungen im Gewässer beschränkt. Höchstwahrscheinlich gehen die erhöhten Arsen-Konzentrationen auf Ablagerungsvorgänge durch die Hochwässer der Elbe in der ehemals intakten Aue zurück. Sie sind demnach als Altlasten in der Elbaue anzusehen und wahrscheinlich auf die starke Belastung der Elbe mit Schadstoffen zurückzuführen, die auf Bergbau- und Verhüttungsaktivitäten sowie Industrialisierung im Einzugsgebiet zurückzuführen ist.

In ihrer Studie zur Schadstoffbelastung der Sedimente im Elbeeinzugsgebiet weisen Heise et al. (2005) darauf hin, dass Mulde und Saale, die in die Elbe münden, durch sehr hohe Schadstofffrachten wie auch Schadstoffkonzentrationen im Sediment auffallen. So wurde in der Mulde für das Jahr 2003 ein Mittelwert des Arsengehaltes in schwebstoffbürtigen Sedimenten von 255 mg/kg festgestellt. Auch die Gehalte von Cadmium, Zink, Quecksilber und Blei überschreiten die Zielvorgaben der „Internationalen Kommission zum Schutz der Elbe" (IKSE) teils um mehr als das Vierfache. In der Saale werden ebenfalls ähnliche hohe Belastungen für Cadmium, Blei und Zink festgestellt (Heise et al. 2005). Ursache der erhöhten Schadstoffbelastung im Muldeeinzugsgebiet ist die Bergbauaktivität, die im 12. Jahrhundert einsetzte, heute jedoch eingestellt ist. Aktuelle Erosions- und Entwässerungsvorgänge der Abraumhalden und sonstiger kontaminierter Flächen führen zu einem diffusem Schadstoffeintrag, insbesondere von Zink und Arsen in die Elbe. Daneben waren auch noch Direkteinleitungen vorhanden (Heise et al. 2005). Daten der Bundesanstalt für Gewässerkunde deuten darauf hin, dass die erhöhten Arsenfrachten der Mulde auch auf Remobilisierungsprozesse zurückzuführen sind.

Klassifiziert man nun die organischen Sedimente - das potenzielle Baggergut - nach den Richtlinien der LAGA (2004), stellt man fest, dass eine Nutzung des Sedimentes zur Bodenverbesserung kaum möglich sein wird. Verschieden Einbauklassen Z0, Z1 etc. sind an Schadstoffgrenzwerte in der Trockensubstanz der Sedimente gekoppelt. Werden die Grenzwerte für den uneingeschränkten Einbau (Z0) nicht erreicht, muss kontrolliert werden, ob diese Schadstoffe löslich sind. Die Verbringungsmöglichkeiten können sich verbessern, die Entschlammungskosten reduzieren sich.

Eine Möglichkeit zur kostengünstigen Verbringungen und zur Vermeidung langer Transportwege des Baggergutes sind Spülfelder. So wurde z. B. im Rahmen des EU-Life-Projektes „Renaturierung von Fluss, Altwasser und Auenwald der Mittleren Elbe" die Alte Elbe bei Klieken in der Nähe von Dessau entschlammt. Das Schlammvolumen unter einer Wasseroberfläche von 20 ha betrug 200.000 m³, die durchschnittliche Entschlammungstiefe lag also bei 1,0 m (Reichhoff 1999). Schadstoffe im organischen Sediment mit einer Einbauklasse Z1 wurden ermittelt. Hierzu zählten Arsen, Kupfer, Zink Cadmium, Nickel und Quecksilber. Im Eluat konnten Arsen und Zink nachgewiesen werden. Nach der Entschlammung war das Sediment auf möglichst kurzem Weg auf einem Spülfeld unterzubringen und dabei die Problematik der Einbauklassen zu beachten, da das Sediment nicht der Einbauklasse Z0 zuzuordnen war (Ing.-Büro Wasser und Umwelt 1999). Jedoch konnte bei den Analysen des Sedimentes eine Ungleichverteilung der Schadstoffkonzentrationen festgestellt werden. Deshalb wurde mit Hilfe von Saugbaggern das Wasser-Schlammgemisch über eine Rohrleitung zum nahe gelegenen Spülfeld so befördert, dass das besonders belastete Sediment im unteren Bereich der Spülschicht und weniger belastetes in der oberen Schicht aufgebracht wurden.

Eine Nachnutzung des Spülfeldes wurde in Form einer natürlichen Bewaldung über Sukzession und ohne zusätzliche Bepflanzung vorgenommen. Unterstützt wurde die natürliche Sukzession durch die Sicherung des Spülfeldes mit einem Zaun, der in erster Linie Gefahren für Menschen minimieren und in zweiter Linie den Wildverbiss verhindern sollte.

Bei der Schlammverbringung auf Spülfelder sollte bei einer Schadstoffbelastung des organischen Sedimentes untersucht werden, ob im Umfeld des Altwassers die Hintergrundwerte für diese Schadstoffe nicht ebenfalls so hoch sind, dass eine Verbringung auf einen solchen Standort sinnvoll ist. In der Elbaue bei Magdeburg haben Untersuchungen der Böden flächendeckend ähnliche Einbauklassen für Schadstoffe ergeben wie im Gewässer.

Die Schlammentnahme hat das Altwasser „Alte Elbe bei Klieken“ deutlich verjüngt, die ökologischen Ergebnisse werden unter 5.3.2 vorgestellt.

5.2.3 Funktionsprüfung, Umbau und Rückbau wasserwirtschaftlicher Anlagen

5.2.3.1 Hochwasserschutzbauwerke

Das Hauptproblem der noch vorhandenen Altwässer an den großen Strömen in Deutschland ist die Entkoppelung dieser Gewässer von der intakten/aktiven Aue. Im Allgemeinen verursachen Hochwasserschutzdeiche eine Störung des hydraulischen/hydrologischen Zusammenspiels zwischen Altwasser und Hauptstrom. Konnten vor der Regulierung der Flüsse weite Auenbereiche mit ihren Altwässern und Mulden große Durchflüsse verlangsamen und zwischenspeichern, so sind heute eine Zuspitzung der Hochwasserscheitel und eine fehlende Retentionswirkung in den Auen die Regel.

Die Entkopplung der Altwässer von der Überflutungsaue hat direkte Folgen auf die Geschwindigkeit ihrer natürlichen Verlandung. Das Ausbleiben von Sedimenterosionen bei Hochwasser und Nährstoffakkumulationen aus diffusen Quellen beschleunigen die Alterung.

Die veränderte hydrologische Situation der entkoppelten Altwässer hat weiterhin zur Folge, dass die natürliche Entwässerung der Landschaft durch die Altarme in das Hauptgewässer nicht wie gewohnt gewährleistet ist. Entwässerungsbauwerke werden benötigt, um die außerdeichs liegenden Siedlungs- und Landwirtschaftsflächen zu entwässern. Wird die Entwässerung in einer naturnahen Form betrieben, also der Altarm unterhalb wieder an den Fluss angeschlossen, kann dies sogar zu einem gewissen Teil den Wassermangel im Fluss in niederschlagsarmen Zeiten minimieren. Das Problem der beschleunigten Verlandung kann jedoch dadurch nicht behoben werden. Ist die Verlegung des Deiches nicht realisierbar, sollte ggf. ein vollständiger Anschluss des Altwassers oder Altarmes realisiert werden. Verschließ- und regelbare Ein- und Auslässe können im Hochwasserfall weiterhin die bisher erzielte Hochwassersicherheit gewährleisten und zusätzlich kann das Altwasser als Polder für Hochwasserspitzen genutzt werden.

5.2.3.2 Gewässerquerungen – Unterbrechung der ökologischen Durchgängigkeit

Die fruchtbaren Auen werden häufig landwirtschaftlich genutzt, Altwässer müssen dann oftmals gequert werden, um die Grünland- und Ackerflächen auf kurzen Wegen zu erreichen. Der Abfluss wird durch Rohrdurchlässe geleitet, die allerdings eine ökologische Durchgängigkeit nur sehr eingeschränkt zulassen. Die Schüttdämme, z. B. in der Dornburger Alten Elbe bei Magdeburg, sorgen jedoch auch für einen Rückhalt von Wasser in den geodätisch höher gelegenen Abschnitten des Gewässers, auf einer Gewässerlänge von 15 km beträgt der geodätische Höhenunterschied der Sohle etwa 2 m. Ein vollständiger Rückbau der im genannten Beispiel fünf Querungen würde bei weiterhin unterbrochener Verbindung zur Elbe zu einem raschen und vollständigen Trockenfallen von etwa 50 % des Altwassers führen, da die organischen Sedimente in diesen Teilen ein weit höheres geodätisches Niveau als der durchschnittliche Wasserspiegel in den tiefer gelegenen Teilen der Dornburger Alten Elbe besitzen. So liegt der Schlammspiegel oberhalb des ersten Durchlasses bei einer Höhe von ca. 45,60 m ü. NN, der Wasserspiegel (bei Mittelwasser) im 7,5 km entfernten Abschnitt bei 44,67 m ü. NN. Jedoch werden durch die fehlende Durchströmung und den Rückhalt des Wassers auch große Mengen an Nährstoffen und Feinsedimenten zurückgehalten, was in den Gewässerabschnitten zu einer zunehmenden Verschlammung führt. Dieser Effekt trat z. B. bis 1998 im Kühnauer See bei Dessau auf. Ein Schüttdamm, nach 1945 aus Trümmerresten erbaut, ließ den Ostteil des Gewässers sehr schnell verlanden (Abb.5.16, Kap. 5.3.1).

Die Schlammmengen in der Dornburger Alten Elbe betragen oberhalb des ersten Schüttdammes im Schnitt 55 m^3 je laufenden Gewässermeter, unterhalb dieses Schüttdammes nur noch ca. 30 m^3 bei vergleichbaren morphologischen Gegebenheiten (Gewässerbreite und -tiefe). Es muss in solchen Fällen also eine Abwägung von Vor- und Nachteilen solcher zurück stauenden Schüttdämme und ggf. ihr Umbau erfolgen. Die Durchlässe sollten so verändert werden, dass mit den abgeführten Wassermengen ein erneutes Absetzen von Schwebstoffen unterbunden wird, aber die verbleibenden Wassermengen im oberhalb liegenden Abschnitt ausreichen, um die Verlandung zu entschleunigen.

Denkbar wären hier Furten, die in Trockenzeiten nicht überströmt werden, aber bei größeren Abflüssen ausreichend Wasser abführen können. Erhöhte Fließgeschwindigkeiten erzeugen eine ausreichend hohe Sohlschubspannung, so dass vor allem im oberhalb des Schüttdammes liegenden Abschnitt eine positive Wirkung auf die Sedimentsituation ausgeübt wird. Ein Anschluss an das Muttergewässer, wie im vorangegangenen Kapitel 5.2.3.1 beschrieben, wirkt hier unterstützend.

Die Voraussetzungen und die Probleme zur Erreichung einer hohen Sohlschubspannung τ zeigen sich deutlich in der Formel zu ihrer Berechnung:

$$\tau = \rho * g * R * I_{So} \left[N / m^2 \right]$$

- Dichte (ρ) des Wassers und Fallbeschleunigung (g) sind feste Größen,

- der hydraulische Radius (R) und das Sohlgefälle (I_{So}) sind als schwer veränderbare Größen für das Altwasser anzusehen.

Langsames Abfließen durch ein geringes Gefälle in natürlicherweise breiten Querschnitten erhöht die Wahrscheinlichkeit der Sedimentation. Eine möglichst häufige und kräftige Durchströmung sollte also angestrebt werden.

Neben der gestörten hydraulischen Situation durch Schüttdämme verursachen Rohrdurchlässe auch eine Störung des ökologischen Kontinuums. Dunkle Rohrdurchlässe werden von Wasserorganismen ungern angenommen, die erhöhte Fließgeschwindigkeit in diesen Querschnittsverengungen entspricht ebenfalls nicht den lebensraumtypischen Gewohnheiten der Altwasserbewohner – eine Wanderung für viele wassergebundenen Organismen von einem in den nächsten Abschnitt ist daher sehr schwierig. Biber und Fischotter meiden ebenfalls Rohrdurchlässe und werden häufig Opfer von Wildunfällen, wenn eine Straße auf dem Schüttdamm angelegt ist. Breite, lichtdurchflutete Brücken (Abb.5.8) können helfen, das Wanderungshindernis zu überwinden.

Abbildung 5.8: Einfache Brücken mit hoher Tragfähigkeit und guter Belichtung des Durchlasses ermöglichen eine kostengünstige Erreichung der ökologischen Durchgängigkeit (Foto: C. Kunz)

Solche Brücken können auch gut mit den eingangs erwähnten Furten kombiniert werden, Rohrdurchlässe können sehr gut als Abflusshilfe bei höherem Wasserangebot im Schüttdamm belassen werden.

5.2.3.3 Siele – verbesserter Wasserrückhalt

Ein weiteres Problem, das im Zuge der Altwassersanierung gelöst werden muss, ist der Rückhalt des Wassers im Frühjahr. An vielen Altwässern, so auch an der Dornburger Alten Elbe, entwässern Siele die Gewässer weit unter den natürlichen Mittelwasserstand. Die Folgen sind in warmen Sommern oft starke Sauerstoffzehrungen in der flachen Wasserschicht über mächtigen Schlammkörpern und Fischsterben fast aller Arten. Diese Siele sind durch regulierbare

Wehre oder durch feste Sohlgleiten, die erst bei Hochwässern überströmt werden, zu ersetzen.

5.2.3.4 Indirekte Beeinflussung eines Altwassers durch Wasserbauwerke

Altwässer werden jedoch nicht nur durch direkt wirkende und sichtbare Bauwerke gestört. Ein sehr großes Problem ist die Regulierung des Hauptstromes für die Schifffahrt.

Die fehlende Retentionswirkung der anthropogen verkleinerten Auen kann in niederschlagsarmer Zeit für lang anhaltenden Wassermangel an den Flüssen sorgen. Die Schifffahrt würde ohne wasserbauliche Veränderung einen Großteil des Jahres zum Erliegen kommen. Die meisten Abschnitte der Elbe sind deshalb durch Buhnen stark reguliert. Buhnen werden benötigt, um die Fahrrinne in der Gewässermitte zu vertiefen und die Schiffbarkeit zu gewährleisten. Eine Folge ist die weitere Eintiefung des Flusses durch die erhöhte Sohlschubspannung. So hat sich die Elbe in den letzten 100 Jahren im Bereich Magdeburg um etwa 1,50 m eingetieft. Die Altwässer in der fossilen (entkoppelten) Aue folgen im Unterschied zum Grundwasser dieser Eintiefung nicht. In der Folge verlieren die Altwässer die Verbindung zum Fluss zusätzlich und das ihnen zur Verfügung stehende Wasservolumen nimmt weiter ab.

Eine andere Form der Schiffbarmachung ist die Anlage von Staustufen. Als Beispiel hierfür sei die Regulierung der Donau bei Wien genannt. Im Rahmen der großen Donauregulierung (1870-75) wurde ein Teil des Hauptstromes in Wien abgetrennt. Es entstand die „Alte Donau" in Wien, ein künstliches Altwasser (Donabaum u. Dokulil 2001).

Die Donau wird in diesem Abschnitt gestaut, was einen besonderen Einfluss auf das Altwasser hat. Der Grundwasserstrom kommt zum Stehen, Grundwasserleiter und Wasserspiegel des Altwassers steigen. Die Eutrophierung aus diffusen Quellen sorgt für eine Nährstoffanreicherung im Wasserkörper. Zusätzlich begünstigt die große Gewässertiefe zwischen 2,3 m und 6,8 m das Wachstum des Phytoplanktons. Das natürliche Klarwasserstadium in der Optimalphase wird nicht erreicht.

5.2.3.4 Altwasserentstehung durch Gewässerbegradigung

Altwässer entstehen aber auch als Folge wasserbaulicher Ausbaumaßnahmen. So wurde der Kurze Wurf (Matzwerder Altarm) (Abb.5.9), ein Altwasser bei Dessau, durch die Begradigung der Elbe in den 1930er Jahren aus dem direkten Abflussgeschehen der Elbe entnommen. Eine Aufschüttung eines Dammes am Beginn des Mäanders und ein künstlicher Durchstich ließen diesen heutigen Altarm entstehen.

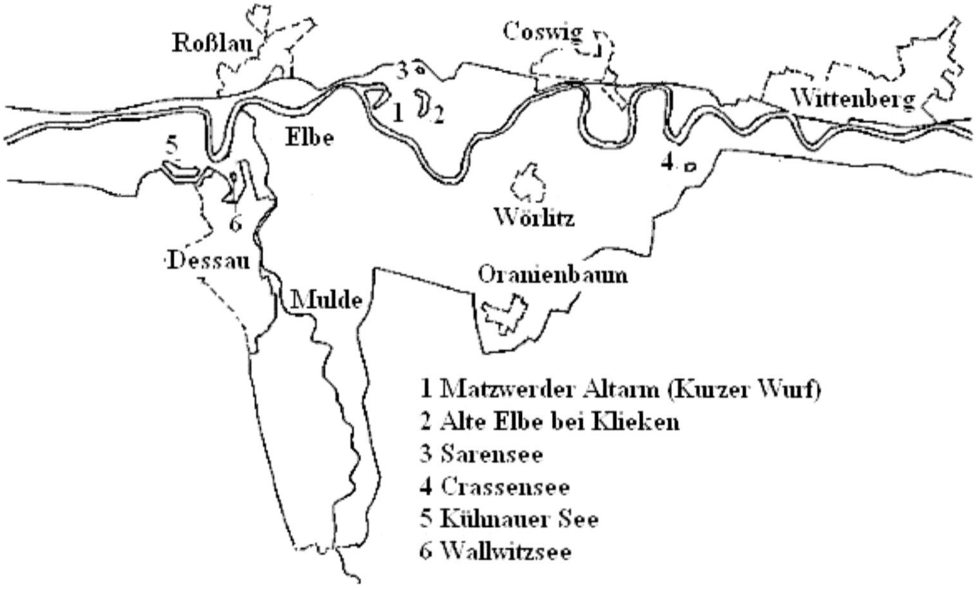

Abbildung 5.9: Wichtige Altwässer im Bereich Dessau im Biosphärenreservat Mittelelbe

Ähnliches widerfuhr der Alten Elbe bei Lostau nördlich von Magdeburg im Rahmen der Elbbegradigungen im ausgehenden 18. Jahrhundert. Die temporären Überströmungen bei höheren Wasserständen haben in beiden Altwässern zu einer Akkumulation von Schweb- und Nährstoffen gesorgt. Die Alte Elbe bei Lostau mit einer Länge von etwa 3,8 km und einer ursprünglichen Freiwasserfläche bei Mittelwasser von 95 ha besitzt heute eine Freiwasserfläche von ca. 25 ha, also weniger als 30 %. 15 ha stellen sich als Feuchtwiese dar, die verbleibenden 55 ha sind auf den ersten Blick nicht mehr als Altgewässer erkennbar. Der Matzwerder Altarm wurde deutlich später abgetrennt und hat bis heute keine so gravierende Alterung erfahren, unterlag allerdings einem sehr ähnlichen Verlandungsdruck. Der Rückbau des trennenden Schüttdammes auf ein geodätisch niederes Niveau hatte zur Folge, dass die Schiffbarkeit im Durchstich nicht negativ beeinflusst wurde, aber Hochwässer sehr schnell in den Altarm strömen und dem natürlichen Stromstrich folgen. Das Sommerhochwasser 2002 räumte den Matzwerder Altarm vollständig aus, eine Folge der hydraulischen Anbindung an den Hauptstrom. Der Altarm wird bei höheren Wasserständen nicht mehr überströmt, er wird durchströmt.

Die Anbindung der Lostauer Alten Elbe in der beschriebenen Form wäre ebenfalls denkbar, die hier vorliegende Verdichtung des Sedimentes über annähernd 2 Jahrhunderte lässt allerdings eine so rasche Verjüngung nicht erwarten.

Abgesehen von der Verjüngung eines künstlichen Altarmes entsteht durch die Abflachung des Schüttdammes, der bisher als Entkopplungsbauwerk wirkte, auch eine direkte Wirkung auf das Retentionsvermögen der Aue; nicht nur - wie bisher - bei Hochwässern, sondern schon bei Wasserständen oberhalb des Mittelwassers kann Wasser in der Aue zurückgehalten werden.

5.2.4 Einbringung von Pflanzenmaterial

Im Zusammenhang mit einer „Entlandung", also Rückgängigmachung der Verlandung, kann die Einbringung von Pflanzen (Ansalbung) durchgeführt werden. Diese Pflanzen sollten grundsätzlich standortgemäß sein, also dem Leitbild entsprechen, es ist aber nicht gesagt, dass sie auch dem lokalen Gen-Pool entsprechen. In jedem Fall sollte den „Leitlinien zur Ausbringung heimischer Wildpflanzen" (Sukopp u. Trautmann 1981) soweit wie möglich gefolgt werden. Die Leitlinie besagt u.a.:

- Arten sollen nur innerhalb ihres Verbreitungsgebietes ausgebracht werden.
- Es dürfen nur standortgemäße Arten ausgebracht werden.
- Saat- oder Pflanzgut soll aus nahe gelegenen (autochthonen) Vorkommen stammen, ohne diese Vorkommen zu schädigen.
- Jede Ausbringung ist wissenschaftlich zu betreuen und zu dokumentieren.
- Wenn unter Berücksichtigung des Naturschutzrechtes gefährdete Arten, wie *Trapa natans* oder *Nymphoides peltata*, erfolgreich in sanierten Altgewässern angesalbt wurden, so ist das bei einer Bewertung gesondert zu vermerken und zu berücksichtigen.

Generell ist bei der Gewässersanierung der Umgang mit der Vegetation zu hinterfragen. Wird autochthones Material vor der Maßnahme entnommen und später wieder eingesetzt? Was ist über den Umfang der Maßnahme bekannt? Wurde versucht, das autochthone Diasporenreservoir zu nutzen, z.B. durch vorsichtiges Abtragen von Sedimenten über dem mineralischen Untergrund? Auch darf bei jungen Altwassern oder erst kürzlich entschlammten Altwassern das Vorkommen oder Fehlen einzelner Arten nicht überbewertet werden, da hier immer mit Zufällen zu rechnen ist.

5.2.5 Gewässerschonstreifen

5.2.5.1 Definitionen und Regelungen

Fließgewässer sind ebenso wie ihre Altwässer in besonderem Umfang mit ihrer Umgebung vernetzt. Eine Sanierung und Restaurierung der Altwässer setzt zwingend voraus, dass auch die Umfeldnutzung als entscheidender, Hydromorphologie, Wassergüte und Biotopfunktion bestimmender Parameter einer kritischen Überprüfung unterzogen wird. Eutrophierung und Verlandung finden überall dort in rasantem Maße statt, wo die landwirtschaftliche, insbesondere die ackerbauliche Nutzung bis an die Böschungskante des Gewässerbettes heranreicht und somit keinerlei Schutz vor Bodenerosion und Schadstoffauswaschung gegeben ist.

Demgegenüber bieten naturnahe, standortangepasste Gewässerschonstreifen vielfältige Möglichkeiten zur Verbesserung der ökologischen Wertigkeit einer Landschaft und des darin eingebetteten Gewässers (Bach 2000) (Abb.5.10). Nebensächlich ist dabei, unter welchem Begriff der Schonstreifen firmiert: Gewässerrandstreifen, Uferrandstreifen, Uferstreifen, Filterstreifen, Pufferstreifen sowie Gewässer begleitendes Saumbiotop werden zwar nicht völlig synonym verwendet, bezeichnen aber letztlich ähnliche funktionale Ausrichtungen.

Abbildung 5.10: Eutrophierungseinfluss der Landwirtschaft auf das gleiche Altwasser – links: ohne Schonstreifen, rechts: mit Schonstreifen (Fotos: V. Beneke)

Eine weitgehend erschöpfende Definition gibt das Landesumweltamt Brandenburg (1996): „Gewässerrandstreifen sind variable Bänder natürlicher oder gepflanzter Vegetation entlang von Oberflächengewässern, die sich von der Mittelwasserlinie in das Einzugsgebiet hinein erstrecken und damit das Gewässer stofflich puffernd und ökologisch verbindend in die Landschaft eingliedern."

Gewässerschon- bzw. Randstreifen werden von den Wassergesetzen der deutschen Bundesländer in ihrer Breite festgelegt. So gilt in Sachsen-Anhalt entsprechend Landeswassergesetz §94 (LSA 2006), dass zwischen landwirtschaftlichen Nutzflächen und Gewässern eine Schonstreifenbreite von 5-10 m vorgesehen ist. Zusätzlich können für bestimmte Gewässer oder Gewässerabschnitte breitere Gewässerschonstreifen festgesetzt werden, soweit dies zur Umsetzung der Grundsätze des Landeswassergesetzes erforderlich ist (WG LSA §2). Diese umweltpolitisch an sich sinnvolle Regelung bricht sich in der Praxis an zwei Problemen:

- Gewässerschonstreifen stehen vielfach nur auf dem Papier. Umnutzungen im Schonstreifenbereich kosten Geld, das aufgrund anderer Prioritäten meist nicht zur Verfügung steht.
- Eine standardisierte Abmessung ist nicht zielführend. An manchen Gewässerabschnitten kann ein relativ schmaler, niedrigwachsender Gehölzsaum ausreichen, während in anderen Fällen gestaffelte Gewässerschonstreifen mit hochwachsenden Gehölzen, Staudengürtel und anschließender Pufferzone erforderlich sind (Bach 2000).

5.2.5.2 Funktionen intakter Gewässerschonstreifen

Gewässerschonstreifen üben unterschiedliche Funktionen aus, die meist simultan, häufig aber mit deutlicher Schwerpunktsetzung genutzt werden. Die Gestaltung der Gewässerschonstreifen muss sich also deutlich an den vorrangigen Zwecken ausrichten. Bach (2000) fasst die Funktionen wie folgt zusammen:

- Distanzfunktion: Gewässerschonstreifen verhindern, dass schädliche Stoffe unmittelbar ins Gewässer oder in den Uferbereich verbracht werden. Bei diesen Substanzen handelt es sich vor allem um Mineraldünger, Gülle, Jauche sowie Biozide. Die Distanzfunktion kommt dadurch zustande, dass der Abstand zwischen der landwirtschaftlichen Nutzfläche und dem Gewässer sowie die Wuchshöhe der Ufergehölze einen Eintrag von Stoffen in die Gewässer zu einem mehr oder weniger hohen Prozentsatz unterbinden.

- Retentionsfunktion: Stoffeinträge aus landwirtschaftlichen Flächen sind eines der größten Probleme der Gewässerqualität. Über 70 % der Stickstoffeinträge und über 50 % der Phosphoreinträge stammen inzwischen nicht mehr aus dem kommunalen und industriellen Abwasser, sondern aus der Landwirtschaft (Lüderitz et al. 1999). Stickstoff und Phosphor, aber auch Schadstoffe wie Pflanzenschutzmittel werden vor allem nach Starkniederschlägen und Schneeschmelzen in gelöster Form oder über Bodenpartikel ins Gewässer transportiert. Hanglagen begünstigen diesen Abtrag stark.

- Gewässerschonstreifen können Stoffeinträge über zwei Prozesse in gewissem Umfang verringern: Zum einen wird das Abflussvolumen des Oberflächenabflusses durch Infiltration im Gewässerschonstreifen und damit proportional auch die Eintragsmenge der gelösten Stoffe in das Gewässer reduziert. Zum zweiten sedimentieren erodierte Bodenpartikel durch den Auskämmeffekt im Schonstreifen. Die Retentionsfunktion wird nicht selten überschätzt. Correl (2005) stellte fest, dass erst ein etwa 30 m breiter, gemischt bepflanzter Schonstreifen den Nitrateintrag in das Gewässer um 92-100 % verringert. Für Standardbreiten von fünf bis zehn Metern schwanken die Retentionswerte zwischen 0 % und 100 %, wobei sie für Phosphor und Stickstoff im Mittel eher im Bereich von 50 % liegen (Bach 2000). Im Fall von fließenden Gewässern sind dies zufrieden stellende Werte, denn hier ist das Selbstreinigungsvermögen zu berücksichtigen. Bei stehenden und quasi-stehenden Gewässern, die nur über ein sehr eingeschränktes Selbstreinigungsvermögen verfügen und die bis auf den Stickstoff, der denitrifiziert werden kann, alle Nähr- und Schadstoffe akkumulieren, ist eine Schonstreifenbreite von fünf bis zehn Metern Breite in aller Regel nicht ausreichend! Auch eine gegenüber dem ungeschützten Gewässer um 50 % reduzierte N- und P-Fracht führt früher oder später zur Eu- und Polytrophierung. Deshalb sollte ein Schonstreifen an Altwässern mindestens 20 m, möglichst aber 30 m breit und vielfältig strukturiert sein.

- Habitatfunktion: Naturnahe, vielfältig strukturierte Gewässerschonstreifen bieten einer Vielzahl von Organismen einen Lebensraum, besonders in ansonsten ausgeräumten Agrarlandschaften (vgl. 5.2.5.3).

- Element der Biotopvernetzung: Gewässer können ihre Funktion als wesentliches Element von Biotopverbundsystemen nur erfüllen, wenn sie über eine intakte aquatische, amphibische und terrestrische Zone verfügen. Für Altwässer mit ihrem hohen Artenreichtum gilt das in besonderem Maße, denn viele der vorkommenden Arten, darunter Wasservögel, Amphibien und semiaquatische Insekten, sind in ihren Ansprüchen nicht ausschließlich auf den Lebensraum Wasser angewiesen.

- Landschaftsästhetik: Schonstreifen gehören nach dem menschlichen Verständnis von landschaftlicher Schönheit zum Gewässer. Eine intensive Nutzung des Umlandes bis ans Ufer entspricht nicht dem ästhetischen Empfinden der weitaus meisten Menschen. Intakte Gewässerschonstreifen tragen bei Sanierungsprojekten somit maßgeblich zur Akzeptanz dieser Projekte bei.

5.2.5.3 Gestaltung und Bewuchs des Gewässerschonstreifens

Aufgrund der spezifischen ökologischen und hydrologischen Eigenschaften von Altwässern kommen im Wesentlichen drei Typen von Gewässerschonstreifen in Betracht:

Auenwald

Auenwaldgesellschaften stellen die dominierende natürliche Vegetation entlang der Ströme in Mitteleuropa dar und nahmen ursprünglich die gesamte hochwassergeprägte Flussniederung ein. Der zunehmende Nutzungsdruck durch Siedlungen, Landwirtschaft und Flussausbau haben diese flächendeckenden Ökosysteme auf Reste reduziert, an der Elbe blieben nur zwischen Wittenberg und Magdeburg Auenwälder auf größeren Flächen bestehen.

Auenwälder sind in hohem Maße an wechselnde Wasserstände angepasst, denn bei Hochwässern werden sie periodisch und episodisch überschwemmt. Dabei werden nicht überflutungsresistente Arten unter natürlichen Bedingungen immer wieder zurückgedrängt. In der entkoppelten Aue jedoch, die allenfalls durch Qualm- und Drängwasser überflutet wird, muss mit der Ausbreitung solcher Arten gerechnet werden.

Auenwälder existieren je nach Überflutungshäufigkeit und –dauer als Weich- und Hartholzaue. Erstere sind geprägt durch Weiden (*Salix* spp.) und die Schwarzpappel (*Populus nigra)*, welche die nach Hochwasser zurückbleibenden Rohbodenstandorte besiedeln (Scholz et al. 2005). Überstauungszeiträume von 60 bis 180 Tagen sind für sie charakteristisch. An der Elbe finden sich solche Weichholz-Auenwälder abschnittsweise auf schmalen Uferstreifen entlang des Stromes und entlang von Flutrinnen. Altwässer des Initialstadiums, z. B. die Stadtstrecke der Alten Elbe in Magdeburg (Abb.5.11) sind ideale Standorte der Weichholzaue. Das weitgehende Verschwinden dieses Stadiums aus der Landschaft ist auch ein entscheidender Grund für den drastischen Rückgang der Weichholzwälder. Zusätzlich werden sie nicht selten im Sinne des Hochwasserschutzes gerodet bzw. abgeholzt, obwohl der Effekt dieser Maßnahmen meist umstritten ist. Während es also in Deutschland nur noch kleinflächige Restbestände gibt, sind z. B. an der Donau in Österreich und an der Loire in Frankreich noch größere Weichholzauenwälder erhalten.

Abbildung 5.11: Initialstadium eines Altwassers – Die Alte Elbe im Stadtgebiet Magdeburgs mit Elementen der Weichholzaue (Foto: U. Langheinrich)

Mit zunehmender Entfernung vom Fluss und mit geringerer Überflutungshäufigkeit kommt es zum fließenden Übergang der Weichholz- in die Hartholzaue. Bei einer jährlichen Überflutung von ein bis 60 Tagen und einer nicht selten mehrmonatigen Sommertrockenheit mit hohem Grundwasser-Flurabstand stocken auf ein bis vier Meter mächtigen Auenlehmschichten vor allem die Edellaubbäume Stieleiche (*Quercus robur*), Esche (*Fraxinus excelsior*) und Ulme (*Ulmus* spp.). Trotz der Holznutzung und forstlicher Überprägung weisen Auenwälder vielfach noch eine hohe Strukturvielfalt mit mehreren Baum- und Strauchschichten sowie einer variierenden Krautschicht auf. Zusätzlich steigert eine enge Verzahnung mit Weichholzwäldern, Waldwiesen, Flutrinnen und Altwässern die Habitatvielfalt, so dass Fauna und Flora eine besonders große Vielfalt aufweisen. So haben Auenwälder die höchste Brutvogeldichte aller mitteleuropäischen Lebensräume. Als Charakterarten können Singdrossel (*Turdus philomelos*), Pirol (*Oriolus oriolus*), Nachtigall (*Luscina megarhynchos*), Mäusebussard (*Buteo buteo*), Rotmilan (*Milvus milvus*), Waldohreule (*Asio otus*) und mehrere Spechtarten wie Klein- (*Dendrocopus minor*), Mittel- (*Dendrocopus medius*) und Buntspecht (*Picus viridis*) gelten. Auch andere Tiergruppen sind mit zahlreichen, teilweise gefährdeten Arten vertreten. Allein an der Mittleren Elbe wurden 65 Molluskenarten, 339 Laufkäferarten sowie 550 holzbewohnende Käferarten nachgewiesen, von denen viele landschaftsraumbedeutsam sind, also ihren Verbreitungsschwerpunkt in diesem Gebiet haben (Scholz et al. 2005).

Der hervorragende Naturschutzwert der Auenwälder auf der einen und ihre zurückgedrängte Verbreitung auf der anderen Seite begründen das Umweltziel, vorhandene Auenwälder zu schützen und zu regenerieren und die Ausbreitung dieser Wälder im möglichen Rahmen zuzulassen und zu fördern. Dabei gelten die von Zerbe (2008) genannten Strategien:

- Förderung der natürlichen Gehölzverjüngung,

- Zeitliche (geringere Durchforstungshäufigkeit), räumliche (Verzicht auf Kahlschläge) und stoffliche (keine Düngung, kein Pestizideinsatz) Minimierung der waldbaulichen Eingriffe,
- Erhöhung des Anteils von Waldschutzgebieten (Totalreservate, Waldreservate, Naturwaldzellen),
- Regulation des Wildbestandes auf ein Maß, welches die natürliche Regeneration der Wälder erlaubt.

Auenwald, insbesondere Hartholzauenwald, hat im Sinne der Gewässerschonstreifenfunktion somit folgende Vorteile:

- Er ist die dominierende natürliche Vegetation der Aue; als bedrohter und geschützter Lebensraum trägt er im Falle seiner Gewässer begleitenden Erweiterung zur Verbesserung der ökologischen Integrität der Landschaft bei.
- Die Erhaltung vorhandenen Auenwaldes verursacht keine Kosten, sehr wohl aber die Neuanlage über Sämlinge oder Stecklinge. Im Unterschied z. B. zu Streuobstwiesen ist aber auch in diesem Fall eine arbeitsaufwendige langfristige Pflege nicht erforderlich.
- Ufersäumende Auenwälder beschatten die Uferbereiche und verhindern so ein intensives Wachstum von Großröhrichten, was die Verlandung verlangsamt.

Allerdings bringen Wälder auch einen erheblichen Eintrag von allochthonem organischem Material (Laub) in das Gewässer mit sich, was besonders bei schmalen Altwässern gegen die Beschattungsfunktion abzuwägen ist.

Flächendeckender Auenwald um die Gewässer würde zugleich die Erlebbarkeit des Gewässers im Rahmen der Umweltbildung und des landschaftsspezifischen Tourismus begrenzen. Es existieren aber weder solche flächendeckenden Wälder noch Konzepte, diese um bedeutende Altwässer anzulegen.

<u>Streuobstwiesen</u>

Streuobstwiesen sind Flächen von extensiv genutzten Hochstammobstgehölzen auf ebenfalls extensiv genutzten Grünlandflächen (Wegener et al. 1998). Sie zeichnen sich gegenüber herkömmlichen Obstplantagen durch folgende Merkmale aus (Rösler 1992):

- Hochstämmigkeit, d. h. eine Stammhöhe mit Sämlingsunterlage von mindestens 1,80 m bis 2,00 m,
- Verzicht auf den Einsatz synthetischer Pestizide und N-haltiger Mineraldünger,
- extensive Unternutzung als Wiese oder Weide und
- eine große Vielfalt der Obstarten und –sorten.

Diese Kombination ergibt eine große Strukturvielfalt, besonders wenn die Bäume unterschiedlich alt sind und ein Teil des Totholzes in der Anlage verbleibt.

Der Naturschutzwert von Streuobstwiesen ergibt sich aus diesem Strukturreichtum und auch aus der relativen Nährstoffarmut der Böden. Für den Naturschutz interessant sind sowohl die genetische Vielfalt der Obstgehölze selbst als auch die Biotop bildende Wirkung dieser Gehölze sowie die Verschiedenartigkeit des Unterwuchses. Hinsichtlich der

Wiesengesellschaften betrifft dies kräuterreiche Glatthaferwiesen (Arrhenathereten), Fuchsschwanz-Glatthaferwiesen (z. B. Sanguisorbo-Silaetum), Wiesenhafer-Halbtrockenrasen (Filipendulo-Helictotrichetum pratensis) und artenreiche Goldhaferwiesen (Triseteten). Nach Mader (1982) sind Streuobstwiesen ein bedeutender Lebensraum für zahlreiche gefährdete Tierarten, die traditionell Charakterarten der extensiv genutzten Kulturlandschaft gewesen sind. Hierzu gehört unter den Vögeln Steinkauz (*Athene noctua*), Rotkopfwürger (*Lanius senator*), Klein- und Mittelspecht (*Dendrocopus minor, D. medius*), Wiedehopf (*Upupa epops*), Wendehals (*Jynx torquilla*) und Ortolan (*Emberiza hortulana*). Unter den Säugetieren finden sich vor allem Garten- und Siebenschläfer (*Eliomys quercinus, Glis glis*) sowie verschiedene Fledermausarten.

Streuobstwiesen waren bis in die 1950er Jahre die dominierende Form des Obstanbaus, danach begann zunächst in der damaligen BRD und zeitlich versetzt auch in der ehemaligen DDR der intensive Plantagenobstbau. Streuobstwiesen wurden wegen ihrer niedrigen Erträge und des hohen, nur durch den Einsatz menschlicher Arbeitskraft zu leistenden Pflegeaufwandes entweder gerodet – seit dem 2. Weltkrieg ging ihre Fläche in Deutschland um 70 – 75 % zurück (Rösler 1992) – oder vernachlässigt, so dass sie in zunehmendem Maße überalterten.

Besonders schmerzlich: Streuobstwiesen waren gerade in den Flussauen wie der Elbe eine ausgesprochen häufige Nutzungsform. So war die Dornburger Alte Elbe (vgl. Kap. 5.3.3) bis in die 1960er Jahre über weite Strecken von Streuobstwiesen gesäumt, bis diese dann bis auf Reste einer „Komplexmelioration" zum Opfer fielen.

Seit Mitte der 1980er Jahre sind Streuobstwiesen zum Gegenstand des Naturschutzes geworden, Kommunen, Kreise und Länder schufen zunehmend materielle Anreize, um die Nutzung im Sinne des Naturschutzes und der nachhaltigen Regionalentwicklung aufrechtzuerhalten bzw. neu zu ermöglichen. Zu diesen Regelungen gehören v. a. die Förderung der Nach- und Neupflanzung, Zuschüsse für die Unternutzung (Mahd, Beweidung) sowie eine Förderung der Vermarktung. Namentlich in Ostdeutschland wurden nach 1990 zahlreiche Streuobstwiesen über Arbeitsbeschaffungsmaßnahmen (ABM) oder über Ausgleichs- und Ersatzmaßnahmen bei Infrastrukturmaßnahmen saniert und in etlichen Fällen neu geschaffen. Allerdings ist es in der Folge nicht immer gelungen, diese kulturlandschaftlichen Ökosysteme in ausreichendem Maße zu nutzen und zu pflegen.

Als Schonstreifen im Umfeld von Flussaltwässern besitzen Streuobstwiesen gegenüber anderen Schutz- und Nutzungsformen einige wesentliche Vorteile:

- Sie weisen einen überdurchschnittlichen Artenreichtum und eine wichtige Refugialfunktion für gefährdete Tier- und Pflanzenarten auf. Streuobstwiesen sind gesetzlich geschützte Lebensräume mit hoher Langlebigkeit (bis zu 200 Jahren), so dass eine erneute „Umnutzung" im Sinne der Intensivierung schwer möglich ist. Durch die vertikale Strukturierung ist die Distanzfunktion besonders ausgeprägt. Im Unterschied zu Auenwäldern tragen Streuobstwiesen kaum zum allochthonen Eintrag organischen Materials in das Gewässer bei.
- Streuobstwiesen haben einen hohen landschaftsästhetischen Wert und besitzen eine hohe Akzeptanz in der Bevölkerung. Sie ermöglichen in besonderem Maße die Erlebbarkeit der Gewässer-Umfeld-Beziehung.

Diesen Vorzügen stehen allerdings die relativ hohen Kosten für die Anlage und für die Pflege gegenüber.

Wirtschafts-Grünland

In den meisten Regionen Deutschlands wird der Gewässerschonstreifen überwiegend als Wirtschafts-Grünland (Wiese, Weide) genutzt (Bach 2000). Sofern diese Nutzung weitgehend extensiv erfolgt (keine Düngung, keine Überweidung, kein Zutritt des Weideviehs an das Gewässer), kann auch ein Grünlandstreifen von 20 m bis 30 m Breite in gewissem Umfang Distanz- und Retentionsfunktion ausüben. Scholz et al. (2005) fassen die Vegetationstypen, die Artenzusammensetzung und die ökologischen Charakteristika der Grünlandvegetation zusammen: Beim Grünland im engeren Sinne (Klasse Molinio-Arrhenatheretea) werden Frisch- und Feuchtgrünland unterschieden. Das Frischgrünland ist für potenzielle Hartholzauen-Standorte charakteristisch und wird im Elbegebiet hauptsächlich durch die Glatthafer-Wiese (Arrhenatheretum elatioris) dominiert. Glatthafer (*Arrhenatherum elatius*) ist überflutungsintolerant und damit weitgehend auf die entkoppelte Aue beschränkt. Glatthafer-Wiesen sind typische Mähwiesen, bei Beweidung gehen sie in Weidelgras-Weißklee-Weiden (Cynosuro-Lolietum) über. Diese sind durch hohe Trittfestigkeit und Regenerationskraft gekennzeichnet.

In der aktiven Aue sind Wiesenfuchsschwanz-Wiesen die auf höher gelegenen Standorten am großflächigsten ausgebildete Gesellschaft. Bei geringer und fehlender Düngung, zweischüriger Mahd und Nachbeweidung können diese Wiesen sehr arten- und blütenreich ausgebildet und schutzwürdig sein, z. B. als Margeriten-Straußampfer-Gesellschaft (Chrysanthemo-Rumicetum thyrsiflori; Scholz et al. 2005).

Bei regelmäßiger Überflutung und länger anhaltender Nässe entwickelt sich auf ton- und schluffreichen Standorten Feuchtgrünland vom Brenndolden-Wiesen-Typ (Cnidio-Deschampsietum). Dieser Vegetationstyp besitzt an der Mittleren Elbe einen Verbreitungsschwerpunkt und gilt als gefährdet. An dauerfeuchten Standorten wird er durch Sumpfdotterblumen-Wiesen (Calthion-Gesellschaft) abgelöst, die sich ohne Nutzung meist zu Erlenbruchwäldern entwickeln.

Für die Praxis der Gewässerschonstreifenanlage dürften v. a. die Glatthafer- und die Wiesenfuchschwanz-Wiesen in Betracht kommen. Dabei ergeben sich folgende Vor- und Nachteile:

- Eine Umwandlung von Acker- in Grünland ist technisch recht einfach und kostengünstig möglich.
- Die Pflege ist einfach und kann zu artenreichen und wertvollen Pflanzengesellschaften führen, die auch zahlreichen Wirbellosen und bodenbrütenden Vögeln einen Lebensraum bieten.
- Anderseits ist Grünland stets strukturärmer als Auenwälder und Streuobstwiesen, die Distanz-, Retentions- und Biotopverbundfunktion sind weniger stark ausgeprägt. Auch ist eine Rückverwandlung in Intensivgrün- oder Ackerland einfacher möglich.

Eine Entscheidung über die Art des zu etablierenden Schonstreifens wird also immer einer Abwägung zwischen Funktionsoptimierung, Nutzerinteressen und Landschaftsästhetik unterliegen. Bei großräumigen Projekten wie der geplanten Revitalisierung der Dornburger Alten Elbe (vgl. Kap. 5.3.3) werden meist alle Formen in mehr oder weniger hohem Maße zum Tragen kommen.

5.2.6 Übliche Fehler und Unzulänglichkeiten bei der Altwassersanierung

Altwässer gelangen durch mehrere Einflussfaktoren häufig vorzeitig ins Terminalstadium. So leiden viele Altwässer und Altarme der Elbe unter der Eintiefung des Muttergewässers durch schiffbauliche Maßnahmen, unter der Entkopplung von der Elbe im vermeintlichen Sinne des Hochwasserschutzes, unter der Entwässerung für die Landwirtschaft und unter der Eutrophierung durch intensive Landwirtschaft bei fehlenden Schonstreifen.

Sichtbar wird das rasche Altern durch eine Verringerungen des Wasserstandes über der Sohle, die durch die Bildung und Akkumulation von organischem Sediment anwächst sowie durch eine beschleunigte Sukzession mit Reinbeständen aus Rohrkolben oder Schilf und dem finalen Aufwuchs eines Bruchwaldes.

Bei der im Sinne ihrer Erhaltung notwenigen Sanierung von Altwässern treten ihrerseits aber nicht selten ebenfalls Unzulänglichkeiten zutage, die die Fehler beim Umgang mit diesen Gewässern oft fortsetzen:

- Die Sanierung und Revitalisierung erfolgen ohne Leitbild bzw. Entwicklungsziel, mit halbherzigen Maßnahmen und einem sehr beschränkten Budget.
- Es erfolgt nur eine unvollständige Entschlammung oder das Baggergut verbleibt angehäuft im Gewässer; die Maßnahme erreicht damit keine spürbare Senkung der Nährstoffbelastung.
- Gewässerunverträgliche Nutzungen werden beibehalten, ein wirksamer Schonstreifen wird nicht angelegt.
- Eine unnatürliche, altwasseruntypische Morphologie z. B. mit fehlenden Flachwasserzonen und gleichmäßigem Profil wird aufrechterhalten oder gar erst hergestellt.
- Die Sanierung wird oftmals auf Entschlammungsmaßnahmen beschränkt, diese allein können aber den Optimalzustand der Altwässer nicht wiederherstellen.

Nachfolgend ein Beispiel für die nur kurzfristige Wirksamkeit einer Entschlammungsmaßnahme:

Die Dornburger Alte Elbe bei Magdeburg wurde 2002 auf einer Länge von etwa 1,5 km teilweise entschlammt und entkrautet. Das Ergebnis war ein Altwasserabschnitt mit einer beträchtlichen Freiwasserfläche (Abb.5.12).

Wie in weiten Abschnitten der Elbaue ist auch im Sediment der Dornburger Alten Elbe eine hohe Konzentration verschiedener Schadstoffe, z.B. Arsen, nachweisbar. Entsorgung bzw. Aufarbeitung solch belasteter Sedimente sind aufwendig und teuer. Daher wurde das entnommene Sediment in einigen Gewässerbereichen aufgeschüttet (Abb.5.13). Wasserstandsschwankungen, Niederschläge, Wind und Tiere verteilten das Material wieder recht gleichmäßig im Gewässer – die Verlandungserscheinungen waren schon im Jahr 2006 vergleichbar mit dem Zustand im Jahr 2001. Die Dornburger Alte Elbe weist ein aktuelles durchschnittliches Volumen des organischen Sedimentes je laufenden Gewässermeter von 34,2 m^3 auf, der teilweise entschlammte Abschnitt eines von 37 m^3/m. Die „Entschlammung" war also ohne langfristigen Effekt.

Abbildung 5.12: Teilweise Entschlammung eines Abschnittes der Dornburger Alten Elbe 2002 (Foto: C. Kunz)

Abbildung 5.13: Teilweise entschlammter Abschnitt der Dornburger Alten Elbe 2006 – vollständig wiederverlandet – Baggergut wurde im Gewässer belassen, Umfeldnutzung wurde beibehalten, Schonstreifen fehlen weiterhin (Foto: U. Langheinrich)

5.2.7 Der Erhalt des Sanierungszustandes durch Bewirtschaftung

Die Erhaltung von Altwässern ist nicht nur von der Umsetzung eines Sanierungs- und Revitalisierungskonzeptes abhängig. Den Maßnahmen muss ein Pflege- und Bewirtschaftungsplan folgen. Dieser kann den gelegentlichen, abschnittsweisen Rückschnitt und die Entfernung der Großröhrichte beinhalten. Solche Arbeiten könnten durch die zuständigen Wasser- und Bodenverbände, aber teilweise auch durch örtliche Anglervereine realisiert werden.

Eine Pflege und Nutzung durch Megaherbivoren ist ebenfalls möglich. Der Wasserbüffel (*Bubalus bubalis*) wird z.B. im österreichischen Bundesland Kärnten im Keutschacher Moor zur Freihaltung der Moorstrukturen und am Rietzer See (Brandenburg) zu Erhalt von Binnensalzwiesen eingesetzt. Das schnelle Zuwachsen wird verhindert, die Biodiversität der Flora und Fauna gefördert. Die Haltung dieser Tiere erfordert nur einen geringen Aufwand und kann ganzjährig im Freien erfolgen.

Abbildung 5.14: Wasserbüffel (*Bubalus bubalis*) im Moorgewässer (Foto: P. Biel aus Krawczynski et al. 2008)

Die Gewässerunterhaltung mit Hilfe von Megaherbivoren wie dem Wasserbüffel (Abbildung 5.14) ist eine günstige und ökologisch sinnvolle Möglichkeit, die natürlichen Sukzessionsprozesse im und am Gewässer zu steuern und ermöglicht gleichzeitig die Diversifizierung der Nutztierbestände in der Viehwirtschaft. Der Wasserbüffel fördert durch seine Art der Wasserquerung die Belüftung des organischen Sedimentes und damit die Mineralisierung. Durch die Ansiedlung von Wasserbüffeln und deren Vermarktung entstünde ein weiteres

Standbein für Viehbauern; die Akzeptanz von Revitalisierungsmaßnahmen bei den Land- und Viehwirten kann steigen. Nach Krawczynski (2008) wirkt sich der im Vergleich zur Massentierhaltung geringere Medikamenteneinsatz bei der Wasserbüffelhaltung positiv auf die Avifauna aus. Begründet wird dies durch die stärkere Nutzung des Dungs durch Insekten, diese dienen dann Jungvögeln zur Ernährung. Weitere mögliche Vorteile für Amphibien und Insekten sowie die Pflanzendiversität finden sich ebenfalls bei Krawczynski (2008).

Enge (2005) beobachtete positive Wirkungen des Wasserbüffeleinsatzes an den Rändern von stehenden Kleingewässern, einige Uferabschnitte wiesen eine starke Tritteinwirkung auf. An den stark durchgearbeiteten Rändern entstehen Schlammstellen, welche aber für konkurrenzschwache Pflanzenarten günstige Keimbedingungen schaffen. Vor allem an Flachwasserbereichen haben sich vermehrt Wasserpfeffer (*Polygonum hydropiper*), Gift-Hahnenfuß (*Ranunculus sceleratus*) und die Gewöhnliche Sumpfkresse (*Rorippia palustris*) angesiedelt. Pflanzen, die sich trotz der hohen Trittbelastung etablieren können, wie z. B. *Alopecurus aequalis, Juncus articulatus*, *J. bufonius* und *Poa trivialis* zeigen die Bodenverdichtung an (Enge 2005). Die Bewegung der Tiere führt an manchen Stellen zu einer Hangerosion, die für die Wiederherstellung von Flachwasserbereichen förderlich sein kann.

Das Beispiel des Einsatzes von Wasserbüffeln zeigt, wie stark die Intensität der Unterhaltung von der Art der Umfeldnutzung abhängt. Eine im unmittelbaren Umfeld des Altwassers betriebene intensive landwirtschaftliche, v. a. ackerbauliche Nutzung beschleunigt den Verlandungsprozess. Die Minimierung der diffusen Nährstoffversorgung kann als indirekte Unterhaltungsmaßnahme gelten, eine Extensivierung der Nutzung minimiert den Unterhaltungsaufwand und kann im Fall der Beweidung des Umfeldes und des Wasserkörpers durch Wasserbüffel Nutzen für den Landwirt und das Gewässer verbinden.

Weitere wichtige Randbedingungen für die Gewässerunterhaltung sind die Kenntnis und nach Möglichkeit die Steuerung der hydraulischen und hydrologischen Situation. Die häufig anzutreffende Lage der Altwässer in einer entkoppelten, nicht aktiven Aue sorgt oft über lange Zeiträume für einen Wassermangel. Möglichkeiten der Wassereinleitung und Speicherung sollten genutzt werden, da eine Erhöhung des Wasserstandes die Ansiedlung von Makrophyten in der Gewässermitte kaum zulässt. Eine durchschnittliche Erhöhung des Wasserspiegels sollte aber auf ein bestimmtes Maß beschränkt sein. Donabaum und Dokulil (2001) weisen auf den fehlenden Bewuchs in der Alten Donau bei Wien hin. Anders als bei vielen Altwässern der Elbe leidet dieses Altwasser nicht an Wassermangel durch Entkopplung und Eintiefung des Muttergewässers, sondern an einem ganzjährig zu hohen Wasserstand durch den Einstau der Donau in diesem Bereich. Unter solchen Bedingungen verschwinden Makrophyten weitgehend, das Gewässer wird durch Phytoplankton dominiert, demzufolge verändern sich auch die Fisch-, Makroinvertebraten- und Vogelfauna hin zu altwasseruntypischen Biozönosen.

5.3 Beispiele für erfolgreiche und geplante Altwassersanierungen

Volker Lüderitz, Uta Langheinrich, Christian Kunz

5.3.1 Kühnauer See

Der Kühnauer See (Abb.5.15) liegt nordwestlich der Stadt Dessau im Biosphärenreservat Mittelelbe. Er entstand nicht durch das für Niederungsflüsse typische Mäanderabschneiden, sondern auf dem Wege einer Flusslaufverlagerung der Elbe durch den Einfluss der Mulde im 14. Jahrhundert (Lindau 1905). Das große und niederschlagsreiche Einzugsgebiet sorgt für wiederkehrende starke Hochwässer. 1316 ist ein solches Hochwasser mit hohem Scheitel für die Mulde überliefert (Reichhoff 1997). Dadurch wurde der Verlauf der Elbe nach Norden verlagert, die Mulde wurde verlängert, der Kühnauer See als Elbaltwasser entstand. Seit 1927 ist der See Biberschutzgebiet, seit 1957 Teil des Landschaftsschutzgebietes Mittlere Elbe und seit 1988 Bestandteil des damaligen UNESCO-Biosphärenreservates Steckby-Lödderitzer Forst (Reichhoff 1997).

Abbildung 5.15: Der Kühnauer See nach der Sanierung in den 1990er Jahren (Foto: U. Langheinrich)

Erste starke anthropogene Belastungen erfuhr der See durch die Errichtung einer Badestelle im Westen des Sees, in deren Folge ökologisch wertvolle Flachwasserbereiche verloren gingen. Verlandungsfördernd wirkte jedoch erst der Bau eines Schüttdammes aus Kriegstrümmern nach dem II. Weltkrieg. Außer zur Trümmerentsorgung diente der Damm der schnellen Querung des Sees zu landwirtschaftlich genutzten Flächen. Die Störung der Strömungsverhältnisse durch diese Sperre besonders bei Hochwasser erhöhte die Schlammablagerung östlich des Dammes. Zusätzlich wurde der Altwassersee über viele Jahre für eine intensive Wassergeflügelzucht genutzt.

Weitere Probleme brachten die Grundwasserentnahme von bis zu 9000 m³/d und die folgende Grundwasserabsenkung, die sich auf den Wasserspiegel des Kühnauer Sees auswirkten und die Verlandung entsprechend förderten. Die Schlammschicht wuchs auf Mächtigkeiten bis 1,5 m an, der Badebetrieb musste eingestellt werden.

Bereits in den 1980er Jahren wurden im Westteil Ausbaggerungen zum Erhalt als Bade- und Erholungsgewässer vorgenommen. Jedoch hat die Art der Baggerung (grabenförmig) die Verlandung beschleunigt, eine Nachhaltigkeit der Maßnahmen war nicht gegeben (Reichhoff 1997).

Durch die Biosphärenreservatsleitung und die Stadt Dessau wurden 1990 Sanierungsmaßnahmen eingeleitet, die die naturschutzfachlich/ökologische und denkmalpflegerische Verbesserung des Altwassers sowie den Erhalt der Erholungsnutzung an diesem Gewässer und dessen fischereiwirtschaftliche Nutzbarkeit beinhalteten.

Die Veränderung des Kühnauer Sees durch den Schüttdamm sollte durch dessen Entfernung rückgängig gemacht werden, der Ostteil wurde größtenteils durch Trockenbaggerung (Abb.5.16) entschlammt (ca. 181.500 m³). Der Westteil wurde einer Nassbaggerung (125.900 m³) unterzogen und durch eine Kiesentnahme (250.000 m³) vertieft. Die Umsetzung der Maßnahmen erforderte ein Finanzvolumen von 8,5 Mio. DM (Reichhoff 1997).

Abbildung 5.16: Trockenbaggerung im Ostteil des Kühnauer Sees – deutlich zu erkennen: die Schlammmächtigkeiten um 1,5 m (Foto: L. Reichhoff, aus Haenschke et al. 1997)

Die Sanierung des Kühnauer Sees kann als eine der bisher erfolgreichsten Altwasserrevitalisierungen bewertet werden. Im Zeitraum von 1996 bis 2007 sanken der mittlere Phosphorgehalt im Wasserkörper ($P_{ges.}$) von 50 mg/m³ auf 9 mg/m³ und der Chlorophyll-a-Gehalt von 24 mg/m³ auf durchschnittlich 2 mg/m³. Das spricht deutlich für einen veränderten Nährstoffhaushalt im Gewässer hin zu einem eher mesotrophen Zustand. Ebenfalls verbessert hat sich die Gewässerstruktur. Die Entfernung des Schüttdammes, die verbesserte, zumeist flache Uferstruktur sowie die Entnahme des organischen Sediments haben für eine deutliche „Verjüngung" des Altwassers gesorgt. Positive Auswirkungen hatte diese auf die Diversität der Wirbellosen. Der Shannon-Wiener-Index stieg seit 1996 von 3,7 auf einen Wert von 4,2 – wurden 1996 noch 62 Arten der Makroinvertebraten nachgewiesen, so waren es 98 Arten im Jahr 2007, ein Zuwachs um den Faktor 1,6.

Es konnte allerdings auch festgestellt werden, dass die zusätzlich zur Schlammentnahme erfolgte Auskiesung im Westeil und die damit verbundene Vertiefung die Besiedlung des Gewässergrundes durch Wirbellose in uferfernen Gewässerzonen behindert. Die meisten Makroinvertebratenarten besiedeln die Uferstrukturen mit den gut ausgeprägten Pflanzengesellschaften.

Bezüglich der Besiedelung mit Makrophyten schätzen Reichhoff und Warthemann (1997) ein, dass der Kühnauer See durch die Sanierung eine überregionale Bedeutung für den Arten- und Biotopschutz gewonnen hat. Sie wiesen 25 Arten der Roten Listen nach, darunter die stark gefährdeten Spezies *Najas minor, Stratiotes aloides* und *Salvinia natans.*

Nachuntersuchungen der Autoren im Jahr 2007 (unveröffentlicht) konnten die Erwartungen hinsichtlich des Potenzials des Gewässers bestätigen. Dabei konnte auch die erfolgreiche Etablierung der Wassernuss (*Trapa natans*) festgestellt werden.

Die Gesamtbewertung des Gewässers nach dem Multimetrischen Index für Altwässer (siehe Kapitel 4) verbesserte sich von 3,3 (drängt in die Terminalphase) auf 4,4 (nicht deutlich gealtert) (Tabelle 5.3).

Tabelle 5.3: Zustand des Kühnauer Sees unmittelbar nach der Sanierung (1996) und sechs Jahre nach der Sanierung (2007) (ohne Berücksichtigung der Fische und Makrophyten)

		Altwässer der „Sandgeprägten Ströme" in der Optimalphase	Kühnauer See 1996	Kühnauer See 2007
1. Wassergüte - Trophie		Gesamtphosphor PO_4-P [mg/m³]	50	9
		TSI (TP)	60	36
		Chlorophyll-a-Gehalt [mg/m³]	24	2
		TSI (Chla)	62	37
		TSI (TP+Chla)/2	61	37
		Modulnote	**3,0**	**5,0**
2. Gewässer-struktur		Sohle	4,8	1,6
		Ufer	23,3	2,6
		Land	3,8	3,8
		Alter	4,3	2,3
		Gewässerstruktur Gesamt	4,0	2,6
		Modulnote	**2,0**	**4,0**
3. Naturnähe - Übereinstimmung der ökologischen Nischen	Makroinvertebraten	Übereinstimmung Strömung, Ernährung, Habitate, längszonale biozönotische Verteilung ($\Delta_{initial-terminal}$)	7	-3
		Note	4	2
		Sørensen-Index (Vergleich mit der Optimalphase)	28	49
		Note	3	5
		Leit- und Begleitartenanteil (Vergleich mit der Optimalphase)	61	78
		Note	5	5
	Makro-phyten	Übereinstimmung mit den Altersphasen $\Delta_{(initial+optimal)-(terminal+postterminal)}$		
		Note		
		Modulnote	**4,0**	**4,0**
4. Diversität / Schutzwürdigkeit		Shannon-Wiener-Index Makroinvertebraten	3,7	4,2
		Note	4	5
		Shannon-Wiener-Index Fische		
		Note		
		Shannon-Wiener-Index Makrophyten		
		Note		
		Conservation-Index Flora und Fauna	8	8
		Note	4	4
		Modulnote	**4,0**	**4,5**
		Gesamtnote	**3,3**	**4,4**

5.3.2 Alte Elbe bei Klieken

Im Rahmen des EU-Life-Projektes „Renaturierung von Fluss, Altwasser und Auenwald an der Mittleren Elbe" war die Erhaltung der von völliger Verlandung bedrohten Alte Elbe bei Klieken mit einer Gesamtlänge von ca.3 km ein wichtiger Baustein.

Die Entkopplung durch Deiche von der Elbe, intensive Landwirtschaft im Umfeld bei fehlenden Gewässerschonstreifen und Abwassereinleitungen aus einer Milchviehanlage hatten zu einer Eutrophierung und Verlandung mit Schlammmächtigkeiten zwischen 0,5 m und 3 m geführt.

Das Altwasser ist durch Schüttdämme zur Querung in vier Abschnitte segmentiert (Abb.5.17), für jeden dieser Abschnitte wurden Maßnahmen entwickelt und umgesetzt.

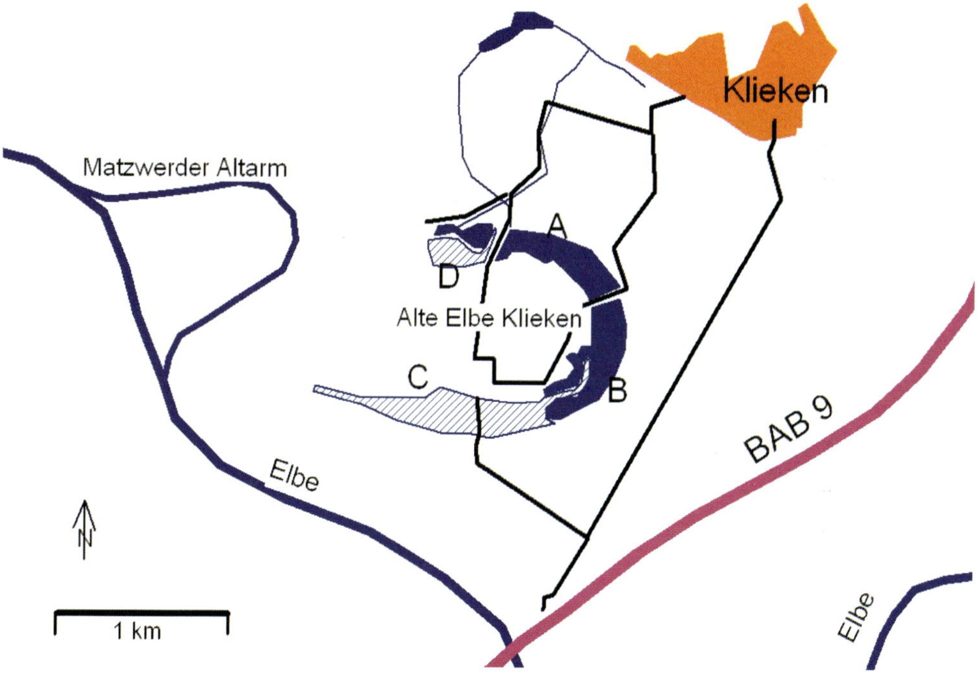

Abbildung 5.17: Alte Elbe bei Klieken - Sanierungsabschnitte

Abschnitt A

Aus dem Abschnitt A (Abbildungen 5.17 und 5.18) mit einer Fläche von 15,3 ha wurde ein Nassschlammvolumen von ca. 157.000 m³ entfernt. Die Schlammschichten waren zuvor so mächtig, dass sie in trockenen Zeiten aus dem Wasser herausragten und betreten werden konnten. Im westlichen Teil des Abschnittes A wurde ein Inselgraben angelegt, um im Gewässer zwei Inseln entstehen zu lassen. Diese Inseln dienen als geschützte Lebensbereiche für Vögel. Zur weiteren Erhöhung der Strukturvielfalt wurde an der Nordwestseite ein etwa 200 m langer Uferabschnitt abgeflacht, das entnommene Material wurde für eine landseitige Verwallung zum Schutz vor Nährstoffeinträgen aus der angrenzenden landwirtschaftlichen Fläche genutzt. Der sandig kiesige Flachwasserbereich geht landwärts in trockenere Standorte auf der Verwallung über. Ferner wurde ein aus nordwestlicher Richtung zufließendes kleines Niederungsfließgewässer über einen Graben nach dessen Entschlammung mit dem Altwasser verbunden.

Abbildung 5.18: Alte Elbe bei Klieken (Abschnitt A) nach der Entschlammung (Foto: C. Kunz)

Abschnitt B

Der zweite Abschnitt (9,4 ha) wurde zu etwa einem Drittel entschlammt, die restliche Fläche wurde zum Erhalt einer gut ausgeprägten Schwimmblattvegetation von dieser Maßnahme ausgenommen. 23.000 m³ Schlamm wurden ausgebaggert und, wie das Material aus Abschnitt A, auf ein Spülfeld verbracht. Ein benachbartes Angelgewässer im Süden wurde durch die Aktivierung eines Grabens an das Altwasser angeschlossen.

Abschnitt C

Ca. 21.000 m³ Schlamm wurden aus dem Abschnitt C entnommen. Dieser Abschnitt war durch die Abwassereinleitungen besonders stark betroffen. Der Schlamm war stark mit Kupfer belastet – ein Resultat der Behandlung von Rinderklauen mit kupferhaltigen Mitteln.

In der Summe wurde bei der Schaffung der Freiwasserflächen ein Schlammvolumen von etwa 200.000 m³ entnommen und auf ein Spülfeld verbracht. Dieses sollte nach den Planungen bewaldet werden, die natürliche Sukzession kam diesem Vorhaben zuvor, Pioniergesellschaften siedelten innerhalb kürzester Zeit auf der Fläche.

Abschnitt D

Der Abschnitt D (Abb.5.19) wurde weitestgehend im Terminalstadium belassen, in den Uferbereichen finden sich zurzeit sehr artenreiche Makrophytenbestände, die einer Vielzahl von Wirbellosen- und Vogelarten Lebensraum bieten.

Abbildung 5.19: Alte Elbe bei Klieken (Abschnitt D) – artenreiche Makrophytenbestände im frühen Terminalstadium (Foto: C. Kunz)

Ergebnisse

Im Vergleich der Parameter vor und nach den Maßnahmen (Tab.5.4) zeigt sich der Erfolg der Sanierung (Untersuchungen der Autoren, unveröffentlicht).

Tabelle 5.4: Vergleich der Untersuchungen der Alten Elbe Klieken vor und nach der Maßnahmendurchführung

Parameter	Alte Elbe Klieken 1998	Alte Elbe Klieken 2007
Gesamtphosphor PO_4-P [mg/m³] im Wasser	2241	151
Gewässerstruktur mod. nach LAWA 2000 (Kunz 2007)	5 (4,6) – stark verändert	4 (3,5) – deutlich verändert
Makroinvertebratenuntersuchungen		
Artenzahl	41	137
Anteil Leitarten Optimalphase [%]	48	80
Sørensen-Index (Vergleich mit dem Leitbild Optimalphase) [%]	13	65
Diversitäts-Index (Shannon-Wiener)	3,2	4,6
Naturschutzindex (Kaule)	7 (regional bedeutsam)	8 (überregional bedeutsam)

Die Reduzierung des Gesamtphosphorgehaltes um den Faktor 15 und die Erhöhung der Artenzahl (Makroinvertebraten) um den Faktor 3 sprechen für sich. Dem Leitbild der

Optimalphase ist man durch die Sanierung sehr nahe gekommen, was durch den Sørensen-Index verdeutlicht wird.

Allerdings wurde auch festgestellt, dass vor allem die hohe Diversität der Flora in den Uferbereichen zur Erhöhung der Makroinvertebratenzahl beigetragen hat. In den Freiwasserflächen und deren sandiger bis kiesiger Sohle konnten nur wenige Arten nachgewiesen werden. Die Totalentschlammung scheint ein Grund für die langsame Besiedelung der Sohle zu sein.

Die Gewässerstruktur hat sich scheinbar nur unwesentlich verbessert, von **stark verändert** zu **deutlich verändert**. Schadstrukturen sind weiterhin vorhanden, es fehlen in weiten Bereichen Schonstreifen, das Gewässer ist durch Schüttdämme segmentiert und eine Korrespondenz zwischen Altgewässer und Elbe ist auf Grund der Lage außerhalb der hochwasserwirksamen Aue noch immer nicht gegeben. Insgesamt sind die Maßnahmen jedoch aus Sicht des Naturschutzes als erfolgreich zu bewerten.

5.3.3 Die Dornburger Alte Elbe bei Magdeburg

Gegenwärtig bereiten die Autoren und weitere Mitglieder einer Arbeitsgruppe die Sanierung und Revitalisierung der Dornburger Alten Elbe südöstlich von Magdeburg vor.

Die Dornburger Alte Elbe (Abbildung 5.20) ist geprägt von einem größtenteils intensiv landwirtschaftlich genutzten Umland. Dies führte von der Vergangenheit bis heute zu großen Nährstoffeinträgen. Durch diesen Umstand wird das Sediment von starken Schlammablagerungen dominiert, die emersen und submersen Makrophyten, insbesondere Schilf, Rohrkolben und Raues Hornblatt entwickeln große Biomassen und beschleunigen die Verlandung des Gewässers. Diese hatte zur Folge, dass neben der Unterbrechung der ökologischen Durchgängigkeit durch Schüttdämme weitere erhebliche Diskontinuitäten, z. B. der vermehrte Rückhalt von Sediment, im Wasserkörper entstanden sind. Große Freiwasserflächen schrumpfen und verschwinden immer schneller.

Das größte Problem für das Altwasser ist die Entkopplung. Der aus Hochwasserschutzgründen erfolgte Bau des Pretziener Wehres (Abbildung 5.21) (1871-1875), des Umflutkanals und der dazugehörigen Deiche nahmen dem Altwasser die direkte Verbindung mit der Elbe und verlagerten damit 15 km von 24 km, also gut 60 % der Strecke, in eine entkoppelte Aue.

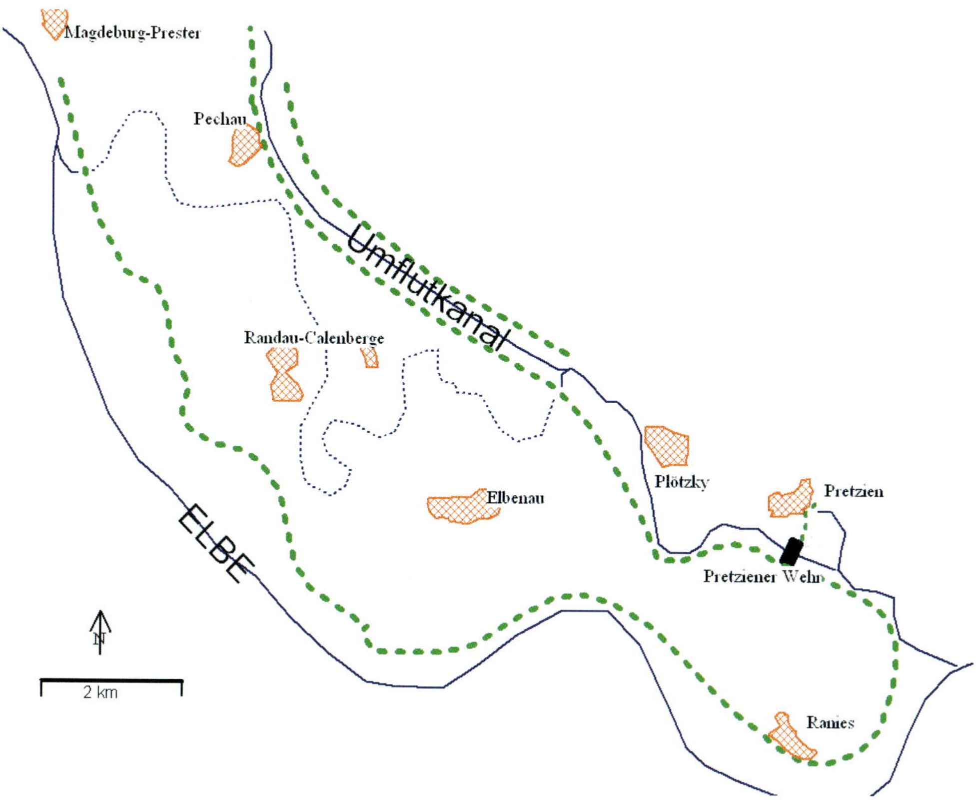

Abbildung 5.20: Dornburger Alte Elbe bei Magdeburg – blau gestrichelt der entkoppelte Abschnitt zwischen Umflutkanal und Hochwasserschutzdeich der Elbe

Mehrere Faktoren beeinträchtigen das Altwasser, vor allem die fehlende natürliche Wassereinleitung aus der Elbe. Ein weiterer Wasserverlust resultiert aus der pflanzenbedingten Verdunstung in den wärmeren Monaten (Dzimbowski und Stephan 2001). Zusätzlich geht Wasser über eine Öffnung im Deich zum Umflutkanal verloren. Dieses Siel bei Pechau wird zur Gewährleistung der Funktionsfähigkeit des Umflutkanales bei Hochwasserereignissen und geöffnetem Pretziener Wehr geschlossen und zur Senkung des Grundwasserspiegels zur problemlosen landwirtschaftlichen Nutzung der Flächen geöffnet, so dass die Alte Elbe im Hochwasserfall die natürlichen Überflutungen nicht erfährt und im Extremfall bis auf Sohlhöhe des Siels (43,64 m ü.NN) entwässert wird. Es ist zweckmäßig, die für die Landwirtschaft nötige Melioration auf ein Mindestmaß zu begrenzen.

Abbildung 5.21: Das Pretziener Wehr als Teil des Hochwasserschutzsystems Pretziener Wehr – Umflutkanal (Foto: C. Kunz)

Eine zusätzliche Entwässerung erfolgt durch die wasserbaulichen Maßnahmen in der Elbe. Der Bau von Buhnen erhöht die Geschwindigkeit des Wassers im Stromstrich und damit die Erosionskraft. Auf diese Weise hat sich die Elbe im Untersuchungsgebiet innerhalb der letzten 100 Jahre um etwa 1,5 m eingetieft.

Die fehlende Durchströmung macht sich besonders in der Quantität des organischen Sedimentes bemerkbar. Ein Schlammvolumen von etwa 540.000 m^3 auf 15 km und Schlammmächtigkeiten von bis zu 3 m lassen den Verlandungsgrad erahnen. Der Abschnitt innerhalb des Hochwasserschutzsystems Pretziener Wehr – Umflutkanal ist hingegen von Freiwasserflächen über sandig-kiesigem Grund geprägt.

Zusammenfassend gründen die Probleme auf folgenden Sachverhalten:

- Entkopplung,
- fehlende Wasserzufuhr,
- Entwässerung durch ein Siel und durch die Eintiefung der Elbe,
- intensive landwirtschaftliche Nutzung bei fehlenden Schonstreifen,
- Störung der ökologischen Durchgängigkeit durch Verlandungserscheinungen und Schüttdämme.

Aus den Untersuchungsergebnissen ergaben sich Lösungsbausteine für die Revitalisierung des Altwassers:

- Die hydrologische und hydraulische Situation wird verbessert, wenn:
    - der Umflutkanal zur Ermöglichung einer Wasserzufuhr in die entkoppelte Aue eine Durchörterung erhält,
    - das Pechauer Siel geschlossen bleibt,
    - der Hochwasserschutzdeich zwischen Alter Elbe und Elbe an der ehemaligen Mündung des Altwassers ebenfalls ein Sielbauwerk zur Entwässerung erhält.

→Auf diese Weise entsteht ein hydraulisch/hydrologisches System, dass die ursprüngliche Wirkung der Alten Elbe in der Aue wieder herstellen soll. Im Hochwasserfall kann bis zu einem bestimmten Pegel das Gewässerbett geflutet und durchströmt werden. In Niedrigwasserzeiten dient der Wasserrückhalt der Landwirtschaft und speist über den Grundwasserleiter gleichzeitig die Elbe.

- Große Teile der organischen Sedimentes werden entnommen, damit:
  - sich die Wassertiefe erhöht,
  - Freiwasserflächen dominieren und
  - das Selbsteutrophierungspotenzial entschärft wird.
  - Material auf Spülfelder verbracht und als Grundlage für die Neuentstehung von Auenwald im Umfeld dienen kann.
- Schonstreifen zwischen landwirtschaftlichen Nutzflächen und Altwasser werden geschaffen:
  - Die Schonstreifen minimieren die Winderosion → Die Nährstoffe verbleiben auf den Nutzflächen und das Gewässer erhält einen Schutz vor Eutrophierung.
  - Die Auwaldreste im Norden und Südosten des Altwassers werden ökologisch vernetzt.

Mögliche Verbesserung der wasserwirtschaftlichen Gesamtsituation der Dornburger Alten Elbe bei Magdeburg

Der entkoppelte Bereich der Dornburger Alten Elbe bei Magdeburg und das dazugehörige Umland werden durch den Deich des Umflutkanales im Osten und durch den Hochwasserschutzdeich der Elbe im Westen begrenzt (Abbildung 5.22). Einlaufbauwerke bestehen nicht, die Öffnung im Deich südlich von Pechau, das Pechauer Siel, dient der Entwässerung. Der Grundwasserstrom verläuft in einem Winkel von etwa 45° zur Elbe in deren Richtung, d.h. das Altwasser in der entkoppelten Aue wird von Grundwasser aus südöstlicher in nordwestliche Richtung durchströmt. Die Vertiefung der Elbe beschleunigt Hochwasserabflüsse, Grundwasserneubildung durch Überschwemmungen ist zumindest bei jährlichen Hochwässern zu vernachlässigen.

Die Retentionswirkung des natürlichen Polders Dornburger Alte Elbe ist stark gestört, eine oberirdische Polderflutung kann auf Grund des Deichsystems nicht stattfinden. Im entkoppelten Bereich, vor allem im Gebiet der Ortschaft Pechau, treten immer wieder hohe Grundwasserstände auf. Problematisch wird das vor allem dann, wenn der Fluss Ehle im Umflutkanal viel Wasser führt und eine Entwässerung des entkoppelten Bereiches in den Umflutkanal über das bestehende Siel nicht möglich ist. Daraus resultieren an der Alten Elbe die abwechselnden Phänomene von erheblichem Wassermangel und erheblichem Wasserüberangebot. Die Schlussfolgerung wäre demnach eine Speicherbewirtschaftung der Dornburger Alten Elbe in der entkoppelten Aue zwischen Haberlanddamm und dem NSG Kreuzhorst.

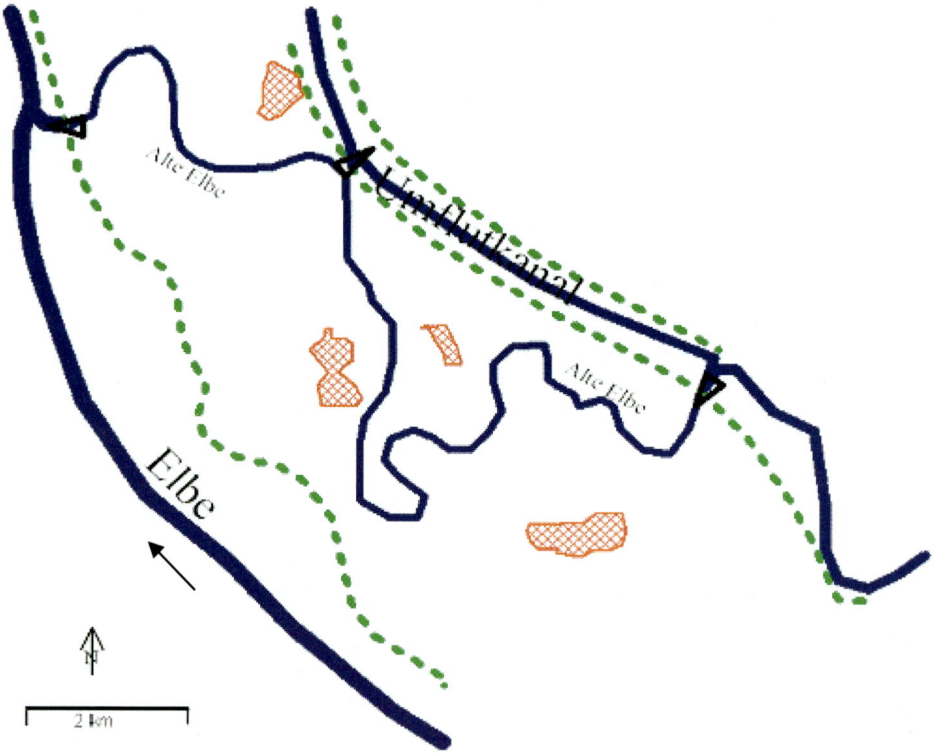

Abbildung 5.22: Schematische Darstellung der Gewässer und Bauwerke im Bereich der Dornburger Alten Elbe. Die Dreiecke zeigen die Entwässerungs- und Bewässerungsrichtung an bestehenden (rechts oben) und möglichen Bauwerken (rechts unten und links oben).

Dazu ist eine Ergänzung des bestehenden Systems aus Deichen und Pechauer Siel durch weitere Bauwerke zur Be- und Entwässerung notwendig. Eine Wasserzufuhr wäre bei bestimmten Wasserständen über den Haberlanddamm möglich; eine Entwässerung in die Elbe bei hohen Grundwasserständen im Bereich Pechau ist durch ein Bauwerk im Hochwasserschutzdeich in der Magdeburger Kreuzhorst denkbar. Neben dem Pechauer Siel entwässert ein weiteres Sielbauwerk die Fläche in den Umflutkanal, das Siel bei Zipkeleben, nördlich Pechau. Jedoch ist die Entwässerungsfähigkeit umstritten, da es vor allem Probleme mit hohen Grundwasserständen gibt, wenn im Umflutkanal ebenfalls hohe Wasserstände durch Öffnung des Pretziener Wehres oder durch höhere Abflüsse in der Ehle herrschen. Die Entwässerung funktioniert am besten in Richtung Elbe, da der Grundwasserstrom ebenfalls in diese Richtung fließt. Das Hauptproblem ist die unterbrochene Entwässerungswirkung der Dornburger Alten Elbe durch den Hochwasserschutzdeich zur Elbe im NSG Kreuzhorst. Es gibt verschieden denkbare hydrologische Szenarien im Gebiet:

1. Die Elbe führt Hochwasser, der Umflutkanal wird zur Entlastung der Deiche im Bereich Magdeburg und Schönebeck geflutet. Der entkoppelte Bereich kann in keine Richtung entwässert werden, da die Wasserstände in Umflutkanal und Elbe bedeutend höher sind.

2. Die Elbe führt Hochwasser, der Umflutkanal muss nicht zur Entlastung genutzt werden. Eine Entwässerung in Richtung Umflutkanal, z.B. durch das Pechauer Siel ist möglich.
3. Die Grundwasserstände sind hoch, die Ehle führt viel Wasser, eine Entwässerung ist nur in Richtung Elbe möglich.
4. Die Elbe führt Niedrigwasser, die Grundwasserstände sind ebenfalls gering. Entwässerung ist nicht nötig und vor allem mangels Wasser nicht möglich oder sinnvoll.

Bewirtschaftungen müssen sich nach den möglichen Szenarien richten:

1. Ist der Hochwasserfall in der Elbe vorüber, erfolgt derzeit über das Pechauer Siel eine Entwässerung.
2. Ist die Entwässerung in Richtung Umflutkanal nicht möglich, sollte die Entwässerung dem Grundwasserstrom in Richtung Elbe folgen → ein Sielbauwerk am Hochwasserschutzdeich NSG Kreuzhorst müsste gebaut werden und bis auf einen zu definierenden Wasserstand die Alte Elbe und damit den Grundwasserleiter zu entwässern.
3. Um einem Niedrigwasserstand im Altwasser und Grundwasser in regenarmen Perioden entgegenzuwirken, sollte darüber nachgedacht werden, die Alte Elbe nicht ganzjährig zu entwässern, sondern über ein Einlaufbauwerk am Haberlanddamm Wasser in die entkoppelte Aue zu leiten und dort zurückzuhalten.

Diese Szenarien dienen dazu, nicht nur das Altwasser an sich, sondern den gesamten Auenbereich zu revitalisieren. Der Verlust von Überflutungsauen durch den Hochwasserschutz an der Elbe könnte so technisch zu einem kleinen Teil rückgängig gemacht werden. Grundwasserschwankungen würden minimiert, Niedrigwasserstände in der Elbe würden erhöht. Eine vollständige Kompensation der hydraulischen und hydrologischen anthropogenen Veränderungen der Elbe kann auf diese Weise nicht erreicht werden, jedoch besteht die Möglichkeit, diese Maßnahmen auf andere Abschnitte der Elbe zu übertragen und somit einen aktiven Beitrag zur Verbesserung der ökologischen, hydrologischen und auch klimatischen Situation im Einzugsgebiet der Elbe zu leisten. Mit Sicherheit ergeben sich auch Vorteile für die Landwirtschaft, die Möglichkeit der natürlichen Grundwassermelioration über das Altwasser wäre gewährleistet, zu niedrige Grundwasserstände und damit Ernteausfälle könnten minimiert werden.

6 Ausblick

Volker Lüderitz

Das Ursachengefüge für die Beeinträchtigung von Altwässern wird auch mittel- und langfristig Bestand haben. Auch wenn beispielsweise die Elbe als natürliches Gewässer eingestuft wurde, das bis 2027 den Guten Ökologischen Zustand im Sinne der WRRL erreichen soll, bleibt sie sowohl eine Bundeswasserstraße als auch ein Gewässer in einer überwiegend intensiv genutzten Kulturlandschaft.

Die Fixierung des Strombetts durch Buhnen und Leitwerke, die Voraussetzung für die Großschifffahrt und die intensive Auennutzung ist, wirkt sich dabei in mehrfacher Hinsicht problematisch auf die Altwässer aus:

- Durch das Verhindern des Mäanderns können keine neuen Altarme entstehen (vgl. Kap. 2).
- Durch die ausbaubedingte Eintiefung des Flusses (Sohlerosion) werden vorhandene Altarme (Parapotamal) immer weniger und seltener durchströmt. Systematische Untersuchungen an 40 Altarmen der Elbe zwischen Aken (Elbe-km 282) und Schnackenburg (Elbe-km 473) ergaben, dass bei Niedrigwasser lediglich 12 von 40 Altarmen an den Hauptstrom angebunden sind (Brümmer 2002). Diese schleichende Verlandung der Altarmmündungen schränkt die Erreichbarkeit der Altarme durch Fische ein, ihre Funktion als Laich- und Winterhabitate geht damit verloren (Scholz et al. 2005).
- Die Eintiefung des Flusses führt verzögert auch zu sinkenden Grundwasserständen und damit zur Absenkung des Wasserspiegels in den entkoppelten Altwässern (Paläopotamal).

Um den Prozess der Verlandung von Altarmen umzukehren, zumindest aber zu verlangsamen, wurden in den letzten 20 Jahren 13 Altwässer der aktiven Aue in Sachsen-Anhalt wieder an die Elbe angebunden, oft in Kombination mit weiteren Maßnahmen (Engemann u. Jäger 2001). Was bei diesen Maßnahmen jedoch meist weitgehend fehlte, war eine ökologische wie auch hydrologisch-morphologische Erfolgskontrolle. Warum bei derartigen Revitalisierungsprojekten eine wissenschaftliche Begleitung nicht oder nur auf Sparflamme erfolgt, ist aus Sicht der heutigen Renaturierungsökologie nicht nachzuvollziehen (Zerbe u. Wiegleb 2008). Ein solches vorbereitendes, begleitendes und auswertendes Monitoring ist nicht nur zur Vergrößerung des Erfahrungsschatzes und damit zur Vermeidung künftiger Fehler und Unzulänglichkeiten nötig. Vielmehr muss künftig im Einzelfall abgewogen werden, ob ein permanenter Anschluss des Altarmes an den Hauptstrom, der auenökologisch immer sinnvoll ist, auch unter gewässerökologischen Gesichtspunkten befürwortet werden kann. So gibt es z. B. in der Elbe gegenwärtig die verstärkte Tendenz der Ausbreitung von invasiven Neozoen (z. B. Höckerflohkrebs *Dikerogammarus villosus*), die die heimische Makroinvertebratenfauna stark zurückdrängen (Koop 2008). Dieser wahrscheinlich klimatisch bedingte Effekt kann im Fall eines Wiederanschlusses an den Altarm weitergegeben werden; beherbergt dieser Arm also reiche und schützenswerte Altgewässer-Lebensgemeinschaften, ist die Sinnhaftigkeit und Naturschutzverträglichkeit der Maßnahme zu überprüfen.

Für alle Altwässer in der fossilen Aue und auch für die paläopotamalen Altwässer in der aktiven Aue kommt ein Anschluss an den Strom hingegen nicht infrage. Letztere sind nur bei Hochwasser an den Fluss angebunden, erstere nur verzögert über das Grundwasser (Qualmwasser), so dass alle eigentlichen Altwässer (fast) ganzjährig als Stillgewässer zu charakterisieren sind. Ihre Sanierung und Revitalisierung ist nur mit erheblichen finanziellen und technischen Mitteln und damit nur im Rahmen von Großprojekten möglich (vgl. Kap. 5). Um auch langfristig ein Nebeneinander von Auengewässern in ihren unterschiedlichen Entwicklungsphasen zu ermöglichen, ist neben und nach der Sanierung ein aktives Management, sprich eine nachhaltige Nutzung und Unterhaltung dieser Gewässer unabdingbar (Scholz et al. 2005).

Da Hunderte von Altwässern allein an der Elbe existieren, ist an die Sanierung all dieser Gewässer allerdings nicht zu denken. Weil zudem nur ein geringer Prozentsatz bisher überhaupt untersucht wurde, besteht in allen Flusseinzugsgebieten in den nächsten Jahren die Aufgabe also darin, die Datenlage zumindest soweit zu verbessern, dass Prioritäten für Sanierungsprojekte gesetzt und abgearbeitet werden können, bevor diese wertvollen Lebensräume und Landschaftselemente in vielen Regionen vollständig verschwunden sind. Die Prioritätensetzung muss dabei nach den Kriterien

- Ökologische Ausstattung,
- Schutzwürdigkeit,
- Wiederbesiedelungspotenzial,
- Restriktionen,
- möglichst geographische Ausgewogenheit,
- langfristige Entwicklungsprognose nach der Sanierung und
- Nutzen-Kosten-Verhältnis

erfolgen.

Bisher sind die weitaus meisten Altwasserrevitalisierungsmaßnahmen an der Elbe und hier besonders im Bereich der Mittleren Elbe durchgeführt worden, somit kann von geographischer Ausgewogenheit noch keine Rede sein.

Neue Chancen für die Altwassersanierung und – entwicklung ergeben sich seit einigen Jahren durch eine verstärkte Orientierung auf den ökologischen Hochwasserschutz. Die Erfahrung, dass technische Maßnahmen in der Hochwasservorsorge allein nicht ausreichen, hat dazu geführt, dass nachhaltige Schutzkonzepte die Wiedergewinnung von Retentionsflächen als ein wesentliches Element enthalten. An der Elbe betreffen die Vorschläge der Internationalen Kommission zum Schutz der Elbe (IKSE 2003) insgesamt eine Fläche von 2685 ha. Dabei entfallen auf Sachsen 350 ha und auf Brandenburg insgesamt 775 ha. In Niedersachsen wurden 100 ha für Deichrückverlegungen vorgesehen. Wesentlich weitergehende Vorschläge finden sich bei Jährling (1998) sowie Zielaskowski (2003).

Deichrückverlegungsprojekte können und sollen nicht ausschließlich dem Hochwasserschutz, sondern auch der Auenredynamisierung insgesamt dienen. Sie bieten die Möglichkeit sowohl für den dauerhaften Wiederanschluss von noch vorhandenen Altarmen, für den temporären Anschluss von Altwässern und für die Neuschaffung von altwasserähnlichen Strukturen unterschiedlicher Tiefe und Morphologie.

Bei *Lenzen* in Brandenburg wurde ein derartiges Rückdeichungsprojekt mit einem Finanzvolumen von 11,5 Mio. € bereits realisiert, durch die Rückverlegung eines Deiches über eine

Länge von 7 km wurden 420 ha neue Überflutungsfläche geschaffen (Abb. 6. 1). Die Wirksamkeit dieser Maßnahme ist im Hochwasserfall räumlich begrenzt, sie führt zur lokalen Senkung des Hochwasserspiegels um 30 bis 35 cm, über eine Fließstrecke von 25 km werden die Hochwasserspitzen allerdings nur um 5 cm gesenkt. Für die Auenökologie bedeutend ist allerdings die Schaffung von fünf altwasserähnlichen Strukturen, deren potenzielle Habitatwirkung angesichts des Mangels an Altarmen und –wässern an der Unteren Mittelelbe kaum überschätzt werden kann. Ein komplexes Monitoring wird Aufschluss darüber geben, inwiefern sich in diesen zunächst künstlichen Gewässern altwasserähnliche Biozönosen entwickeln.

Abbildung 6. 1: Deichrückverlegung an der Unteren Mittelelbe bei Lenzen; erkennbar sind die neugeschaffenen altwasserähnlichen Strukturen (Foto: C. Damm)

Neben der praktischen Weiterführung von Revitalisierungsmaßnahmen bedarf auch die Bewertungsmethodik einer weiteren Entwicklung. Ganz offensichtlich ist dies im Fall der Fische, über die die altwasserbezogene Datenlage noch so dünn ist, dass sie für die Erarbeitung einer spezifischen Bewertungsmethode nicht ausreicht.

Obwohl das in Kap. 4 vorgestellte komplexe Bewertungssystem den Gesamtzustand der Gewässer und auch ggf. Sanierungserfolge ansonsten gut beschreibt, darf nicht außer acht gelassen werden, dass es bisher nur an Altwässern der (Mittleren) Elbe und zudem auch nur an relativ wenigen davon entwickelt und getestet wurde. Zumindest hinsichtlich der Referenzbiozönosen wird es an anderen Flüssen und Strömen, aber auch an der Ober- und der Unterelbe, erhebliche Anpassungen geben müssen. Sinnvoll sind solche Weiterentwicklungen und Anpassungen allerdings wiederum hauptsächlich im Kontext komplexer Projekte, die sowohl die wissenschaftlichen als auch die praktischen Dimensionen berücksichtigen.

Zerbe u. Wiegleb (2008) formulieren zudem – über das Problem der Bewertung hinaus – komplexe Forschungsfragen der Renaturierungsökologie. Angewandt auf die Altwässer, stellen sich diese Fragen wie folgt dar:

- Zur Schließung von Kenntnislücken bzgl. langfristiger ökologischer Entwicklungsprozesse müssen an Altwässern unterschiedlicher Entwicklungsstadien, insbesondere auch an revitalisierten Gewässern, Dauerbeobachtungsflächen eingerichtet werden. Nur eine langfristige Beobachtung nicht nur einzelner Artengruppen ermöglicht eine Absicherung von Prognosen hinsichtlich der Wirksamkeit von Revitalisierungsmaßnahmen. Bisher existieren Dauerbeobachtungsflächen an Altwässern kaum.
- Im sozioökonomischen Kontext besteht Untersuchungsbedarf zur Akzeptanz und Reflexion von Revitalisierungsprojekten in der Gesellschaft. Altwasserrevitalisierungen sind zumeist Großprojekte, die erst nach einem umfassenden Verfahren mit Öffentlichkeitsbeteiligung zu realisieren sind, da zahlreiche Eigentümer, Nutzer und Anlieger betroffen sein können. Sind deren Interessen und Nutzungsansprüche klar identifiziert und einbezogen, verbessern sich die Chancen auf erfolgreiche Umsetzung des Vorhabens beträchtlich.
- Häufig werden Aufwertungs- und Revitalisierungsmaßnahmen an Altwässern nach dem *trial and error* –Prinzip durchgeführt. Die Rolle der Wissenschaft in Renaturierungsprojekten ist heftig umstritten, denn zweifellos hat es schon zahlreiche Projekte gegeben, die allein durch die „Weisheit“ der Natur zum Erfolg geführt wurden, während andere, streng wissenschaftlich vorbereitete Vorhaben gescheitert sind. Die daraus abgeleite Erkenntnis, dass Natur nur in sehr beschränktem Maße planbar ist und überraschende Effekte bzw. Entwicklungen immer auftreten (können), spricht aber nicht gegen die theoretische Untersetzung von Renaturierungsstrategien v a. im größeren räumlichen Maßstab z. B. von Flusseinzugsgebieten, sondern macht ökologische Sanierung und Revitalisierung zusätzlich interessant und herausfordernd.

Literaturverzeichnis

ABl. EG Nr. L 305/42 (vom 08.11.1997): Richtlinie 92/43/EWG des Rates vom 21. Mai 1992 zur Erhaltung der natürlichen Lebensräume sowie der wildlebenden Tiere und Pflanzen (FFH-Richtlinie) (ABl. EG Nr. L 206/7 vom 22.7.92), geändert durch Richtlinie 97/62/EG des Rates vom 27.10.1997

ABl. EG Nr. L 103 (vom 25.04.1979): Richtlinie 79/409/EWG des Rates vom 2. April 1979 über die Erhaltung der wildlebenden Vogelarten (Vogelschutzrichtlinie), in der konsolidierten Fassung des Amtes für amtliche Veröffentlichungen der Europäischen Gemeinschaften CONSLEG: 1979L0409 – 05/06/2003. http://www.europa.eu.int/eur-lex/ de/ consleg/ pdf/1979/de_1979L0409_do_001.pdf

Amros, C., Roux, A. L., Reygrobellet, J. L., Bravard, J. P., Paurou, G..:(1987) : „A method for applied ecological studies of fluvial hydrosystems”. Regulated Rivers: Resarch and Management 1: 17 – 36

Bach, M.:(2000): „Gewässerrandstreifen - Aufgaben und Pflege“. In: Konold, W., Böcker, R., Hampicke, U. (Hrsg): „Handbuch Naturschutz und Landschaftspflege“. XIII-7.15.1

Barth, U., Gregor, T., Niederbichler, C., Pusch, J., Wagner, A., Wagner, I. (2000): „Zur Bedeutung extensiv beweideter Nassstandorte für hochgradig bestandsbedrohte Blütenpflanzen und Moose“. Natur und Landschaft 75: 292-300

Bauernfeind, E., Humpesch, U.H. (2001): Die Eintagsfliegen Zentraleuropas (Insecta: Ephemeroptera): Bestimmung und Ökologie. Verlag des Naturhistorischen Museums Wien. 239 S

Baumann, N. (1985): „Ökologie und Vegetation von Altwässern – Eine Einführung mit zwei Beispielen (Mur und Raab)“.In: Gepp, J., Baumann, N., Kauch, E. P., Lazowski, W. (1985): „Auengewässer als Ökozellen“ - Grüne Reihe des Bundesministeriums für Gesundheit und Umweltschutz 4: 85-158

Bellmann, H. (2007): „Der Kosmos Libellenführer“. Franckh-Kosmos. Stuttgart

Beutler, H., K. Hielscher (2002): „Schmalbindiger Breitflügel-Tauchkäfer – *Graphoderus bilineatus* (De GEER)“. Naturschutz und Landschaftspflege in Brandenburg 11: 130

Bezzel, E. (1985): „Kompendium der Vögel Europas: Nonpasseriformes-Nichtsingvögel“. AULA-Verlag. Wiesbaden

Bezzel, E. (1995): „BLV-Handbuch Vögel“. BLV-Verlagsgesellschaft. München

Blab, J. (1986): „Biologie, Ökologie und Schutz von Amphibien“. 3. erweiterte. u. neubearb. Auflage. Schriftenreihe für Landschaftspflege und Naturschutz H. 18, Kilda-Verlag. Greven. 150 S.

Bleeker, W. (2002): „Entstehung und Etablierung hybridogener Sippen: Drei Fallbeispiele aus Nordwestdeutschland“. Schriftenreihe Neobiota 1: 205-216

BLfU (Bayerisches Landesamt für Umwelt) (2005): „Bundesweiter Test: Bewertungsverfahren ‚Makrophyten & Phytobenthos’ in Fließgewässern zur Umsetzung der WRRL“ – Endbericht November 2005. 244 S

Braukmann, U., Biss, C. (2004): „An improved method to assess acidification in German Streams by using benthic macroinvertebrates”. Limnologica 34: 433-450

Brittain, J. E., Nagell, B.(1981): „Overwintering at low oxygen concentrations in the mayfly *Leptophlebia vespertina* (Ephemeroptera)”. Oikos 36:45-50

Brock, Th.C.M., van der Velde, G..; van de Steeg, H. M. (1987): „The effects of extreme water level fluctuations on the wetland vegetation of a nymphaeid-dominated oxbow lake in The Netherlands”. Archiv für Hydrobiologie Supplement 27: 57-73

Burkhart, M., Wattenbach, M, Wichmann, M., Pötsch, J. (2003): „Die Vegetation der unteren Havelaue: Stand der Forschung und Perspektiven“. Brandenburgische Umweltberichte (BUB) 13: 53-71

Carlson, R. E. (1977): „A trophic state index for lakes”. Limnol. Oceanogr. 22: 361 – 369

Caspers, G. (1993): „Vegetationsgeschichtliche Untersuchungen zur Flußauenentwicklung an der Mittelweser im Spätglazial und Holozän“. Abh. Westf. Mus. Naturk. 55: 1-101. Münster

Correl, D. L. (2005): „Principles of planning and establishment of buffer zones”. Ecological Engineering 24: 433-439

Cristofor, S., Vadineanu, A., Sarbu, A., Postolache, C., Dobre, R., Adamescu, M. (2003): „Long-term changes of submerged macrophytes in the Lower Danube Wetland Systems”. Hydrobiologia 506–509: 625–634. Dordrecht

Dister, E. (1980): „Geobotanische Untersuchungen in der hessischen Rheinaue als Grundlage für die Naturschutzarbeit“. Diss., Georg-August Universität. Göttingen

Donabaum, K., Dokulil, M. (2001): In Dokulil M., Hamm, A., Kohl, J.-G.: „Ökologie und Schutz von Seen“. UTB Facultas

Drachenfels, O. v. (Bearb.) (1994): „Kartierschlüssel für Biotoptypen in Niedersachsen unter besonderer Berücksichtigung der nach § 28a und § 28b NNatG geschützten Biotope“. Stand September 1994. Naturschutz Landschaftspfl. Nieders. A/4: 1 - 192

DVWK Merkblatt 219/1991(1991): „Ökologische Aspekte zu Altgewässern“

Dzimbowski, A., Stephan, A. (2001): „Machbarkeitsstudie zur Revitalisierung der Alten Elbe“. Diplomarbeit HS Magdeburg-Stendal. unveröffentlicht

Ebel, G. (2006): „Erfassung und Dokumentation des aktuellen Zustandes der Fischfauna im Rahmen der Voruntersuchung zum Erprobungs- und Entwicklungsvorhaben – Revitalisierung der Alten Elbe bei Magdeburg“. Studie im Auftrag des Bund für Umwelt und Naturschutz Deutschland e. V. / Landesverband Sachsen-Anhalt, 39 S.; Halle (Saale)

Ellenberg, H. (1996): „Vegetation Mitteleuropas mit den Alpen in ökologischer, dynamischer und historischer Sicht“. 5. Aufl., 1096 S., Ulmer. Stuttgart

Enge, D. (2005): „Untersuchungen zur Landschaftspflege mit domestizierten Bovidae“. Diplomarbeit an der Hochschule für Technik und Wirtschaft Dresden. unveröffentlicht

Engelhardt, C. (2004): „Rekonstruktion natürlicher biozönotischer Referenzbedingungen in Kombination mit hydromorphologischen, hydraulischen und hydrochemischen Verhältnissen an Fließabschnitten der nordostdeutschen Tiefebene und Ermittlung von Entwicklungsmöglichkeiten“ – IGB Berlin

Engemann, R., Jäger, U.G. (2001): „Biotopschutz- und Entwicklungsmaßnahmen“. In: Landesamt für Umweltschutz Sachsen-Anhalt (Hrsg.): „Arten- und Biotopschutzprogramm Sachsen-Anhalt“. Landschaftsraum Elbe Teil 1

Europäische Union (2000): „EG-Wasserrahmenrichtlinie (EG-WRRL) - Richtlinie 2000/60/EG des Europäischen Parlaments und des Rates vom 23.Oktober 2000 zur Schaffung eines Ordnungsrahmens für Maßnahmen der Gemeinschaft im Bereich der Wasserpolitik“. In: Amtsblatt der Europäischen Gemeinschaft L 327/1 22.12.2000

Falkner, G. (1990): „Binnenmollusken“. In: Fechter, R., Falkner G.: „Weichtiere. Steinbachs Naturführer“. Mosaik-Verlag München

Feld, C.K., Rödiger, S., Sommerhäuser, M., Friedrich, G. (2005): „Die wissenschaftliche Begleitung der Entwicklung biologischer Bewertungsverfahren – KoBio. Typologie, Bewertung, Management von Oberflächengewässern“. Limnologie aktuell 11: 1-8

Feuerstein, B., Kunz, C. (2008): „Untersuchung der organischen Sedimente im Rahmen des Projektes: Revitalisierung der Dornburger Alten Elbe bei Magdeburg“. BfN E+E-Vorhaben Enbericht. unveröffentlicht

Frank, D., Billetoft, B., Jäger, U., Meysel, F., Reißmann, K., Schuboth, J., Schnitter, P. (2007): „Beschreibung von Lebensraumtypen nach Anhang I der FFH-RL in Sachsen-Anhalt“, Naturschutz im Land Sachsen-Anhalt 44 (2):3-37

Garniel, A. (Bearb.) (2000): „Schutzkonzept für gefährdete Wasserpflanzen der Fließgewässer und Gräben Schleswig-Holsteins“. Studie im Auftrag des Landesamtes für Natur und Umwelt Schleswig-Holstein

Gerken, B., Dörfer, K. (2002): „Auenregeneration an der Oberweser“. BfN. Angewandte Landschaftsökologie Heft 46

Glöer, P., Meier-Brook, C. (2003): „Süßwassermollusken“. Dt. Jugendbund für Naturbeobachtung (Eigenverlag). 13. Auflage. Hamburg

Grünert, U., Hilt, S., Pusch, M., Gelbrecht, J. (2007): „Entwicklungspotenzial der Makrophytenvegetation in der Unteren Spree nach Renaturierungsmaßnahmen“. Naturschutz u. Landschaftspflege in Brandenburg 16: 41-47

Günther, R. (1996): „Die Amphibien und Reptilien Deutschlands“. Fischer. Jena 825 S

Haenschke, J., Haenschke, W., Karisch, T., Reichhoff, L., Spittka, B. (1997): „Der Kühnauer See bei Dessau“. Naturwissenschaftliche Beiträge des Museums Dessau. Sonderheft

Hagemann, B., Pott, R., Pust, J. (2000): „Bedeutung der Vegetation für Stillgewässer-Ökosysteme, Trophiedifferenzierung und Trophieentwicklung im Naturschutzgebiet Heiliges Meer (Kreis Steinfurt, Nordrhein-Westfalen)“. Abhandl. Westf. Museum f. Naturkunde 62, Beiheft: 173-271. Münster.

Haybach A; Malzacher P. (2003): „Verzeichnis der Eintagsfliegen (Ephemeroptera) Deutschlands“. Entomofauna Germanica 6:33-46

Hegi, G. (1975): „Illustrierte Flora von Mitteleuropa“. 2. Aufl. Band V, 2. Teil

Heise, S., Claus, E., Heininger, P., Krämer, T.; Krüger, F.; Schwartz, R. Förstner, U. (2005): „Studie zur Schadstoffbelastung der Sedimente im Elbeeinzugsgebiet“. TU Hamburg-Harburg i.A. der Hamburg Port Authority

Hellmann, H. (1999): „Lehrbuch der Hydrologie“ Bd. 2: Qualitative Hydrologie – Wasserbeschaffenheit und Stoff-Flüsse. Verlag Gebrüder Bornträger. Berlin-Stuttgart

Hendrich, L., Balke, M. (2000): Verbreitung, Habitatbindung, Gefährdung und mögliche Schutzmaßnahmen der FFH-Arten *Dytiscus latissimus* Linnaeus, 1758 (Der Breitrand) und *Graphoderus bilineatus* (DE GEER, 1774) in Deutschland (Coleoptera, Dytiscidae). Insecta 6: 98-114

Henning, E. (1986): „Bewertung des Zustandes von Seen – Eine Literaturstudie“. Landesamt für Wasserhaushalt und Küsten. Kiel

Henry, C., Amoros, C., Bornette, G.. (1996): „Species traits and recolonization processes after flood disturbances in riverine macrophytes”.Vegetatio 122: 13 – 27 Dordrecht

Hentschel, P., Lüderitz, V., Schuboth, C., Reichhoff, L. (2002): „Altwassersanierung im Biosphärenpark ‚Flusslandschaft Elbe’ am Beispiel des Kühnauer Sees“. Natur und Landschaft Heft 2, 77. Jahrgang: 57-63

Herr, W. (1984): „Vegetationskundliche Untersuchungen an Ems-Altwässern“. In: Informat. Naturschutz Landschaftspflege 4: 171-204. Hannover

Hess, M., Spitzenberg, D., Bellstedt, R., Heckes, U., Hendrich, L., Sondermann, W. (1999): „Artenbestand und Gefährdungssituation der Wasserkäfer Deutschlands“. Naturschutz und Landschaftsplanung 31: 197-210

Hilt, S., Schönefelder,I., Rudnicka, A., Carls, R., Nikolaevich, N., Sukhodolov, A., Engelhardt, C. (2007): „Reconstruction of pristine morphology, flow, nutrient conditions and submerged vegetation of lowland River Spree (Germany) from palaeomeanders”. Berichte des IGB Heft 24: 45-54

Hohmann, M. (2003): „Neue Nachweise von *Graphoderus bilineatus* (DEGEER, 1774) (Col., Dytiscidae) im östlichen Sachsen-Anhalt“. Ent. Nachr. Ber. 47 (3/4): 207

Holmen, M. (1987): *Dytiscus latissimus* – en truet vandkalv (Coleoptera: Dytiscidae). Entomologiske Meddelleser 55: 29-30.

Hütte, M. (2000): „Ökologie und Wasserbau“. Parey Buchverlag. Berlin

IKSE (2003): „Aktionsplan Hochwasserschutz Elbe“. Eigenverlag der IKSE

Ingenieurbüro Wasser und Umwelt Zerbst (1998): „Auswertung der Schlammanalysen – Alte Elbe bei Klieken“ – EU-Life-Projekt: Renaturierung von Fluss, Altwasser und Auenwald an der Mittleren Elbe – Ziel 2: Entschlammung Alte Elbe Klieken. Forschungsbericht. unveröffentlicht

Jährling, K.-H. (1993): „Auswirkungen wasserbaulicher Maßnahmen auf die Struktur der Elbauen und prognostisch mögliche ökologische Verbesserungen“. In: Umweltamt Landeshauptstadt Magdeburg (Hrsg.) (1993): 1. Landschaftstag 1993 - Die Elbaue, 63-72

Jährling, K.-H. (1998): „Rückgewinnung von Retentionsflächen und Altauenreaktivierung an der Mittleren Elbe in Sachsen-Anhalt“ – Information. Landesamt für Umweltschutz Sachsen-Anhalt Halle

Jungwirth, M., S. Schmutz, G. Haidvogel, O. Moog, S. Muhar, Schmutz, S. (2003): „Angewandet Fischökologie an Fließgewässern“. Facultas Verlag – und Buchhandels AG. Wien 547 S

Kammerad, B. (2001): „Fische und Rundmäuler (Osteichthyes et Cyclostomata)".In „Arten- und Biotopschutzprogramm Sachsen – Anhalt" Landschaftsraum Elbe. Berichte des Landesamtes für Umweltschutz Sachsen-Anhalt

Kammerad, B., Wüstemann,O., Zuppke, U. (2004): „Rote Liste der Fische und Rundmäuler (Pisces et Cyclostomata) des Landes Sachsen-Anhalt, unter Berücksichtigung der Wanderarten" – Berichte des Landesamtes für Umweltschutz Sachsen-Anhalt

Kammerad, B.; Ellermann, S., Mencke, J.; Wüstemann, O., Zuppke, U. (1997): „Die Fischfauna von Sachsen-Anhalt, Verbreitungsatlas".Ministerium für Raumordnung, Landwirtschaft und Umwelt des Landes Sachsen-Anhalt

Kaule, G. (1991): „Arten- und Biotopschutz". UTB Große Reihe. Verlag Eugen Ulmer Stuttgart

Kern, K. (1994): „Grundlagen naturnaher Gewässergestaltung: Geomorphologische Entwicklung von Fließgewässern". Springer. Berlin 1-256

Klapper, H. (1992): „Eutrophierung und Gewässerschutz". Gustav Fischer Verlag. Jena

Klausnitzer, B. (1996): Käfer in und am Wasser. Die neue Brehm-Bücherei 567. Westarp Wissenschaften. Magdeburg - in Zusammenarbeit mit Spektrum Akad. Verlag. Heidelberg

Kleikamp, M. (1996): „Vegetationsabfolgen an Altarmen des Unteren Niederrheins (Nordrhein-Westfalen)" - Dissertationes Botanicae 269. 106 S. Bornträger

Knösche, R. (2003): „Zur Phosphatrücklösung aus Augewässersedimenten unter veränderter Hochwasserdynamik". Brandenburgische Umwelt Berichte (BUB) 13: 102-113

Kohler, A. (1975): „Submerse Makrophyten und ihre Gesellschaften als Indikatoren der Gewässerbelastung". Beitr. naturk. Forsch. Südw. Dtl. 34: 149–159

Kohler, A. (1978): „Methoden der Kartierung von Flora und Vegetation von Süßwasserbiotopen". Landschaft und Stadt 10: 73-85.

Koop, J. (2008): „Die Folgen extremer wasserwirtschaftlicher Ereignisse für die Besiedelung und ökologischen Bedingungen in Bundeswasserstraßen unter besonderer Beachtung des Klimawandels". In: Jüpner, R., V. Lüderitz , Dittrich, A. (Hrsg.): Extremereignisse in der Wasserwirtschaft. Berichte des Fachgebietes Wasserbau und Wasserwirtschaft der TU Kaiserslautern. Band 19

Kopecký, K. (1966): „Ökologische Hauptunterschiede zwischen Röhrichtgesellschaften fließender und stehender Binnengewässer Mitteleuropas". Folia Geobot. Phytotax. 1: 193-242

Korte, T., Weyer, K.v. & Hering, D. (2005): Untersuchungen zur Bewertung von Fließgewässern mit Makrophyten. In: DGL Tagungsbericht 2004 Potsdam. S. 85-89

Krawczynski, R., Biel, P., Zeigert, H. (2008): „Wasserbüffel als Landschaftspfleger in Feuchtgebieten". Manuskript angenommen bei Naturschutz und Landschaftspflege (im Druck)

Kunz, C. (2007): „Die Alte Elbe bei Magdeburg – Entwicklung eines leitbildorientierten Bewertungssystems". Masterarbeit an der Hochschule Magdeburg-Stendal. unveröffentlicht

Land Sachsen-Anhalt (2004): „Rote Liste Sachsen-Anhalt". Berichte des Landesamtes für Umweltschutz (LAU) Sachsen-Anhalt Halle Heft 39

Länderarbeitsgemeinschaft Abfall (LAGA) (2004): „Anforderungen an die stoffliche Verwertung von mineralischen Abfällen"

Länderarbeitsgemeinschaft Wasser (LAWA) (1998): „Gewässerbewertung - stehende Gewässer. Vorläufige Richtlinie für die Erstbewertung von natürlichen Seen nach trophischen Kriterien", Kulturbuchverlag

Länderarbeitsgemeinschaft Wasser (LAWA) (2000 a): „Gewässerstrukturgütekartierung in der Bundesrepublik Deutschland"

Länderarbeitsgemeinschaft Wasser (LAWA) (2000 b): „Musterverordnung zur Umsetzung der Anhänge II und V der Richtlinie 2000/60/EG des Europäischen Parlaments und des Rates vom 23. Oktober 2000 zur Schaffung eines Ordnungsrahmens für Maßnahmen der Gemeinschaft im Bereich der Wasserpolitik"

Länderarbeitsgemeinschaft Wasser (LAWA) (2003): Arbeitshilfe zur Umsetzung der EG-Wasserrahmenrichtlinie. Kulturbuchverlag

Landesamt für Umweltschutz Sachsen-Anhalt (2001): „Arten- und Biotopschutz in Sachsen-Anhalt". http://www.mu.sachsen-anhalt.de/start/fachbereich04/artenschutz/files/absp-elbe_kap3.pdf

Landesamt für Umweltschutz Sachsen-Anhalt (Hrsg.) (2001): „Arten- und Biotopschutzprogramm Sachsen-Anhalt - Landschaftsraum Elbe" im Auftrag des Ministeriums für Raumordnung, Landwirtschaft und Umwelt des Landes Sachsen- Anhalt

Landesumweltamt Brandenburg (1996): „ Ausweisung von Gewässerrandstreifen" Studien und Tagungsberichte Bd. 10. Landesumweltamt Brandenburg. Potsdam

Langheinrich, U., Dorow, S., Lüderitz, V. (2002): „Schutz – und Pflegestrategien für Auenoberflächengewässer des Biosphärenreservates Mittlere Elbe". Hercynia 35: 17 – 35

LANUV-NRW 2008 (2008): „Fortschreibung des Bewertungsverfahrens für Makrophyten in Fließgewässern in Nordrhein-Westfalen gemäß den Vorgaben der EG-Wasser-Rahmen-Richtlinie". LANUV Arbeitsblatt 3: 78 S. & Anhang. Recklinghausen.

LfU BW (Landesanstalt für Umweltschutz Baden-Württemberg) (Hrsg.) (2001): „Verlandungsbereiche stehender Gewässer, Hülen und Tümpel". Biotope in Baden-Württemberg 10. 40 S

LfU BW (Landesanstalt für Umweltschutz Baden-Württemberg) (Hrsg.) (2004): „Bäche, Flüsse und Altarme" - Biotope in Baden-Württemberg 14. 48 S

Lindau, G. (1905): „Zur Geschichte der Spitznuss und des Kühnauer Sees bei Dessau: Ein Beitrag zur Landeskunde von Anhalt". Verh. Bot. Ver. Prov. Brandenburg 47: 1-19

Lorenz, A., Hering, D., Feld, C.K., Rolauffs, P. (2004): „A new method for assessing the impact of hydromorphological degradation on the macroinvertebrate fauna of five German stream types". Hydrobiologia 516: 107-127

LUA NRW (2001): „Vegetationskundliche Leitbilder und Referenzgewässer für die Ufer- und Auenvegetation der Fließgewässer von Nordrhein-Westfalen". LUA Merkblätter Nr. 32. 82 S. Essen

LUA NRW (2003): „Vegetationskundliche Leitbilder und Referenzabschnitte für die Ufer- und Auenvegetation des Rheins in Nordrhein-Westfalen“. LUA Merkblätter Nr. 40. 75 S. Essen

LUA NRW (2005): „Biozönotische Leitbilder und das höchste ökologische Potential für Rhein und Weser in Nordrhein-Westfalen“. LUA Merkblätter Nr. 49. 123 S. Essen

Lüderitz, V., Berndorff, B., Langheinrich, U., Ziegler, R., Lange, C. (1997): „Nährstoffverhältnisse, Planktonbesiedelung und Makroinvertebratenfauna im Kühnauer See“. Naturwiss. Beitr. Mus Dessau, Sonderheft: „Der Kühnauer See bei Dessau – Gebietsdarstellung zum Abschluss der Sanierung des Gewässers“

Lüderitz, V., Borchardt, D., Klapper, H., Eckert, E. (1999): „Aspekte eines zukunftsfähigen Umganges mit Wasserressourcen“. Wasser & Boden, 51/6: 40-45

Lüderitz, V., Hentschel, P., Berndt, K., Degner, Y., Weissbach, G.. (1994): „Aspekte der Gewässerökologie im Biosphärenreservat Mittlere Elbe“. Naturschutz im Land Sachsen-Anhalt 4 (2): 33 – 40

Lüderitz, V., Pütter, S., Heidecke, F., Jüpner, R. (2000): „Revitalisierung der Alten Elbe bei Magdeburg – ökologische und wasserwirtschaftliche Grundlagen“. Abh. U. Ber. F. Naturkunde Magdeburg 23: 29 – 46

Ludwig, G. et al. (1996): „Rote Liste der Moose (Anthocerophyta et Bryophyta) Deutschlands“ S. 189-306: In Ludwig, G.; Schnittler. M.: „Rote Liste der gefährdeten Pflanzen Deutschlands“. Schriftenreihe Vegetationskunde 28

Mader, H.-J. (1982): „Die Tierwelt der Obstwiesen und intensiv bewirtschafteten Obstplantagen im quantitativen Vergleich“. Natur und Landschaft 57 11: 371-377

Majecki, J., Majecka, K. (1998): „Predation of *Oligotricha striata* (Trichoptera, Phryganeidae) larvae on amphibian eggs”. Amphibia-Reptilia 19, 230-233

Malicky, H. (1973): „Trichoptera (Köcherfliegen)”. Handb. Zool. 4 (2) 2/29: 1-114

Mehner, T., Dieckmann, M., Garcia, X-F., Brämicke, U., Lemcke, R. (2005): „Möglichkeiten und Grenzen der Bewertung der ökologischen Qualität von Seen anhand der Fischfauna“. In: Feld, C. K., Rodinger, S., Sommerhäuser, M., Friedrich, G..: „Limnologie aktuell 11 ‚Typologie, Bewertung, Management von Oberflächengewässern’ – Stand der Forschung zur Umsetzung der EG-Wasserrahmenrichtlinie“: 137 – 150

Melzer, A. (1985): Indikatorwert und Ökologie makrophytischer Wasserpflanzen in bayerischen Still- und Fließgewässern. Münchner Beiträge zur Abwasser-, Fischerei- und Flussbiologie 39: 407-430

Melzer, A. (1988): „Der Makrophytenindex – Eine biologischen Methode zur Beurteilung der Nährstoffbelastung von Seen“. Habilitationsschrift TU München, 249 S

Meyer, D. (1987): „Makroskopisch-biologische Feldmethoden zu Wassergütebeurteilung von Fließgewässern“. Bund für Umwelt und Naturschutz (Eigenverlag) Hannover

Meyer, F, Buschendorf, J., Zuppke, U., Braumann, F., Schädler, M., Grosse, W. R. (2004): „Die Lurche und Kriechtiere Sachsen-Anhalts“. Bielefeld Laurenti Verlag. 239 S

Mischke, U., Behrend, H. (2007): „Handbuch zum Bewertungsverfahren von Fließgewässern mittels Phytoplankton zur Umsetzung der EU-WRRL in Deutschland“ Weißensee Verlag Berlin

Mischke, U., Riedmüller, U., Hoehn, E., Nixdorf, B. (2008): „Praxistest zur Bewertung von Seen anhand des Phytoplanktons gemäß EU-WRRL“. Endbericht zum LAWA-Projekt (O 5.05). In: Mischke, U.; Nixdorf, B. (Hrsg.): Gewässerreport (Nr. 10), BTUC-AR 2/2008. Eigenverlag BTU Cottbus 7-115

Müller, J. (1996): „Zoogeographische und ökologische Analyse der Libellenfauna (Insecta, Odonata) des Landes Sachsen-Anhalt“. Abh. und Berichte für Naturkunde. Magdeburg. 19: 3-11

Müller, N. (1991): „Verbreitung, Vergesellschaftung und Rückgang des Zwergrohrkolbens (*Typha minima* Hoppe)“. Hoppea Denkschr. Regensb. Bot. Ges. 5: 323-341

Müller-Stoll, W.R.; Fischer, W. Krausch, H.-D. (1962): „Verbreitungskarten brandenburgischer Leitpflanzen“ 4 Reihe. Wiss. Z. pädag. Hochsch. Potsdam math-naturw. Reihe, 7; Heft 1/2 95-120

MURL NRW(1999): „Richtlinie für naturnahe Unterhaltung und naturnahen Ausbau der Fließgewässer in Nordrhein-Westfalen“. 5. Aufl., 86 S Düsseldorf

Nagell, B. (1977). „Survival of Cloeon dipterum (Ephemeroptera) larvae under anoxic conditions in winter”. Oikos: 29:161-6

Nicolai, J.; Singer, D., Wothe, K. (1984): „Großer Naturführer Vögel“, Gräfe und Unzer-Verlag München

Norra, S. (2000): „Untersuchung zur Ableitung von geogenen Hintergrundwerten für die Fließgewässer in Baden-Würtemberg“. Landesamt für Umwelt und Geologie, Karlsruhe 74 S

Novak, K., Sehnal, F. (1963): „The development cycle of some species of the genus *Limnephilus* (Trichoptera)”. Casopis Ceskoslovenske Spolecnosti Entomologicke, 60, 68-80

Pardey, A. (1992): „Vegetationsentwicklung kleinflächiger Sekundärgewässer. Untersuchungen zur Flora, Vegetation und Sukzession von Kleingewässerneuanlagen unter Berücksichtigung der Standortverhältnisse in Norddeutschland“. Diss. Bot. 195, 178 S. Cramer. Berlin

Päzolt, J. (2007): „Der Makrophytenindex Brandenburg - ein Index zur Bewertung von Seen mit Makrophyten“. Naturschutz und Landschaftspflege in Brandenburg 16: 116-121.

Philipson, G. N., Moorhouse, B. H. S. (1976): „Respiratory behaviour of larvae of four species of the Family Polycentropodidae (Trichoptera)”. Freshwater Biology 6 (4) , 347-353

Plachter, H., Reich, M. (1994): „Großflächige Schutz- und Vorrangräume: eine neue Strategie des Naturschutzes in Kulturlandschaften“. Veröff. PAÖ (Projekt Angewandte Ökologie) 8: 17-43

Pott, R., Remy, D. (2000): „Ökosysteme Mitteleuropas aus geobotanischer Sicht: Gewässer des Binnenlandes“. Ulmer. Stuttgart. 250 S

Pott, R. (1995): „Die Pflanzengesellschaften Deutschlands“. 2. Aufl. Ulmer. Stuttgart. 622 S

Pottgiesser, T., Sommerhäuser, M. (2004): „Fließgewässertypologie Deutschlands: Die Gewässertypen und ihre Steckbriefe als Beitrag zur Umsetzung der EU-Wasserrahmenrichtlinie“. In: Steinberg/Calmano/Klapper/Wilken: Handbuch Angewandte Limnologie. 19. Erg. Liefg. 7/04

Reichhoff, L., Warthemann, G.. (1997): „Flora und Vegetation des Kühnauer Sees“. Naturwiss. Beitr. Mus. Dessau SH: 43-63

Reichhoff, L. (1999): „FFH-Gutachten im Rahmen eines wasserrechtlichen Planfeststellungsverfahrens“. EU-Life-Projekt: Renaturierung von Fluß, Altwasser und Auenwald an der Mittleren Elbe – Ziel 2: Entschlammung Alte Elbe Klieken

Reichhoff, L. (2003): 25 Jahre Sanierung und Restaurierung von Altwässern an der Mittleren Elbe. Naturschutz im Land Sachsen-Anhalt 40: 3-12.

Reichhoff, L., Refior, K. (1997): „Landschaftliche Entwicklung, Nutzung und Schutz des Kühnauer Sees“. Naturwiss. Beitr. Mus. Dessau SH: 12-23

Reichholf, J. H. (1988): „Feuchtgebiete. Die Ökologie europäischer Binnengewässer, Auen und Moore“. Mosaik Verlag. München

Remy, D. & Zimmermann, K. (2004): „Restitution einer extensiven Weidelandschaft im Emsland: Untersuchungsgebiete im BMBF-Projekt ‚Sandökosysteme im Binnenland“ - NNA-Berichte 1/2004: 27-38. Schneverdingen

Remy, D. (1993): „Pflanzensoziologische und standortkundliche Untersuchungen an Fließgewässern Nordwestdeutschlands“. Abhandl. Westf. Mus. Naturkunde 55 (3), 118 S. Münster

Remy, D. (2006): „Das Haseauenprojekt im Landkreis Emsland - Maßnahmenumsetzung und Begleituntersuchungen zu Erfolgskontrolle“. Informationsdienst Naturschutz Niedersachsen 2. Hannover 110-119

Remy, D. (2007): „Auenentwicklung an der Hase - Beispiel für einen guten ökologischen Zustand?“. NNA-Berichte 20/1: 57-64. Schneverdingen

Remy, D., Langheinrich, U. (2007): „Bewertung von Gräben unter Berücksichtigung ihrer Bedeutung als Ersatzstandorte in der intensiv genutzten Kulturlandschaft“. In: Magdeburger Wasserwirtschaftliche Hefte Band 8. Shaker Verlag. Aachen . 161-171

Riecken, U., Finck, P., Klein, M., Schröder, E. (1998): „Schutz und Wiedereinführung dynamischer Prozesse als Konzept des Naturschutzes“. Schr.-R. Landschaftspflege und Naturschutz 56: 7-19

Robert, B. (2007): „Systematisches Verzeichnis der Köcherfliegen (Insecta: Trichoptera) Deutschlands“, Fortschreibung 08/2007. Lauterbornia 61: 79-99

Rolauffs, P., Stubauer, I., Zahradkova, S., Brabec, K., Moog, O. (2004):): „ Integration of the saprobic System into the European Union water Framework Directive”. Hydrobiologia 516: 285-298

Rösler, M. (1992): „Erhaltung und Förderung von Streuobstwiesen“. Modellstudie am Beispiel der Gemeinde Boll. Dipl.-Arbeit. In: Gemeinde Boll (Hrsg.) (1993): „Streuobstbau – Behauptungen und Realitäten“. Materialien der evang. Akademie Bad Boll

Rotter, D., Schratt-Ehrendorfer, L. (1999): „Geobotanik und Ökologie der Donaualtwässer bei Wien (Wasser- und Verlandungsvegetation)“. Stapfia 64. Linz. 208 S

Schaefer, M., Brohmer, P. (1994): „Fauna von Deutschland“. Quelle & Meyer-Verlag Heidelberg, Wiesbaden

Schaumburg, J., Schranz, C., Stelzer, D., Hofmann, G. (2007): „Verfahrensanleitung für die ökologische Bewertung von Seen zur Umsetzung der EU-Wasserrahmenrichtlinie: Makrophyten und Phytobenthos“. Bayerisches Landesamt für Umwelt

Schaumburg, J., Schranz, C., Stelzer, D., Hofmann, G., Gutowski, A., Foerster, J. (2006): „Verfahrensanleitung für die ökologische Bewertung von Fließgewässern zur Umsetzung der EU-Wasserrahmenrichtlinie: Makrophyten und Phytobenthos (Stand Januar 2006)“. Bayerisches Landesamt für Umwelt, 120 S

Schmedtje, U. (1996): „Ökologische Typisierung der aquatischen Makrofauna“ Bayerisches Landesamt für Wasserwirtschaft München.

Schmidt, C., Heinrichs, J. (1999): „Rote Liste der gefährdeten Moose (Anthocerophyta et Bryophyta) in Nordrhein-Westfalen“. 3. Fassung. Schriftenreihe der Landesanstalt für Ökologie 17: 173-224. Recklinghausen

Schmidt-Kloiber A. (1997): “Ephemeroptera of an artificial Danube backwater irrigation system in Austria”. In: Landolt, P., Sartori, M. (eds.): Ephemeroptera & Plecoptera: Biology - Ecology - Systematics. 152-156. MTL Fribourg

Schneider, S. (2000): „Entwicklung eines Makrophytenindex zur Trophieindikation in Fließgewässern“ Dissertation an der TU München, Shaker Verlag

Schoenemund, E. (1930): „Eintagsfliegen oder Ephemeroptera“. In: Dahl, M., Bischoff, H. (eds): Die Tierwelt Deutschlands und der angrenzenden Meeresteile nach ihren Merkmalen und nach ihrer Lebensweise 19: 1-106. G. Fischer. Jena

Scholz, M., Stab, S., Dziock, F., Henle, K. (2005): „Lebensräume der Elbe und ihrer Aue. Konzepte für die nachhaltige Entwicklung einer Flusslandschaft“ Bd. 4. Weißensee-Verlag, Berlin

Schreiber, K.-F. (1994): „Auenrevitalisierung in Mitteleuropa aus landschaftsökologischer Sicht“ In :„Revitalisierung einer Flusslandschaft“ – Deutsche Bundesstiftung Umwelt

Schröder, W., Römisch, K. (2001): „Gewässerregelung, Binnenverkehrswasserbau“. Werner Verlag. Düsseldorf

Schwab, A. & Kiehl, K. (2007): „Vegetationsökologische Untersuchungen als Basis für die Entwicklung naturschutzfachlicher Konzepte zum Umgang mit Altwässern am Beispiel der Amper (Oberbayern)“. Tuexenia 27: 221 - 240

Schwarzer, A., Schäfer, A. (1993): „Wasserpflanzen in Auegewässern des Mittleren Oberrheins - Empirische und statistische Interpretationsmöglichkeiten ihrer Verbreitungsmuster“. Deutsche Gesellschaft für Limnologie Jahrestagung 1993, S.273-277

Seibert, P. (1962): „Die Auenvegetation an der Isar nördlich von München in ihre Beeinflussung durch den Menschen“ - Landschaftspflege und Vegetationskunde 3, München

Siedentopf, Y. (2005): „Checkliste der Stromtalpflanzen Deutschlands“. 19 S. - http://www.digibib.tu-bs.de/?docid=00001655

Sommer, M. (2006): „Ergebnisse der Strukturgütekartierung der Elbe“. In: Tagungsband 12 Magdeburger Gewässerschutzseminar Cesky Krumlov. 36-37

Ssymank, A., Hauke, U., Rückriem, C., Schröder, E. (1998): „Das europäische Schutzgebietssystem NATURA 2000“. BfN-Handbuch zur Umsetzung der Fauna-Flora-Habitat-Richtlinie (92/43/EWG) und der Vogelschutz-Richtlinie (79/409/EWG). Schr.-R. Landschaftspflege und Naturschutz 53

Starmann, L. (1987): „Die Flora und Vegetation der Altwässer im unteren Hasetal“. Osnabrücker naturwiss. Mitt. 13: 95-142. Osnabrück

Steinborn, G. (1988): „Wasserspitzmaus – Neomys fodiens (Pennant, 1771)“. In: Schröpfer, R., Feldmann, R., Vierhaus, H.: „Die Säugetiere Westfalens“. Abh. Westf. Mus, Naturk. 46 (4): 65-58. Münster

Sukopp, H., Trautmann, W. (Red.) (1981): „Leitlinien zur Ausbringung heimischer Wildpflanzen“. Akademie für Naturschutz und Landschaftspflege, Tagungsbericht 5/80: 111-114. Laufen/Salzach

Thienemann, A. (1939): „Das Altwasser”. rchiv für Hydrobiologie XXXIV: 142-153

Trautmann, W. & Lohmeyer, W. (1960): „Gehölzgesellschaften der Fluss-Aue der mittleren Ems“. Mitteilungen der floristischsoziologischen Arbeitsgemeinschaft. N. F. 8: 227-247

Verbücheln, G., Hinterlang, D., Pardey, A., Pott, R., Raabe, U., van de Weyer, K. (1995): „Rote Liste der Pflanzengesellschaften in NRW“. LÖBF-Schriftenreihe, Bd. 5: 1-318. Recklinghausen.

Walther, K. (1977): „Die Vegetation des Elbtales von Elbe und Seege“. Verhandlungen des Naturwissenschaftlichen Vereins Hamburg, Bd. 20 (Suppl.). Parey Verlag. Hamburg

Wegener, U. (Hrsg.) (1998): „Naturschutz in der Landschaftspflege“. Gustav Fischer Verlag. Jena

Wesenberg-Lund, C. (1943): „Biologie der Süßwasserinsekten“. Springer. Wien.

Weyer, K. van de (o.J.): „Klassifikation und Bewertung der Makrophytenvegetation der großen Seen in Nordrhein-Westfalen gemäß EG-Wasser-Rahmen-Richtlinie“ - Manuskript für das LUA NRW. 84S.

Wiggins, G. B. (1996): „Larvae of the North American Caddisfly Genera (Trichoptera)”. 2nd ed. Univ. Toronto Press, Toronto. 457 pp

Wisskirchen, R., Haeupler, H. (1998): „Standardliste der Farn- und Blütenpflanzen Deutschlands“. Ulmer. Stuttgart. 765 S

Wolff Straub, R., Büscher, D., Diekjobst, H., Fasel, P., Foerster, E., Götte, R., Jagel, A., Kaplan, K., Koslowski, H., Kutzelnigg, H., Raabe, U., Schumacher, W., Vanberg, C. (1999): „Rote Liste der gefährdeten Farn- und Blütenpflanzen (Pteridophyta et Spermatophyta) in Nordrhein-Westfalen“. In: LÖBF/LAfAO NRW (Hrsg.): „Rote Liste der gefährdeten Pflanzen und Tiere in Nordrhein-Westfalen“ 3.Fassung. LÖBF-Schr.R. 17: 75-172

www.fliessgewaesserbewertung.de

www.floraweb.de

Zerbe, S., Wiegleb, G. (Hrsg.) (2008): „Renaturierung von Ökosystemen in Mitteleuropa“. Spektrum Akademischer Verlag. Heidelberg

Zielaskowski, J. (2003): „Möglichkeiten und Perspektiven des Ökologischen Hochwasserschutzes im Landkreis Stendal“. Diplomarbeit Hochschule Magdeburg-Stendal. Unveröffentlicht

Autorenverzeichnis

Prof. Dr. Volker Lüderitz
Hochschule Magdeburg-Stendal
FB Wasser- und Kreislaufwirtschaft
Inst. für Wasserwirtschaft und Ökotechnologie
Breitscheidstraße 2
39114 Magdeburg
volker.luederitz@hs-magdeburg.de

Dr. Uta Langheinrich
Hochschule Magdeburg-Stendal
FB Wasser- und Kreislaufwirtschaft
Inst. für Wasserwirtschaft und Ökotechnologie
Breitscheidstraße 2
39114 Magdeburg
uta.langheinrich@hs-magdeburg.de

M.Sc. Dipl.-Ing. Christian Kunz
Hochschule Magdeburg-Stendal
FB Wasser- und Kreislaufwirtschaft
Inst. für Wasserwirtschaft und Ökotechnologie
Breitscheidstraße 2
39114 Magdeburg
christian.kunz@hs-magdeburg.de

Dr. Dominique Remy
Universität Osnabrück
FB 5 (Biologie/Chemie), Abt. Ökologie
Barbarastraße 13
49076 Osnabrück
remy@biologie.uni-osnabrueck.de

Prof. Dr. Gerhard Böttge
Hochschule Magdeburg-Stendal
FB Wasser- und Kreislaufwirtschaft
Breitscheidstraße 2
39114 Magdeburg
gerhard.böttge@hs-magdeburg.de

Dr. Bernd Feuerstein
Hochschule Magdeburg-Stendal
FB Wasser- und Kreislaufwirtschaft
Breitscheidstraße 2
39114 Magdeburg
bernd.feuerstein@hs-magdeburg.de

Dr. Andreas Hoffmann
Umweltbundesamt (UBA)
FG II 2.4 Binnengewässer
Wörlitzer Platz 1
06844 Dessau-Roßlau
Andreas.Hoffmann@uba.de

Prof. em. Dr. Wulf Pohle
Otto von Guericke – Universität Magdeburg
Leipziger Straße 44
39120 Magdeburg

Dipl.-Fischerei-Ing. Otfried Wüstemann
Nationalparkverwaltung Harz
Lindenallee 35
38855 Wernigerode
otfried.wuestemann@npharz.sachsen-anhalt.de